2006 年出席北京市海淀区人大代表会议。

但行好事

莫问前程

彭江书

植物园六十年

张佐双 口述

李明新 整理

中国大百科全书出版社

图书在版编目（CIP）数据

逐梦：植物园六十年 / 张佐双口述；李明新整理.
—北京：中国大百科全书出版社，2022.8

ISBN 978-7-5202-1174-1

Ⅰ.①逐⋯ Ⅱ.①张⋯ ②李⋯ Ⅲ.①植物园—工作
概况—北京 Ⅳ.①Q94-339

中国版本图书馆CIP数据核字（2022）第134472号

出 版 人	刘祚臣
策　　划	郭银星
责任编辑	陈　光
责任印制	朱东旭
书名题写	彭　江
装帧设计	博越创想·程然
出版发行	中国大百科全书出版社
地　　址	北京阜成门北大街 17 号
邮　　编	100037
网　　址	http://www.ecph.com.cn
印　　刷	北京汇瑞嘉合文化发展有限公司
开　　本	710 毫米 ×1000 毫米　1/16
字　　数	406 千字
印　　张	31.25
版　　次	2022 年 8 月第 1 版
印　　次	2022 年 8 月第 1 次印刷
定　　价	168.00 元

本书如有印装质量问题，请与出版社联系调换。

目录

逐梦——植物园六十年

逐梦——植物园六十年

本书记录了张佐双先生由童年开始的一生，尤其是他在植物园里和他的战友、学生与同事们"逐梦"的 60 年，也是他从一个园林工人成长为一个教授级高工和在那长达 16 年里当园长的过程。当工人，做干部；上大学，当专家；交朋友，教学生；做研究，抓建园；引种，种树，抚育，抗灾，献身花卉事业，开创月季产业；全国四海转，世界五洲飞，就像一本故事书。讲的明明是一页页真实的历史，但给读者们的感受，却比故事还有故事，生龙活虎的气息，跌宕起伏的情节，让你读起来津津有味。

正当我国正式建立国家植物园体系的日子里，这本生动记录北京植物园建设过程的读物的出版，真是恰逢其时！

记得，2009 年 9 月在广州华南植物园的一次盛会的筵席上，中国科学院外籍院士雷文（Peter Raven）教授入乡随俗，按中国人敬酒的习惯，端着酒杯走到张佐双先生面前，向他祝酒，历数他的诸多优点，一连用了 3 个"天才"，称赞他是：热心真诚待人，乐于助人，广交朋友的天才；宣讲植物园，尤其向领导进言，具有说服能力，以取得支持的天才；经营管理好植物园，注意培养年轻一代，能广泛调动广大职工积极性的天才。当时，我听了感到非常震惊（因为我们很少用"天才"这个词）和敬佩。那年 10 月，中国植物学会第十三届会员代表大会暨七十周年学术年会在四川省成都市隆重召开。理事长洪德元院士点名要我向大会报告植物园方面的情况，谈到植物园队伍的人才资源时，我特地脱稿增加了几句，与大会参加者分享了雷文教授的这个祝酒词。现在，读了这本书后，我就更明白了，一点不假，真是"人才难得"！

你看，北京植物园大温室的立项，就是他在接待朱镕基总理时，播下了"种子"，而后紧跟不舍，直到成功。各位读者，请细读一下李炜民先生对 1997 年 5 月 1 日桃花节那段回忆："……电工刘亮寅说今天有国家体委的一位副主任来，人家说不打扰园领导，中午在黄叶村酒馆吃饭，叫我去一下。你替我盯一下，我得去看看。下午两点多钟，老园长回来后异常兴奋地说，"什么国家体委啊，是国家计委的领导。人家问我，你们植物园怎么没有水晶宫啊？我知道他说的'水晶宫'就是展览温室，我马上回答说，我们规划里有，朱镕基总理视察我园时，也过问过大温室的事。1956 年国务院在习仲勋同志任国务院秘书长时，批准建立的植物园，拨了 560 万建设专款，其中一半是建温室的。就因为三年自然灾害，专款冻结了，所以没建。朱总理说，'应该按规划建设大温室。'人家问需要多少钱，老园长仗着胆子说得过亿吧。对方说不多，我和老贾说说。对方说的老贾，就是时任北京市市长贾庆林。几天后，贾庆林同志就来调研此事了。就在贾市长调研的时候，老园长充分发挥了他演说家的特长，生动地汇报了……"这真是巧合吗？是，也不是。这种巧合的后面有其必然啊！他能与国家计委这位领导相遇，完全是出于对一位来访者的高度热情与关心，这是巧合！谈话中他又特别接地气地听懂了"水晶宫"指的是大温室，这种"功夫"，这种"随机应变"的能力，你只能在用"心"来建植物园的组织者身上才能找到。否则，机会来了你还在麻木，更何谈抓住。之后，还有种种坎坷，他总是坚韧不拔、从不气馁、以柔克刚、化险为夷。不放过任何机会，而这些机会又常常是出于他的好心善意才碰巧获得的。中国第一，亚洲第一的温室，就这么被他争取到立项了；在国外至少要花5年时间建成的温室，在北京植物园，只用了1年半时间就建成了。这真是个奇迹。

　　读者们，只要细心阅读，你就会发现那些真是比故事还有故事的情节。

　　特别精彩的是他引种原产塞舌尔群岛双椰子的经历。那也是他在接待副总理吴仪同志时进言的结果。这个植物是塞舌尔的国宝，是当地不让外引的对象，在世界范围内也是数一数二的珍贵植物，还是英国邱园著名的棕榈温室两个镇室之宝中的一种。我们都知道，往常我们只能在热带地区的新加坡和斯里兰卡的两个名园里才能见到露地种植的大植株。可也就被他那么轻描淡写地几句，四两拨千斤地一下得到了国家级的支持，而且很快就引进了我国，数量还不是一二个。在我看来，其科学意义也相当于得到了我国大熊猫一级的宝物呀！

　　多的不说，就这两件事，他做得多漂亮！现在全世界又有几家植物园能有这个物种的活植物呢？对于这个植物，我想不少植物园的主任们都知道或有所听闻，但又有几个放在心上，寻找机会，争取引种呢？只有有心人平时做足了功课，机会来了才能抓得住啊！要说国家领导人参观植物园，我们不少植物园都能摆出很多照片来展示自己的光荣历史，但有多少这样的"收获"就不可同日而语了。用张佐双先生的话说，就是："抓住一切机会，从不同的角度来宣传植物园的重要性：植物是人类赖以生存的基础，植物园是保护植物的诺亚方舟。保护植物就是保护我们人类自己。植物园是一个地区科技、艺术、文化水平的标志，植物园是人与自然和谐的一个窗口，这些最基本的道理，我反复地跟不同的来园视察工作的领导宣传汇报。我还会用最简洁的语言把植物园建设的来龙去脉讲清楚。"我一向认为，要建成一个精彩的植物园，一定要有特殊的"小灶"，要有高层领导的关心与支持。综观国内外优秀的植物园，也无一不是如此。英国的邱园，其主任职位的人选的决择，至今也还一直由英女王钦定，保留在皇权手里。

在这里，我想留下一个题目，各位读者，你不妨到书中找一找，看张佐双先生和他的战友们又是怎样成功地引种巨魔芋，让这个同样十分珍稀的植物，写下了在中国首次开花的记录。还有樱桃沟的水杉，黄叶村曹雪芹纪念馆、桃花节、盆景园等等又是怎样被打造出来的。

对朋友真诚热情，不分高低，有难时解囊相助是他的又一大优点。他那种真心实意的关心令人由衷钦佩，他对朱光华先生病情的关心与照顾给我印象尤其深刻。在赵世伟先生的文章中也是如此记录的："朱博士后来身患不治之症，张园长心急如焚，想尽办法给朱博士寄灵芝孢子粉。朱博士在服用灵芝孢子粉以后病情也出现了奇迹，原来医生说他的寿命只剩下 3 个月，后来大大延长。朱博士回国时，张园长动用一切资源给予他照顾，后因病情严重，艰难回到美国以后去世。张园长听闻噩耗以后也是痛哭失声。"张佐双先生对同事如手足，就在最危险的时刻，也是先人后己，一场车祸发生，在那逃生的千钧一发之际，他让其他同事先被救出，最后才轮到自己。他的这种品质是与他童年时接受的家庭、亲友与社会的教育分不开的。在书中，他是这样阐述的："我才知道，在人生的成长期、在他青少年时代，如果有一位引路人是多么的重要。""应该说，我的价值观、人生观、世界观，都受到了我大姥爷杨扶青潜移默化的影响。……我目睹了老同志们、老工人们这种忘我工作的精神，他们教我怎么干活，同时言传身教，也教我怎么做人。所以有人说我职掌植物园后，对老同志非常关照，对这个说法我是承认的。因为他们在艰苦的年代，充满了热情地积极工作，把自己的青春都奉献给了植物园，为植物园的建设做过贡献，植物园不应该忘记他们，所以我尽可能地关心他们。"

在很多他学生的回忆中都深切地感谢他们恩师张佐双的培养，我在此想强调是，他重视培养年轻一代的科学素养也非同一般，而这是与他对植物园性质的深刻理解分不开的。一个高质量的植物园必须有扎实的科学内涵，而高科学内涵是要由一支高科技人才队伍而不是少数几个人来支撑的。他在建设植物园的实践中的心得就是要"建物、建人"。作为我国 20 世纪 60—90 年代园林系统的植物园，能如此重视科学与人才，是十分难得的。这一切为北京植物园今天在国家植物园体系建设中的亮相，准备了强有力的科学基础。从这点出发，我们可以看到：这本书反映的事实也是一群人的奋斗历史，这是一个集体的历史，它跨越了两三代人。

尽管本文不是对他的优点作总结和评述，只是把我阅读的心得、体会和读后感，聊举数例作些交流，书中大量有趣故事不能在此细数。但在结束前还不得不点赞他在月季研究中的贡献。他几十年如一日地从事月季花的研究，可以说，走遍了世界月季花的主要"领地"，获得的奖项和桂冠无数，直至成为中国花卉协会月季分会理事长、国际知名月季花专家。他研究了月季品种分类和引种栽培的全过程，使全国保存着国内外数千个月季的种和品种，育出了数以百计的新品种，打造了从国外一次引种数千个品种的壮举，创造的经济价值单一个河南省的南阳地区就在年产值 15 亿元以上，同时还创造了 10 万个以上的就业岗位。然而南阳只是分布在我国几十个省、市的"月季金山"之一角啊！试想，把一个花卉产业做得如此广阔和深入，使穷乡僻壤脱贫致富，对全社会的精神文明和物质文明来说其意义的深远与巨大都是难以估量的。

若要问我国植物园怎么赶超发达国家，我深深感到，张佐双先生的《逐梦》，树立了一个让我们学习的胸怀全局、扎实工作的好榜样。我们都像他那样奋斗，赶超发达国家植物园的目标就不远了。正如赵世伟先生所说，"北京植物园50年才出了一个张佐双"！张佐双的名字与植物园同在！

放下此书，来到我脑海里的第一个信息，就是毛主席的词句：数风流人物，还看今朝！

特为之序。

国际植物园协会（原）主席

南京中山植物园（原）主任

2022年5月1日，时年九十又一

第一章

家世追忆

我的长辈和亲人们

我叫张佐双，生于 1946 年 2 月 10 日（农历正月初九），祖籍是河北乐亭。我从小跟着妈妈长大，妈妈跟我说，我的姥爷叫王鹏龄，家境贫寒，清末民初年间闯关东，闯到了在乐亭县非常有名的呔商杨振彩的店铺落了脚。我们乐亭和昌黎、滦县的人被称为老呔儿，这一带闯关东经商的人，被称为呔商。

大姥爷和我的姥爷

杨振彩是位爱国的、扶危济困、仗义疏财的著名呔商。《乐亭县志》记载："杨振彩字焕亭，年幼好学，13 岁去东北昌图县学商。他精于谋划，办事果断，相继在四平街、营口、哈尔滨、奉天（沈阳）等地开办商号 80 处之多。他好善乐施，有贫困者来求，必助不辞；对失业乡亲亦必接济；无力婚葬者求助必应，疾病流亡者必恤，荒旱无食者必赈，借贷无力偿还者必将借据、文约焚烧作罢。杨振彩一生为善之风实为常人所不及，可谓商界之贤达。"

我姥爷刚去的时候很年轻，老东家杨振彩就让他先做一年巡更试试。用现在话说"巡更"，就是保安。杨振彩比我姥爷岁数大，又是我们邻村的人，按村里辈分，我姥爷管他叫大叔。没过多长时间，杨振彩就对我姥爷说，你不能一辈子当巡更，从今天起，你一边巡更，一边给我背小九九，过一年我考你。我姥爷很聪明，也很勤劳，他就一边巡更，一边背珠算的小九九。

听我妈妈说，姥爷自己做了一个很小的算盘，巡更的时候，一边背着小九九，有空的时候练习打算盘，就三下五除二这样的背，这样的练。他还到账房里边去找那些老会计，跟人家学怎么打算盘。人家告诉他，你除了要会打算盘，还要练一笔专用于记账的小字。于是我姥爷就一边巡更，一边背着小九九，回到屋里就练如何记账。隔了一年，老东家杨振彩考他，我姥爷的小九九背得非常娴熟，算盘也打得非常好，已经是出乎意料了，更让东家没想到的是，他还能写一手很漂亮的记账用的小字。老东家非常高兴，称赞了一通然后说：行了，孩子，明天起，你就到账房去做帮账吧。帮账，就是帮助人家记账。这样过了几年，我姥爷就做到了掌柜的，用现在的话说，就是当经理，负责经营当时他们的商铺。

杨振彩是个仗义疏财的爱国商人。日本侵略中国的时候，东北抗日联军战士英勇抗击日寇，他一听说抗联的人被抓了，就立刻派人用钱给赎出来，救了很多的抗联战士。这事被日本宪兵队知道了，就把这老东家杨振彩给关起来了，说你不是有钱吗，看谁来救你。当时我姥爷是掌柜的，见对自己恩重如山的老东家被抓了，心急如焚，就想快点把老东家赎出来。姥爷把所有的钱一点一点地往日本宪兵队去交，宪兵队还是不放人。当时杨振彩对我姥爷说，你们不要给他们送钱了，我就搁这儿坐牢。我姥爷把流动资金都送完了，日本鬼子还不放人，于是就把店铺的固定资产卖了。日本人看没有油水可榨了，这才把老东家给放了。生意已经没了，杨振彩和我姥爷无奈回到了老家乐亭。

老东家有两个儿子，老大叫杨扶青，老二叫杨九斋。杨扶青比我姥爷小几岁，他俩一个是老东家的长子，一个是掌柜的，关系甚好，以兄弟相称，我妈妈就让我管杨扶青叫大姥爷，管杨九斋叫二姥爷。

杨扶青在天津读书的时候，跟周恩来是同学。在从天津回乐亭的火车上，杨扶青认识了李大钊。当时李大钊对他说想去日本读书，可是家里缺钱。杨扶青回家后就和他的父亲说了这个事，杨振彩当即表态说咱们出钱支持他。这样，在杨家的支持下，李大钊得以去日本读书。这件事在李大钊纪念馆里有明确的记载。但是那个记载有点出入，说李大钊去日本读书是杨扶青出的钱，其实应该是杨扶青的父亲杨振彩出的钱。

后来杨扶青也到日本去读书，学的是水产。他在日本学习期间，组织了"新中社"，他的同学周恩来去日本的时候也参加了新中社，后来周恩来又去法国读书了。参加新中社的还有位叫高仁山的，回国后做北京大学的教授，因参加革命，在李大钊牺牲后也被捕牺牲了，他的烈士墓在北京植物园里。

杨扶青在日本学成后回到国内，他想用实业救国，做一番事业。昌黎离我们老家乐亭很近，物产丰富，特别是盛产水果。杨扶青就和他的同学一起创办了"新中罐头公司"，商标起名叫"赤心牌"。"赤心"两字，表达了他们对祖国的爱和报效国家的赤诚。罐头公司筹集了20万的银元，采买了当时世界上最好的德国设备。

如愿以偿，罐头厂的产品十分畅销，不仅供应国内，而且还大量出口。日本侵略中国以后，杨扶青怕这些设备落到日本人的手里，就想办法把设备运到了北京。杨扶青和熊希龄是很好的朋友，

1919年大姥爷与周恩来等人在日本京都的合影。前排左1为辅青（杨扶青），左2为翔宇（周恩来）。

熊希龄是民国时期政治家、教育家、实业家和慈善家，曾任北洋政府第四任国务总理。熊希龄在香山办了个慈幼院，他建议杨扶青办一个"慈行"工厂。于是，他们就利用从德国采买来的设备，办起了慈行工厂，让那些从慈幼院出来的孩子，在慈行工厂就业工作。

后来日本人打进来了，杨扶青又去桂林等地投入抗日。他和黄炎培一起创立了民主建国会，罐头厂就交给了同乡宋焕如来管理。这位宋焕如，就是宋世雄的父亲。宋世雄有个哥哥叫宋世孝，在自然博物馆任馆长。中国生物多样性基金会的首任会长是吕正操，宋世孝任秘书长，我后来做过该基金会的副理事长。

杨扶青一辈子没有孩子。杨扶青的夫人叫王景兰，我叫她大姥姥。大姥姥非常喜欢我妈妈，就像对待女儿一样。大姥姥比杨扶青大4岁，是个裹脚的传统女人，没上过学。在她50岁左右的时候，她判断自己再也生不出小孩来了，就把全家人叫在一起，然后跪在地上对杨扶青说：扶青我求你一件事情，你要不答应，我就跪这儿不起来了。杨扶青说，你有什么事？大姥姥说我想要儿子，我生不了孩子了，你要续一个，给咱家留个后代。杨扶青听完了以后说，好了，我答应你，让你有儿子，你起来吧。

杨扶青当时心里有数，因为他知道他的好朋友黄炎培有个堂弟叫黄森培，已经有7个孩子了，现在妻子又怀孕了。杨扶青跟黄炎培说，森培生的孩子能过继给我吗？黄炎培说以你的人品，我和森培去说，应该没问题。黄森培知道后也很高兴，就答应了杨扶青的请求，说生下来男孩就过继给你。后来果然生下来个男孩，就遵守承诺过继给了杨扶青。这孩子就姓杨了，依据"有"字辈排名，叫杨有湘。杨有湘管我母亲叫大姐，我叫他舅舅。杨有湘说从他记事的时候，杨扶青每年都带着他去看他亲生的爹娘。杨扶青告诉他我是你养父，虽然你跟着我姓杨，你的父亲姓黄，你有亲生父母。我小时候住在杨扶青家小院的时候，我还记得黄炎培来家探望感冒的

2000年10月，杨有湘陪堂兄黄大能参观北京植物园。前排为黄炎培四子黄大能，后排左起：张佐双、蒋秀娟、杨有湘。

杨扶青，有湘舅舅对我说，"我伯伯（黄炎培）来看我父亲（杨扶青）了"。

在我两岁的时候，我的父亲就离开家了。当时国民政府在台湾澎湖给杨扶青安排了一个职务，要他去上任。杨扶青对我父亲像对自己的亲姑爷一样，因为我姥爷在世的时候，跟杨扶青亲如兄弟，所以杨扶青视我妈为女儿。我姥爷曾托付他说，咱们的姑爷（指我父亲）是一个书呆子，你要关照他。听说杨扶青要去台湾澎湖上任，我的父亲就投奔他，去了台湾澎湖。

杨扶青是周恩来的同学，他一生挣的钱，大部分都支持给周恩来干革命了。他在澎湖没有待多长时间，很快有人通知他，说新中国要成立了，需要你回来，那是1949年的事情。当时海峡两岸已经封锁了，杨扶青作为国民政府的官员，借外出开会的机会，转道香港回到了北京。到了北京，找到了我的妈妈，他抱着我妈妈就哭

逐梦——植物园六十年

了，说他们（指我父亲）回不来了，我来抚养你们。就这样，我和哥哥姐姐跟着妈妈搬到了杨扶青在北京的一个小院里住。大姥爷的小院正房是他和他弟弟住，东西两个厢房各三间，让我妈妈带着我和哥哥姐姐住。

杨扶青回到大陆，国家任命他为政务院的参事。他要求给家乡干点实事，因为是学水产的，就任命他为河北省农林厅副厅长、水产局局长。后来国家组建水产部，许德珩任部长，他任副部长。

杨扶青一生爱国，他去世的时候，我收到作为亲属被邀请参加追悼会的通知，心情很悲痛。1978 年 3 月 11 日，杨扶青的追悼会在八宝山革命公墓举行。全国人大常委会、国务院、全国政协、统战部、农林部都送了花圈。荣毅仁、童第周、李葆华等参加了追悼会。据治丧委员会的同志讲，悼词中"杨扶青在民主革命时期，同情并支持革命，掩护革命领导同志，并对中国共产党的革命活动，给予物质资助，做了有益于党，有益于人民的工作"这句话，是邓颖超同志亲自加上的。这里说的革命领导人就是李大钊。

1978 年 3 月 8 日张佐双接到杨扶青治丧小组的通知。

1978 年 3 月 12 日《人民日报》关于杨扶青追悼会的报道。

杨扶青和李大钊关系甚好，李大钊被军阀通缉的时候，曾在杨扶青的罐头公司里避难。李大钊去苏联莫斯科出席共产国际第五次代表大会，当时北方党组织活动经费很困难，经党组织研究，决定请杨扶青的"新中公司"予以资助。李大钊在赴哈尔滨途中，于昌黎下车，向杨扶青说明情况。杨扶青立即亲笔写信给新中公司哈尔滨分庄，请付银元 500 元（银元很重，无法多带）。当时风声非常紧张，昌黎县也一反常态，警特密布，杨扶青冒着极大危险，亲自掩护李大钊登上开往哈尔滨的火车。李大钊被捕后，杨扶青出钱出力设法营救。在抗日期间，杨扶青还曾在桂林一带为游击队筹集资金，支持抗战。

　　我从两岁开始，到 16 岁在植物园参加工作之前，一直跟杨扶青住在一个院里边。杨扶青扶危济难，只要他知道了谁有困难，都给予帮忙。所以那个院子帮助了很多人，住过很多人。我们家一直住到了我到植物园上班，我上了班就不回去住了，就在植物园住了。

　　从我记事，到我青年时期世界观的形成，他对我的影响很大。我刚一懂事的时候，他就教育我要好好地学习，要天天向上。上小学的时候，教育我要积极参加少先队；我上中学的时候，他嘱咐我要积极加入共青团。上小学加入少先队很容易，因为父亲在台湾，我中学加入共青团就比较难了。但我还是按照他的嘱咐写了入团申请书。

　　歌剧《洪湖赤卫队》到北京首次演出的时候，是在全国政协礼堂。首演票很紧张，组织上给了他两张票。他跟我说，孩子，明天下午我带你去看《洪湖赤卫队》。第二天下午，他果真带着我到全国政协礼堂看了《洪湖赤卫队》。我记得那天到了演出时间，大幕还没拉开，后来知道在等贺龙元帅。贺龙元帅进来以后，大幕才拉开的。杨扶青是国家的高级干部，给他的票比较靠前。我那个时候上初中了，我的同学罗自坚是张平化的儿子，张平化曾经是贺龙的部下，罗自坚经常跟我讲贺龙元帅的故事，我非常敬仰他。所以看《洪湖赤卫队》，看到革命先烈为革命赴汤蹈火，"砍头只当风吹帽"的革命豪情，我的感触是很深的。这次观看演出，对我的心灵震撼很大，让我一辈子都忘不了。

在看《洪湖赤卫队》回家的路上，大姥爷的车刚进胡同口，离家还有几十米的样子，他看见了邮递员，就连忙说跟司机说"我下车"。车停下来，他对我说："回去跟你姥姥说，今天晚上有客人来吃饭，让她到门口买几个烧饼，买点酱牛肉。"这样，司机就送我先回家了。司机跟我说，孩子，杨部长的车，根本不让亲属坐，今天能让你坐车跟他去看戏，非常难得了。大姥爷陪着邮递员慢慢聊着走回家，进家以后，他不停地跟邮递员说，我的信件太多了，一年劳累你了，今天正好遇上，咱们在一起吃个饭。他对那个邮递员非常客气。杨扶青一生就是这样对别人，对谁都是客客气气的，这一点，对我一生待人，影响非常大。

我上小学的时候，杨扶青经常出差。他一出差，我妈妈就叫我晚上到大姥姥屋里给她作伴。有一次大姥姥很激动地跟我说，国宴让带夫人，周总理还到她那个桌给她敬酒，叫他嫂夫人。在我的印象里，杨扶青的生活很朴素，两套外出的中山服，一套蓝色的，从秋天穿到第二年春天；一套灰色的，从春天穿到秋天。晚上回家，就换上一套已经洗褪色的黑土布衣服。他的家具一直用着国家上世纪 50 年代配给的，已经很旧了，也没有添过新的。就在他去世的那个月，他还给家乡困难的家庭寄了钱，资助孩子们读书。虽然他身为国家的副部长，他朴素的作风和倾其所能地帮助别人的品质，对我的影响是深刻的。他让我懂得，尊重他人是一种做人的高贵品质。他听说我初中毕业没有再读书而去参加工作，曾多次来香山找我，想供我继续读书深造，可却没找到，因为我没告诉他具体单位名字，他只是听我妈妈说我在香山种果树。

1969 年 2 月 14 日是农历的腊月二十八，春节前植物园工会搞文艺演出，演出结束后，工会为我和金洪有举办了结婚仪式。结婚后，过年期间我去给大姥爷拜年，告诉他我结婚了，在植物园工作。他听后，立刻问我岳父母的地址，说我岳父家离他不远。第二天一早，他就带年货去我岳父母家了。他对我岳父母说："佐双是我外孙，今后他有做不到的地方，你们就批评，他要是不听，你们就找我，我离这儿不远，就在遂安伯胡同。"当时，我岳父还说他的叔叔金焕珠，给张治中做了几十年的厨师，住得离您也很近。几年后杨扶青在香山饭店开政协会，会议结束后他来植物园找我，要在我家吃饭，他说你们吃什么我吃什么，不要单做，只是要求给司机烙张饼摊个鸡蛋就行了。

杨扶青是全国人大代表，也是全国政协委员。1978年他87岁了，在参加全国人民代表大会的时候，心脏病复发，住进了友谊医院。当时不是每个病房都有电视，电视是在电视厅，他要求看电视，看人代会的盛况。护士推着他到了电视厅，回到病房给他取水杯，再回到电视厅，发现他已经很安详地坐在椅子上走了。

对于大姥爷的过世，我是很难过的。从两岁一直到1978年我32岁，我们在一起生活、交往了30年。当时，我还没有意识到他对我后来人生的影响，现在，当我也到了76岁的时候，回顾走过的路，我才知道，在人生的成长期、在他青少年时代，有一位引路人是多么的重要。应该说，我的价值观、人生观、世界观，都受到了我大姥爷杨扶青潜移默化的深刻影响。

我有一个革命的情结。上世纪50年代乐亭籍在北京的省部级干部中只有三个人，一个是抗日名将李运昌，一个是李大钊的儿子李葆华，一个就是杨扶青，他们都是我的老乡。杨扶青和李大钊有着特殊关系，这事李葆华很清楚。李葆华跟他爸爸一起避难的时候，知道杨扶青资助过李大钊到日本留学。我和家人住在杨扶青院里，过春节的时候，在杨扶青家见过李葆华，李葆华那时候是安徽省委书记。我大姥爷杨扶青跟我说："咱们老家的规矩是下辈儿看上辈儿，大钊是 1889 年生，我是 1891 年生人，比大钊小两岁，所以大钊的儿辈管我叫叔叔。我走了以后，你要去看人家。"李葆华管我大姥爷叫叔叔，这么论起来，我也得管李葆华叫叔叔。大姥爷走了以后，我按着大姥爷的嘱咐，于 2001 年 12 月 23 日，到李大钊长子李葆华家去看望。李葆华知道我是杨扶青的外孙子，对我也非常热情。

　　葆华同志是我们党的优秀干部，他不愧是李大钊的后代，我到他家时看到，他一直保持着艰苦朴素的作风。他家里的家具都是国家配给的，简单的木床，木制写字台、木椅子。我看到他坐的藤椅，扶手都磨损了，用毛巾补着，也不让换。他说藤椅是国家配给我的，还能坐，不用买新的。他在钓鱼台东边的南沙沟住，进了他的家你不敢相信，这是一个部级领导的家。他最后是从中国人民银行行长的位置退下来的，他还是中央顾问委员会的委员。他的精神境界对我教育很大。

2001 年 12 月 23 日，探望李葆华。左起：李葆华夫人田映萱、李葆华、张佐双、李葆华小儿子李亚中。

李大钊曾经在卧佛寺避过难，这事我知道。我就跟李葆华的孩子说，您什么时候来植物园告诉我一声。我是想让他说说李大钊是在卧佛寺哪间房子里住过，我们把它整理出来，写上李大钊避难处，教育后代用。有两次李葆华他们已经离开植物园了，才电话告诉我，说我们来过了，植物园很美。我说你们在哪里？他说我们已经在回去的路上了。我说你们怎么进的植物园？他说我们买票进的植物园。您车停哪呢？停在园外停车场了。葆华同志知道我在植物园做园长，我可以让他车停在我们植物园的管理处，可以免票进园。可是李葆华同志说佐双在当园长，他有工作，不能耽误他的工作。遗憾的就是我们始终没能弄清李大钊同志在植物园卧佛寺里避难时住过的房子。

2021年建党100周年纪念活动时，李葆华的儿子李宏塔被习总书记授予"七一勋章"，成为国家荣誉的获得者。李宏塔我们也见过面，李宏塔的姐姐李乐群我们经常见面，她是阜外医院的医

2021年在李大钊烈士陵园。左起：李宏塔、张佐双、李乐群。

2019年清明节为李大钊扫墓。左起：张岩（张佐双次子）、金洪有（张佐双爱人）、李乐群（李大钊孙女）、杨有湘（张佐双舅舅、杨扶青之子）、张佐双、张建国（李大钊孙女婿）、张子辰（张佐双之孙）、张磊（张佐双长子）、彭江（乐亭籍军旅书法家）。

生。姐弟俩都非常朴素，待人亲切。李宏塔在安徽省做了多年的民政厅厅长，住的居然是一套50多平方米的房子。几次分房，他都以还有同志没有房住，先分给那些没房的同志理由推辞了。一个民政厅的厅长，多年就住在50多平方米的房子里，装修和家具也极为简单。他当民政厅厅长期间，去老百姓家解决问题，从来没开车去过，都是骑自行车。他的司机跟别人说，我们李厅长只有到省政府开会才用车，其他的一切工作都是他骑自行车去。不管职位多高，在他做到省政协副主席位置时，他一直保持了优良的家风。按照大姥爷杨扶青的嘱咐，清明节，我们都要去给李大钊扫墓。他们都是我的榜样，对我的成长都起着激励作用。

姥爷的善行

我姥爷告老还乡的第一件事，就是修路。他从东北带回了很多

上：2021 年清明节，杨扶青诞辰 130 年之际，祭奠大姥爷杨扶青。

下：李大钊纪念馆对杨扶青的介绍。

东西，当时火车只通到滦县，从滦县火车站到乐亭，只能用牛车和马车运东西。从乐亭再到我姥姥家住的村子，没有大路，只能换成人挑和小推车推。这个过程让我姥爷心里很难过。所以他回到家乡第一件事，就立志要给乡亲们修一条路。

从乐亭县城到我姥爷家住的村，大约有 8 里地，可这 8 里地也是很长的一段路。原来的羊肠小道边上种了庄稼，要修成宽的马路，就得占庄稼人的地。我姥爷就挨家挨户跟人家商量：我用高价买你的地，给乡亲们修路。毁的那些庄稼就算我买了。因为是为大家办好事，最后在乡亲们的支持下，这条路修成了。从县城到我们村还要过一条小河，我姥爷在河上修了一座大石头桥。路和桥都修好了，乡亲们到县城办事方便多了。村东头有座小庙，为了表彰和让后代记住我姥爷的功德，乡亲们在小庙前给我的姥爷王鹏龄树了一座碑。王鹏龄为乡亲们修筑桥修路，这事儿至今还被老人们传颂着。

我的小舅舅王振明于 1943 年到 1948 年从乐亭来京，在我父亲开的诊疗所学医。1953 年，小舅舅在燕京造纸厂做厂医，因病重回了老家。那时候我上小学一年级，有印象了。我跟妈妈回家看望病重的舅舅，家里的表兄们指着村头的一座石碑告诉我：你看那碑上写着你姥爷给大家修路、办好事，大家都记着他。不久，我的小舅舅就因肺结核病死在家乡了。

姥爷不仅给乡亲们筑桥修路，同时还和老东家在家乡一起办了一所女子学校，他跟别人说这都是老东家的钱。五里八乡的女孩子们都到女子学

1950 年小舅舅王振明在燕京造纸厂任厂医时的照片。

校来读书，不用花钱。他们给学校留了一笔基金，据我妈妈说，足够给教书先生发 30 年薪水、够维持学校 30 年运营的。女子学校的房子盖得非常结实，20 世纪 70 年代唐山大地震时，我们乐亭也受到震波很大的冲击，有的房子震塌了、震裂了，可是那所女子学校的房子是四梁八柱的，一点都没问题。

我的母亲

我的母亲叫王振仪，生于 1913 年，是个家庭妇女，小脚老太太。我姥爷闯关东的时候，一开始家境贫寒，所以她没上过学。后来我姥爷告老还乡，回来以后抱着我的妈妈就哭了，说孩子我对不起你，一天学都没让你上过，我帮助你找一个有文化的男人吧！我姥爷就到我们县里的中学去了。

他到了县城的学校，找到校长说，哪个孩子跟我闺女岁数差不多，读书读得好？校长就列举了两三个。下课的时候，我姥爷就让校长把这几个孩子叫过来看一看，一眼就相中了我的父亲。第二天他就带着彩礼去到我爷爷家替闺女求婚。因为我姥爷虽是苦出身，但发达了不忘家乡，力所能及地扶危济困，做了很多善事，五里八乡都知道我姥爷是个好人、善人，所以我爷爷很高兴地答应了这门亲事。

我妈妈这一辈子可真是不容易。父亲 1948 年去了台湾，母亲为了维持家庭生活，只好变卖了父

1953 年的母亲王振仪。

亲开设诊所里的药品、医疗器械。她把诊所的这些东西变现后，买了一台缝纫机，参加生产合作社做衣服。后来杨扶青从台湾回到北京，找到我妈妈就抱着她掉眼泪说："孩子，我回来了，姑爷（指我父亲）回不来了，我抚养你们。"我妈妈说："大叔（她管杨扶青叫大叔），我会做衣服，我能养孩子。"之后，我们就在杨扶青家的小院里一直生活到我参加工作。

20世纪50年代的抗美援朝运动，给我留下了深刻的印象。我是1953年上的小学，上学前我五六岁的时候，我看妈妈连夜用缝纫机做细长布袋子，那是给志愿军缝的干粮袋。我当时学会了用缝纫机跑长趟，就对妈妈说我帮您吧。我妈说你的长趟走不直，我还得拆了重新弄。我想帮妈妈，就趁她不在的时候悄悄地练习。一开始还真是不行，后来才好一点。

1959年10月，在杨扶青家小院合影。左起姐姐张俊茹、张佐双、姐夫葛辟原、妈妈王振仪抱着外孙葛刚。

妈妈后来从生产合作社到了服装厂，她在服装厂上班每月虽然工资不多，但我姐姐1952年党校毕业参加工作了，妈妈和姐姐的收入供我和哥哥上学还是没有问题的。我姐姐1957年结婚，1959年有了孩子。我姐夫在部队，他是抗战胜利前参加革命的老八路，当时部队的工资稍微高一些。姐姐生了孩子没人带，姐夫就跟我妈妈商量，他说您能不能就别工作了，您帮着在家带外孙，我负责给您养老送终，还有弟弟（指我）我们也负责抚养。

我妈妈二话没说，立刻就到单位跟领导说我要辞职。单位的人都管我妈妈叫王大姐，他们劝我妈妈说，王大姐你不久就要退休了，退休是有退休金的，您要是现在辞职，那可什么都没了。我妈妈说我要照看我的外孙子，她就毫不犹豫地从单位辞职回家看我外甥葛刚了。

当时和我妈妈一起上班的有个街坊，是我们同乡，我们管她叫郁大妈。郁大妈与我妈妈年龄相仿，她的儿子郁向五是我要好的朋友。郁大妈和我妈妈两个人每天一起到工厂上班，在工厂她们两人的缝纫机工位相邻，她俩每天还一起下班回来。就在我妈妈辞职不久，工厂失火了，因为她们的工作间在楼上二层，郁大妈和我妈一样都是小脚老太太，一着火跑不下来，郁大妈不幸被烧死了。听到这个消息，我妈妈对我说："你姐姐生了孩子后没人看，我不来帮谁来帮？我没有工作了，没有退休金了，但我没考虑这个事，我想的就是帮着闺女看孩子。没想到，这个孩子救了我一命，我要是还上班就跟你郁大妈一起走了。"

我母亲有三个哥哥、一个弟弟，因此我有很多表兄、表姐，母亲把他们一个一个地接到了北京，帮他们找工作。其中有一个四表兄叫王应选，是我二舅的儿子，他在杨扶青的小院结了婚，直到有了孩子、找到住房才搬走。那个院就跟一个小招待所似的，一年四季不停地有客人来，光我知道帮助过的就有七八家。有一个叫苑玉琦的，她管我妈叫姑姑，我管她叫大姐。她单身了，带着孩子到北京来，生活很困难。她就住在我们小院里，我妈妈还帮着她照顾孩子。1953年，妈妈的弟弟王振明在老家病逝后，我妈妈将他14岁的儿子王应朴带回北京，供他上学。后来他为了减轻妈妈的负担，参加了工作。

苑玉琦大姐是小学老师，20世纪50年代北京的老师找工作不难，她在北京就当上老师了。有了工作后，别人又帮她介绍对象。给我印象很深的，是介绍了一个老红军，当时是京津卫戍区司令部的一个处长，我也见过。一开始我这个表姐还有点不乐意，因为这个军人打仗时受过伤，耳朵聋，岁数又大。别人做她工作，最后还是同意了。

他是个老红军，叫王祥，没有文化。战争时期他曾是杨成武的警卫员，一个炮弹炸来，为保护首长，他受了伤，伤得很重。救过来后，杨成武一直把他带在身边。后来杨成武做京津卫戍区司令的时候，让他做了军需处的处长。京津卫戍区司令部就在北京辅仁大学附近的刘海胡同口，我去过。王祥说我就会扫地，每天扫完地就完成我的工作了。1955年授衔的时候，这位老红军因为没有文化，又有点残疾，没法给他授衔，只好转业了。组织上安排他转业到了

1951年苑玉琦
与老红军王祥
合影。

天津外贸公司去做总经理，就是给他个发工资的地方，当时按照级别，他该是师级待遇。

因为长征的时候落下了一身病，他患有严重的关节炎，疼痛难忍，吃什么药也不行。北京前门外有一个卖狗皮膏药的小药店，他贴这个膏药能缓解疼痛，所以每年都是让我的哥哥帮他买狗皮膏药，给他寄过去。这位老红军后来要求提前退休了，他说我在外贸公司做这个总经理，不像在部队的时候，我也不能天天去扫地，我回老家算了。他是湖北黄冈人，他回老家之前叫我哥哥到天津去了一趟，招待了哥哥几天。他对我哥哥说感谢你这么多年给我寄药，我现在要回老家了，难得再见一面，我也没什么送你的。临行前他送了我哥哥一个军用的皮包，他说这个是我多年来做首长的警卫员，首长的包，首长送给我了，我现在就转送给你做纪念吧。

这个包我一直珍藏了很多年。2021 年，在迎接建党 100 周年

1979 年，张佐双亲属来香山聚会。左起：张佐双、姐夫葛辟原、二堂兄张佐贤、五表兄王应朴。

哥哥的遗像和老
红军王祥送给他
的皮包。2021年
张佐双捐献王祥
皮包前拍摄。

的时候，我送给了王祥老红军的后代王璞丽了。她又把这个皮包捐
给了当地的博物馆。看了报纸上记载王祥的事迹，我才知道王祥
的父亲也是烈士。苑玉琦晚年还来北京看望过我妈妈，她们非常
亲切。

　　我妈一辈子都在帮助别人。我记得三年自然灾害期间，老家来
人到北京看病，就住在大姥爷那个小院里边，妈妈热情招待他们。
当时粮食是有定量的，招待别人吃完饭以后，自己就没得吃了。我
记得有一个远亲投奔来治病，每天妈妈给他们做好吃的，她自己喝
点面汤，喝点米汤，时间长了就浮肿了，走路都打晃。1960年我
正上初中一年级，还不懂事，看着妈妈身体虚弱，就因为老家来了
亲戚，而且有的还是远亲，就很不理解。妈妈告诉我说，"你姥爷
让我们能帮人处且帮人，能容人处且容人，但行好事，莫问前程。"

2021 年建党 100 周年之际，王祥的后代向当地博物馆捐献红色藏品。

她也是这么做的。她的话我记在了心里，也努力在我的人生中去多做善事，多帮人。她这一辈子，我从来没见她跟任何邻居、任何亲友红过脸，拌过嘴。

我的姥姥是我们同乡苻庄人，家境贫寒，他有个弟弟我叫舅姥爷，是个老贫农，在家务农。舅姥爷很大岁数才有了女儿叫苻秀芝，20 世纪 60 年代在乡里做干部，是名共产党员。苻秀芝嫁给了一位 1958 年入伍的军人，后任解放军 254 医院的院务部主任。他们夫妇经常到北京看望我妈妈。那时候我在上中学，他们嘱咐我好好学习，争取入团。三年自然灾害期间，我舅姥爷秋天到北京给我们送蔬菜，当时这可是救急的啊，这让我印象很深。舅姥姥曾经跟我说，要不是你爸爸给我吃药治病，我就没有你姨了。舅姥爷跟我说，你姥姥嫁给你姥爷后，从穷人家的孩子变得有钱了，但是她从来都是帮助别人，我的房子也是她出钱帮着盖的，村里还有好几户穷苦人，都是得到了她的帮助。我姥姥是 1947 年在老家去世的，当时我 1 岁，我妈妈抱着我回家照顾姥姥，直到她去世。回北京

1985年，张佐双到天津看望老姨苻秀芝。左起：苻秀芝、崔宝山、张佐双。

时，我的二表兄王应隆（王兴天）对我妈说，姑姑，你抱着佐双回京一路太累了，我送你们回去。回到北京后，我妈妈让我爸爸在天坛医院的同学给他安排了工作，后来做到天坛医院的财务科科长，入了党。他的孩子王绍文参加了空军，夫人赵慧芳，是住宅总公司一开发公司的总经理，该公司曾经捐建了北京植物园获奖的星级卫生间。

　　妈妈很像我姥姥，愿意帮助别人。后来我父亲给她的钱，她也不问，就说给佐双吧。我说妈，你需要钱、需要什么，跟我说。我在她的枕头底下总是给她放一定数量的钱。老家的人来看她，她常会把钱给一些有困难的亲友。每年过春节的时候，老太太最高兴的一个事儿，是让我给她准备几十个红包，里边装上压岁钱。管她叫奶奶也好，叫太太也好，她都给送个小红包，这可能是老人家一年中最开心的事了。我的四表兄王应选的媳妇肖艺梅40多岁就中风去世了，她的长子王玉山患小儿麻痹后遗症，40多岁也中风了。王玉山有两个孩子，女儿王蕊，儿子王洪涛，这两个孩子上大学的

2006年，舅舅杨有湘到家中看望妈妈。

时候，我妈妈嘱咐我，他们有困难，咱们一定要帮他们。按妈妈的嘱咐，我给他们付了学费，一直到他们读完大学。

2009年3月份，我的二儿子张岩的女儿张月恒在新西兰出生了。当时我正在新西兰，家里人给我打电话说我妈发烧了，大夫说老太太有点肺炎，听诊器能听出来有点罗音。我立刻从国外赶了回来。

我陪着妈妈住院的时候，在医院给她申请了单间。因为她看着我在身边能好好睡觉，她这病就好了一半。我要是坐着看她，她就别睡了，她这病就加重了。晚上老早妈妈就说佐双你睡觉，明天还有事儿呢。

我跟姐姐两个人轮班看护老人，我姐姐盯白天，我盯晚上。老人家走的那天晚上正是我值班，因为我第二天有个会，我妈妈就说我身边有人看护了，你回家吧。晚上10点钟离开的医院，我刚到家时间不长，看护就给我打电话说，叔叔，奶奶说她浑身冷，我叫

2003 年与母亲在植物园。

大夫了，大夫说让您快过来。等我再赶回去的时候，老太太已经走了。我问看护，奶奶说什么没有？她说奶奶什么都没说。老太太走得非常安详，享年 96 岁。

我的父亲

我的父亲叫张明仁，比我妈妈小一岁。父亲是 1914 年生人。我父亲母亲结婚早，父亲还上高中时，他们就结婚了。我的姥爷爱婿心切，就跟我父亲说：孩子，你要读书，就别在咱们乐亭读了，你到北京去读吧，我们会支持你的。这样我的父亲就被姥爷安排到北京读完了高中。

高中毕业以后，姥爷又问我父亲：孩子，将来你想做什么？你还想继续读书吗？如果你还想读，我继续支持你。我父亲答，我想当个先生。我们老家管大夫叫先生。我姥爷很高兴，大声赞扬父亲说，好，给大家治病，这个选择好！

当时离我们乐亭比较近的，是位于沈阳的医科大学。1935年我父亲考去读书了，一直读到1942年。医科大学毕业以后，我姥爷对我父亲说，你学了医，要为咱们全县的老百姓治病。于是姥爷出钱买了十几间房，在乐亭建起一个县医院。过去乐亭没有医院，我父亲自己是医生，又是院长。他带了两个徒弟，一个是我的小舅舅王振明，另一个是宋泽普，跟着他学了一年，一块为乡亲们治病。

1948年，父亲张明仁补办的医科大学毕业证书。

父亲有很多同学在北京，他们不停地写信叫他到北京去，说你要在你们乡村再这样下去，你学的那些知识就都白学了。你应该到大城市里来，为更多的人治病。因为已经带出了一个徒弟可以担起县医院的事，1943年父亲就举家都到北京来了。当时在北京，一个医生入职，需要市长任命，我在父亲的遗物里还见到了当时的市长给他的任命书。

　　父亲白天在大医院上班，晚上就到他和我三姨夫合办的"明鸣诊疗所"工作。名字是由两个人的名字来的：父亲叫张明仁，三姨夫叫张鸣珂。小舅舅白天帮他盯诊所的门诊。三姨夫也是医科大学毕业的，擅长外科，我父亲擅长内科，这样既有内科，又有外科，一般的病都能治。父亲养一家人，光靠白天上班是不够的，晚上诊所的收入也能补贴家用。

　　1948年的时候，我三姨夫的父亲病重，他回家照料父亲，火车还没到天津就停下来了，当时平津战役开始了。解放军就让乘客

1943年，父亲在北京市立传染病医院的任命状。

都下了车，告诉大家打仗了，火车已经停运了。在询问到我三姨夫的时候，三姨父回答我是外科大夫。解放军一位同志说，我们现在打仗，正需要外科大夫，你也别回老家了，你也回不去了，你就到我们部队来吧。我三姨父由此参加了解放军，走上了革命道路。

平津战役一结束，解放军接收了天津，我三姨夫就到了天津的一家医院做副院长兼外科主任。小的时候，我妈妈带着我去看过我三姨。我三姨是杨扶青的亲侄女，又是干女儿，她和我妈妈很亲，我妈妈管她叫三姐。有一次在杨扶青家，大姥姥就跟她的侄女开玩笑，孩子，你女婿挣的钱比你干爹挣得还多。当时天津医院副院长是二级教授，比国家的副部长待遇还高。这是 1953 年左右的事情。

命运弄人，我的爷爷张宪臣 1947 年被武工队误杀了。当地老百姓都知道是被"误杀"的，这件事对我父亲震动很大，他不知道自己会不会也遭不测，这是促使他下决心投奔杨扶青去台湾的一个重要原因。这个原因，也是他后来回到大陆时跟我说的。他走的时

1988 年 9 月，到天津看望三姨父张鸣珂和三姨杨淑言（杨扶青侄女）。

候是带着原来在他医院里的护士周汝英妈妈和1岁的俊燕妹妹一起走的。他的想法是到了台湾安顿好，就来接妈妈和我们。杨扶青因为周恩来派人通知他新中国成立了，新中国需要他，叫他回来，于是他几经辗转，从香港回来了，而我的父亲却因为海峡两岸封锁留在了台湾没能回来。

"文化大革命"结束后，我姐姐就跟原籍组织部门联系，说乡亲们都说我爷爷是被误杀的，你们得给我们一份材料。随后县志办就给回了一份正式文件："张宪臣于1947年被误杀。"盖上公章。后来我把承认误杀爷爷的信息，告诉已经从台湾回到北京、古稀之年的父亲时，他老泪纵横。说我走了，对不起你们！他知道这边的亲人都受连累了。

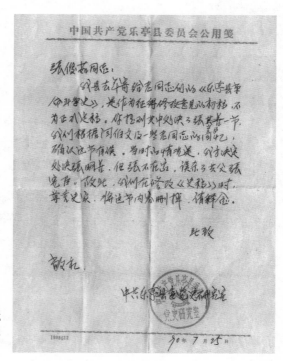

1990年，乐亭县委党史研究室出具的张宪臣被误杀的证明。

父亲在台湾

　　我的父亲是在我两岁的时候离家去了台湾，他在台湾做了 40 年的医生。1988 年他从台湾回来，见了面以后他跟我说，是你的姥爷，我的岳父教育我、培养我上了医科大学。他教我怎么做人，告诉我要能帮人处且帮人，能容人处且容人，但行好事，莫问前程，要扶危济困。我在台湾行医 40 多年，有两件事感触很深。一件事是我的一个同学，他在海军医院做内科主任，我在省医院做内科主任。有一天他来找我说，大哥，你看怎么办，我们住在海军宿舍里边，很多男人在舰艇上不回来，所以这些夫人们就养成了打麻将的习惯。三缺一，你弟妹（他的夫人），经常被她们拉去打麻将，一打就是半宿，有时一宿都不回来。人家的男人都在舰艇上，可是我是在医院里面经常一个人守空房，你说怎么办？她不去吧，三缺一，去吧，我就经常一个人在家。我爸说这个事好办，我找院长，说我台东还有点别的事，我答应人家了，我得去。你来接替我，换了环境，弟妹就不打麻将了。

　　第二天父亲就找到院长说：我一个同学在海军医院做内科主任，你看能不能让他来接替我？因为台湾当时这样规格的医生并不多，院长就同意了。我父亲就给台东的一个朋友打了个电话，说你帮我租一个能住人又能够开一家诊疗所的房子，我过去连住带开个小医院。省医院的内科主任要住在医院宿舍里，那里离海军医院很远，他爱人就没法去打麻将了，这样就能在一起生活，这个家庭就保住了。父亲为朋友排忧解难，为了朋友家庭幸福，自己就去台东重新创业。后来父亲跟我说，我脑子里就是想帮他，没有别的想法。

　　没想到，到了台东以后，因为台湾被日本人占领了很长时间，那里的高山族百姓很多人不懂汉语，懂日语。我父亲是满洲医科大学毕业的学生，日语都是日本老师教出来的，实习也在日本，他不仅听得懂日文，还能够说一口流利的日语，再加上从年轻就谢顶，一看就是个老大夫的样子，所以来看病的人很多。"没想到我私人诊所开业每个月挣的钱比在医院里做内科主任多多了。春天闹感冒的多，一个礼拜挣的钱比那边一个月挣的都还要多。我是一心想帮那个同学，结果没想到我私人开业的'明仁医院'（我父亲叫张明仁）收入颇丰。"台湾当局知道我父亲到了台东，就任命我父亲任台东医院的主任。还有一家学校聘他去做兼职校医。为了帮同学，他到了台东，能挣三份钱，这真是他最初没有想到的。

父亲还跟我讲过一件事：有一个高山族的老大爷，他经常有点不舒服就过来，我知道他很穷，所以从来没收过他的钱，看完病拿

1983 年，父亲在台湾明仁医院前。左起：小妹妹张俊芝、三妹张俊芳，左五张明仁。

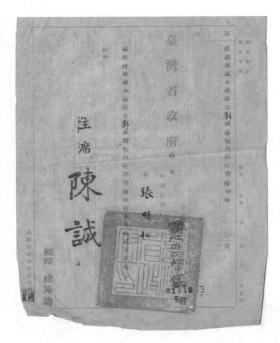

1949年，父亲任澎湖医院内科主治医师的委任状。

完药就让他走。逢年过节的时候，他按当地的习惯，会给我送来一只鸡，送一点山上采的蘑菇，我都跟他说不要，你拿到市场去卖了吧。我们关系处得很好。

有一天他捂着肚子就来了，疼得不得了，我诊断他是肠梗阻了。肠梗阻在内科的治疗就是要洗肠子。这位高山族老大爷不愿意让女护士给他洗，他说张院长张大夫，你能不能给我治？我那天还真的有事儿，在台北的二女儿张俊玉结婚，飞机票都订好了，可是为了救高山族的老大爷，我一点没有犹豫，说：好，我给你治，你放心吧，就通知护士把机票退了，再打电话告诉女儿，你们婚礼照常，不要等我，我这有病人。医生的天职是要治病救人，我耐心地给这位大爷洗肠子，一直洗到肠子通了，用了半天的时间。第二天才知道，我预定的那班飞机失事了，报纸上纷纷报道说有一个叫张明仁的大夫临时退票，幸免于难。我是按照你姥爷对我的教育，能帮人处且帮人，要扶危济难。我治了他的病，他救了我的命。父亲说这两件事情都是因为你姥爷对我的教育，让我因为帮助人而自己受益了。

父亲在台湾行医40年，得到了台湾卫生署的奖状。他在台湾资助过好几个学生读大学，父亲回北京后，他帮助过的学生都到北京来看望他、感谢他。

父亲告诉我，他是台湾河北同乡会的会长。我问他这个同乡会是干什么的，他说一般都会让大夫做同乡会的会长，为什么呢？大夫的收入多一些，会长首当其冲地要去帮助有困难的同乡。其中有一个他帮过的河北同乡，后来做了台湾警察署的署长。正好我北京有个朋友，是空军铝制品厂的厂长，叫张友鑫。这个朋友比我岁数小一点，因为他也姓张，一直管我叫大哥。听说我父亲回来了，他说："大哥，我父亲原来是海军，也去台湾了，我找了很多年，通过各种办法都没找着。你看大伯从台湾回来了，能不能帮我找找我

1975年8月1日中国台湾《中央日报》刊载飞机失事的报道。

父亲？"正好我四妹妹张俊兰从法国到北京来看望父亲，我跟她说这件事，妹妹说你赶快让你朋友写清他爸爸叫什么名字，曾用名是什么，在海军哪个部门服务，是哪年去了台湾。张友鑫立刻写给了我。我妹妹随后给我父亲曾经帮助过的那个警察署署长打电话，让他帮忙寻找。很快张友鑫的父亲就从台湾给他打过电话来了。父子通完电话，张友鑫特别激动，他说大哥我找了那么多年，我都没找着我爸，这么快你就帮我把爸爸找到了，真没想到我爸这么快就从台湾给我打电话来了。随后张友鑫的父亲很快就从台湾回到了北京，父子团聚。我爸爸曾经帮助过的人，也给我朋友帮了忙。我爸说，帮助别人胜过帮助自己。过去说这叫积德行善，要多帮助别人，这就是我的父亲张明仁。

古稀归来

从 1948 年春天父亲离开大陆去台湾，就一直没有音信。1986年，杨扶青妹妹杨慕兰的孙女王兆兰姐姐告诉我，"找到大姑夫的地址了"。她管我妈妈叫大姑，她的爷爷、杨扶青的妹夫也是跟随杨扶青去的台湾。她的父亲通过香港朋友，有了台湾的亲人的音信。那个时候大陆与台湾不能通邮，只能通过香港的朋友从中转达。他们已经有了书信来往。

兆兰姐虽然告诉了我父亲在台湾的通信地址，但当时大陆与台湾不能通邮，没法直接给在台湾的父亲写信。恰巧，这时候北京市科委的同志带着他的美国亲人张恩恕到植物园参观，我就跟人家说，能不能帮我在美国给台湾的亲人发一封家书，他说没问题。

我们把信寄到了美国。信中夹着信，外边信是写给美国朋友的，里面夹着的信由他转给我父亲的。从美国再寄到台湾，我们就这样联系上了。

我记得是我给父亲写的第一封信。我在信里问候他，把我们的情况简单告诉了他。这封信我写得很简单，我向他介绍了妈妈、姐姐和我的情况，随信附上一张我们的照片。虽然我对父亲没有印象了，但血浓于水，我的心里对他依然充满了感情。我想找到父亲，给自己特别是给我妈妈一个交代。

由第三方转信，让我等回信有点焦虑。我们不知道分别几十年后他的具体情况，不知道他对大陆亲人的态度。大概1个月左右，我就收到了从美国转来的他的回信。他说，见到我的信他非常激动，说没想到你们还都活着，没想到你们都长这么大了。信中把他的情况也说了说。

他到了台湾后，又生了4个女儿，因为他觉得可能没希望再回大陆。他说台湾当时的宣传，留在大陆的家属都给流放到新疆去了。想我妈妈又是小脚老太太，流放的话得走着去新疆，我妈出不了西直门可能就走不动了，再抱着当时两岁的我，拉着6岁的哥哥，姐姐当时也只有14岁，半道上可能就累死了。妻离子散，自己没有回到大陆的希望，他几乎是绝望了。

跟我们联系上的时候父亲已经72岁了。在信里他告诉我说他有严重的心脏病，他很想回来，可是走路很费劲，已经坐轮椅了。

上：1986 年与
朋友在竹园合
影。后排站立
者为张恩恕，
前排左四张佐
双。

中：1986 年，
张恩恕先生从
美国寄来的信
之信封。

下：1986 年，
张恩恕先生从
美国寄来的信
内文。

　　　　　　　　　　　逐梦——植物园六十年

他心脏病是糖尿病引起来的，他是医生，可他不知道自己患有糖尿病。他一天天就坐在那给患者看病，渴了就喝水。有一次他发现肾不好，就到他曾经做过内科主任的省医院去做检查。检查完人家告诉他说，张大夫，你的肾出问题了，得切掉一个，不切掉一个会影响另一个肾。马上他就住进了医院。医院给他调理了一段血糖后，才给他手术切除病肾。

父亲想回来，也怕回来。他给我写信是说回不来了，他说我没抚养过你，晚年我不能来拖累你。我们也没勉强他。

从给我回的第一封信，他就给我美元支票，以后就过一段时间给我写一封信，信里加上一张美元支票。我说爸，我们不需要钱，我们现在生活得很好，钱还是留着你自己养老用吧。再说你这样寄到时候会寄丢了。他说没关系，心到神知，依然每封信里夹一张美金的现金支票。

我有一个叔伯姐姐，是我三伯父的女儿，叫张俊华，她是三十八中的中学校长。那时候她已经退休了，她管我父亲叫四叔。她跟我要了我父亲的地址，给我父亲写了封信，她在信中说四叔，我四婶等了你一辈子，你就是还有一口气，爬也应该爬回来。我父亲见了这封信，立刻就跟台湾的妹妹说，我要回大陆。台湾的妹妹们都非常孝顺，同意他回大陆。经常和我联系的妹妹是大妹妹张俊燕，特别孝顺，她说爸爸你一定要回北京，我们支持您，我用轮椅推着您去。后来真是她用轮椅推着我父亲回来的。

1988 年 8 月，父亲回到大陆。回到我们身边时，他已经 74 岁了。我的妈妈从 1948 年父亲离开大陆去台湾，到再次见到父亲，已经过去了 40 年。

虽然知道父亲有回大陆的愿望，但我们并不知道确切的日子。有一天植物园南门打电话给园办公室，说有客人来找佐双园长。我当时是植物园的副园长。我到南门，看到一辆出租车停在门口，出租车旁边轮椅上坐着一位老人。这时跑过来一位女士，因为已经给

1988年父亲在北京。后排左起：金洪有、张磊、张岩、妈妈王振仪、张俊燕。
（摄影：张佐双）

我寄过照片了，我认出来那是我台湾的大妹妹。我走到老人跟前，老人连连说，是我儿子，是我儿子，长得真像我。我很激动，但不知该说什么，就说爸爸，咱们回家吧！他说感谢政府，感谢社会培养你，把你从16岁的一个小孩，培养成植物园的副园长了。

因为不知道这边家里的态度，又怕麻烦人，我妹妹就说给爸爸在附近找一家旅馆住下吧。还有另一方面的考虑，妹妹是怕父亲上厕所不方便，他的腿已经蹲不下了。1948年他离开北京的时候，北京的卫生条件很差，都是旱厕所，所以必须卫生间有坐便器的地儿他才能够方便。从机场拉父亲和妹妹过来的出租车还没走，我说咱们先回家吧，于是就带着父亲和妹妹回到只有两站地的红旗村植物园职工宿舍的家里。

我妈妈知道最近我爸要回来，但不知道是哪天。我带父亲一进门，妈妈也是一愣。两位老人一见面，父亲就要给我妈妈跪下，可

1988年，张俊华（左1）、张俊茹（左3）陪父亲在天安门广场。

是他的病腿又跪不下。我75岁的老妈妈连忙说不要，不要，我不怪你，我不怪你！就把他换起来了。

　　父亲和妹妹看到我住的是楼房，家里卫生间有坐便器。父亲问我，我能住家里吗？我妈妈非常高兴地答应他住在家里面了。住了几天以后，他又说，我能再多住几天吗？我说行，就拿着他的证件去派出所给他报了临时户口。又住了一个礼拜，我给派出所打电话，说我父亲还想多住几天。派出所的同志说，国家有政策，台湾回来探亲的老人，多住没有问题。

　　我家当时住的是单位分配给我的三居室，有两间是向阳的。我母亲住一间向阳的，还有一间是我和爱人住。大儿子张磊正在首都师范大学读书住校，9岁的小儿子张岩住在北屋的单人床上。他爷爷和大姑姑回来以后，我们就让张岩跟我们住一屋，让姑姑住他那间。

　　我妈妈说，孩子们因为他背了一辈子包袱，他回来了，咱们大家就都放心了。父亲从台湾回来，园林局领导对我也很关心，当时的局党委书记派饶凤岐（时任园林局党委常委办公室主任）和王克（园林局办公室副主任）两人代表园林局领导来看望我老父亲。

又住了一个礼拜，爸爸对我们说，我不走行吗？我大妹妹不干了，她说爸爸，你一辈子都没抚养过我哥哥，你现在老了不能动了，你不走了，这样不行，我把妈妈带走，咱们回台湾一起生活。我妈说我坐不了飞机，我也不愿到那边去生活。我妹妹就说，我能给您办一切手续，咱们回台湾。我妈说我不去。后来我爸坚决地说，我不走了。妹妹就问我，爸爸如果在这边工作，一个月能挣多少钱？1988年，那时候的工资不高，我说爸爸如果在北京，就参照我三姨夫的工资，二级教授，一个月300多块钱，因为他们俩曾经在一起开过诊疗所。她说那好，就算爸爸一个月挣300多块钱，妈妈一个月也挣300多块钱。我留下一笔钱存到银行，它的利息每

1988年12月23日，父亲、母亲在家中。

1988 年，张佐双一家与父母。

个月 600 多块钱，你们随时有事随时告诉我，钱立刻就到你账上。说完她就去存钱了。她当时就给我存了随身带来的 2 万美元，年息当时是 10%，2000 美元，折合人民币 16000 元。她说这 2 万美元的利息，是爸爸妈妈的生活费。她说哥哥，剩下那些钱，作为你们日常生活的贴补。

老人家决定不走的时候，他跟我说要给台湾打个电话，当时打国际电话得上我们附近的香山饭店去打，我们就推着他边游览，边往香山饭店走。他的电话打给谁呢？我和大妹都在旁边听着，原来是打给跟父亲工作了很多年的医院护士。他跟那个护士说：我到大陆不回来了，所有的医疗器械和药品都送给你，算你的养老金。当时我大妹悄悄跟我说，那些医疗器械和药品值不少钱，他说送就都送给人家了。父亲说我不能亏待别人。我的三妹妹张俊芳跟着他一起生活，也在父亲任职的台东医院做护士，原来父亲说台东的房子就给老三了，后来我大妹说爸爸这儿还有钱，把那房子折成钱给了三妹。大妹妹说，哥哥，你是家里唯一的男孩，我跟爸商量了，那房子就留给你了，你将来到台东来住。我说我不要，我这里什么都有，什么都不缺。

父亲跟我们一起生活了三年，每天他都很开心。父亲回家时我的小儿子张岩才 9 岁，他从学校放学，蹦蹦跳跳跑进家就胡噜他爷爷的秃脑袋，爷爷美得也胡噜他。有一次父亲就跟我妈妈说，咱们永远不会死了，这就是我。他指着他的孙子张岩说这就是他。张岩跟爷爷奶奶感情很深，到如今，他每天起来的第一件事情，就到我妈住的那屋，对我妈和我爸的照片行礼。张岩结了婚后，这个习惯也没变，每天早上一起来，先到他爷爷奶奶屋行礼去。

1990 年夏天，父亲心脏病突发，住进了西苑中医院。父亲曾经给我们留过话，自己若发生紧急情况，不要做割开气管的无效抢救，当时情况危急，我就通知了几个妹妹。大妹张俊燕从中国台湾、小妹张俊芝从德国，三妹张俊兰从法国赶了过来。她们没有回来前，都是我爱人金洪有在医院照顾父亲，妹妹回来后，轮流在医院值班，我爱人给他们做饭、往医院送饭。

父亲在家的时候，我一般是每天早上上班前去给父母说一声，晚上睡觉前给他请个安。1991 年 2 月 13 号，那天晚上我不知怎么了，半夜两点就想到父母屋里看看。我看到父亲笑眯眯地睁着眼，我就问他怎么还不睡，他没反应，我就叫我妈妈看看父亲怎么了，妈妈推叫他，也没反应。我发现不对劲，就赶快请住在宿舍前后楼的植物园医务室大夫吕兵来诊治，我们卧佛寺饭店经理徐建民同志半夜开车送我们去医院抢救。父亲是在去往医院的路上，在我怀里安详地走了，享年 77 岁。

后来我去了台湾几次。第一次是在 1998 年。我在植物园接待了来参观的台湾远东大学的王乃昌校长。王校长邀请我、山东曲阜师范大学的校长、武汉大学的校长、广东的大学的校长赴台湾交流"两岸职业教育"。出发前我将行程告诉大妹。她和妹夫就到我住的饭店来陪我。大妹夫妇俩都是医生，生活条件不错。大妹夫高德志是台大医学院毕业的，曾经是台大医院的内科医生，擅长内科和儿科，后来在台中开了"高内儿科诊所"。

我们一行人飞抵台湾高雄的时候，大妹妹和妹夫已经在那里等我了。他们要拉着我去看父亲留给我的房子。我说那房子原来说给谁就给谁，我不要。大妹说我们都处理好了，这房子就是留给你的。我说我不要，我没用，我也不过来住，你们该怎么处理就怎么处理吧。

大妹对我妈妈很好，她来北京多次看过妈妈。她每次来住在家里，每天都给我妈妈洗脚。我妈妈是小脚老太太，一辈子没让别人洗过脚。洗完脚后她让妈妈躺下睡觉，她给妈妈做按摩。妈后来就跟我说，我就装睡着了，你不睡着了，她就一直跪在床前给你按

1988年赴台湾交流"两岸职业教育"。左1张佐双，左4王乃昌校长。

摩。等妈妈睡着了，她才出来跟我们聊天。她的孝顺我们都做不到，我们顶多给妈妈打盆水送进去。即便在父亲走后，大妹还常来看妈妈。还写了无数封信，妈妈长妈妈短的，非常尊重妈妈。

1991 年我父亲走了之后，大妹说要把爸爸养老金都给我拿过来，我说你就在台湾放着把，我有什么用钱地方，我再跟你要。她说哥哥你自己放着，爸爸留给你的。她后来拜托一个旅行团的陈经理，将装有美金的密码箱带给了我，让我给孩子们用，她说这也是父亲的遗愿，是给孩子们读书、成家买房用的。

我的小儿子张岩跟爷爷感情特别好，爷爷在世时说过，这些钱要给孙子们安家用，要培养他们出国读书。于是我用父亲给的美金在世纪城给孩子们买了房子。

大妹之后也总是给我寄钱。有一次台湾寄给我的邮件，送到植物园办公室了，我说是台湾的特产。办公室潘桂萍开玩笑地说，园长，里边有什么好吃的，让我们也尝尝。我说打开，有好吃的咱们就分着吃。大家打开，除了特产外，还有一个厚厚的信封，把信封一撒出来，是 1 万美元。刁秀云（时任办公室主任）紧张地说我告诉你们，以后张园长的包裹谁也不许打开。我说没事，今天是当着我面我让打开的。我立刻就给大妹打了个电话，说："我不缺钱，你这么做是不允许的。"我吓唬她，以后不许给我邮钱了。大妹说："没事，哥。我记住了。钱丢了就丢了，我的心意到了，就行了。"

后来张岩用他爷爷留下的钱到国外读书，大妹知道以后很高兴，还直接从台湾给张岩寄学费和生活费。张岩跟姑姑说，爷爷给我留下学习的钱了，姑姑你别给我寄钱了。姑姑说爷爷给你的是爷爷给的，姑姑给的是姑姑的。

因为我坚决不要父亲留给我的房子，大妹总是对她的台湾朋友说，没有见过我哥哥这样的，我哥是给他什么他都不要。连爸爸给他留的房子他也不要，哪有这样的。

父亲走后，几个妹妹经常来，她们对我妈妈都很孝敬，每次都住在我的家里。以前根据政策，园林局给我在红旗村分的是两套房子。后来园林局住房调整，当时新建的职工宿舍楼，有人济山庄和植物园西门两处。园林局的领导当时找我谈话说，你四世同堂，还有两个儿子和台湾的亲属，属于统战对象，你还是你们这一级别里唯一享受政府特殊津贴的正高，如果你要人济山庄的大一些，100多平方米，但你红旗村的二套房都要上交。如果要植物园西门宿舍，交一套红旗村的房子，局里分给你植物园西门两套，你看可以吗？如果你同意这个方案，明天上会。你这是全局唯一分三套房的。

搬到植物园西门宿舍后，我考虑到大妹经常来住，就和楼下的张雪琴（园林局老干部处原处长）协商，你的房子空着，也没住，如果你想换房子的时候，告诉我，多少钱卖，我买。她当时正想换房子，上班方便一些。我说这里的房子是70平方米，我给你7万美元。她连连说多了，多了，别，别，别。我说我没有人民币，只能给你美金。她说想让孩子出国读书，正好缺美金。于是她爱人丁先生开着车，一起到银行，我直接从银行取出了7万美元给她。楼下邻居陈航华听说了之后，因为她当时也想让孩子出国，就把房子以同样价钱卖给我，换美元给孩子用。后来，他们都给我写了我用美元买他们房子的证明信，在证明信上签字，盖了章。我把红旗村的那套房子也出售了。这样，我就在植物园西门宿舍里，有了上下4户房，妹妹们来的时候，都住在我这儿。

我的父亲弟兄4个，大哥张明瑞，在东北发展，育有3个女儿张俊英、张俊卿、张俊玲（过继给张明善），3个儿子张佐石（在辽宁锦州生活）、张佐峰、张佐山。二哥张明善，在家务农。三哥张明信，经商，育有两个儿子张佐良（在北京做小学校长）、张佐贤（在北京任中学校长，离休），一个女儿张俊华（在北京任中学校长）。

我的姐姐

我姐姐叫张俊茹，生于1934年，长大以后在女一中读书。在读书的时候就参加了党的地下组织活动，1949年刚一解放，她就读的高等工业学校刚开学，党组织就找她谈话，说你是咱们党地下组织成员，现在新中国成立了，需要干部，你到党校去念书吧。于是组织上就把我姐姐调到了党校学习，毕业后被分配到西四区（现西城区）的区委宣传部。当时宣传部的部长叫韩雪，副部长是封明为。封明为是我姐的入党介绍人，后来做了北京市的副市长。

1952年她宣誓加入了中国共产党，但1953年出了"高饶事件"，中央文件规定"台属一律暂停入党，预备党员不能转正"。姐姐只能离开宣传部，先后去了区下属的文化馆、图书馆、幼儿园工作。因为父亲在台湾，我姐入党预备期30年，这对她来说是个精神负担，一直压在心里。直到1983年中央出台文件，台属可以入党，她才转正，补交了30年党费。之后，她就先后调入德外街道、卢沟桥街道任纪委书记直至退休。

在桃花节的时候，时任北京市副市长封明为植物园参加桃花节的活动。聊天的时候，我问封市长您还记得1952年在西四区区委宣传部工作的张俊茹吗，您还有印象吗？封市长想了想说，刚解放的时候，她是西四区宣传部的，我当时是宣传部副部长，我还是她的入党介绍人呢！我说她就是我姐姐。他问，你姐姐现在怎么样？我说我姐姐挺好，姐夫是个军人，有三个儿子，都参军了。他说，委屈她了，1952年入党，1953年中央有个文件，台湾的直系亲属一律暂停，她就没能转正。在区委宣传部工作，你不是党员怎么办？只好给她调到了我们区的文化馆。后来去哪了，我也不知道

1951年姐姐在党校学习时的照片。后排左3为张俊茹。

了。回去给你姐姐问好。2021年建党百年的时候，党组织给姐姐颁发了党龄50年的纪念章，这对于她来说，是巨大的荣誉。

1957年，我的姐姐在23岁时成家了。姐夫是个军人，老八路，抗战胜利之前入伍的，离休干部。1959年妈妈辞去工作，为了照顾外孙们，带着我去姐姐家住。我跟着妈妈在部队宿舍住了三年多。

姐姐家有三个儿子。大外甥叫葛朴，小时候在乐亭是跟着爷爷奶奶长大的，上学的时候才来到北京。二外甥葛刚、小外甥葛峰是我妈妈从小带大的，三个孩子跟姥姥都很亲。三个孩子后来都参军了，姐姐一家四个军人，都很优秀。我的两个儿子也是我妈妈帮忙带大的。妈妈晚年总说自己有五个孙子——三个外孙，两个孙子。这五个孙子没少让她操劳受累。

姐夫家与我家是同村邻里，他小时候经常来我家，因为我父亲行四，他从小管我妈叫四婶。就是跟我姐结婚后，姐夫也没改口，

1978 年的 姐姐一家。前排左起张俊茹、葛辟原，后排左起葛刚、葛朴、葛峰。

2021 年建党 100 周年，
姐姐荣获入党 50 年荣
誉证书和纪念章。

一直叫我妈四婶。再后来有了孩子，就叫姥姥。我也没叫过他一次姐夫，总叫他大哥，一直到他2008年80岁时过世，都这样叫。

我姐夫在部队做党务工作，他对我说弟弟你得要求进步。部队营房里，政治气氛浓，院里孩子都积极上进。1983年中央有文件，台属可以入党了。姐姐接到组织的通知后，立刻给我打了个电话，说中央有文件了，你跟党组织说一下，台属可以入党了。我马上和植物园时任党总支书记祝铁成说了这事，他立刻到园林局看了文件，回来对我说，你的入党申请书要重新写，你一直写要从思想上、行动上入党，现在要写从组织上也要入党。这样，我不到一个月就入党了。

姐姐比我大12岁，那时候她骑辆自行车去上班，我每天目送她的身影消失才去做别的事。我小的时候喜欢捉蛐蛐玩。在放暑假的时候，我就把她自行车前边的车灯摘下来去捉蛐蛐，一宿一宿地捉，车灯电池很快就没电了。她问我电池怎么用得那么快？其实她是知道被我捉蛐蛐耗光了的，但是她从来没有说过我半句。没电

1993年母亲与姐姐全家合影。

2006 年春，张佐双和姐姐在海棠园。

了，她就重新换电池。她看着我长大，处处疼爱我，我非常地敬重她。长姐如母，她是一个非常朴实的人，一辈子也没有说过我。现在我还经常去看望姐姐。

我的哥哥

我有一个哥哥，1942 年生的，比我大 4 岁，叫张佐参（shēn）。哥哥小时候聪明好学。我二姥爷（杨扶青的弟弟，杨久斋）喜欢下象棋，经常在胡同口跟棋友们下象棋。我哥哥上初中放暑假的时候，有一天二姥爷说："你过来，姥爷教你下象棋，马走日，象走田，炮得隔着打……我教给你。"当时我也在旁边，我哥哥一点也不会，他就认真地学。过几天，我哥哥跟我妈说，"妈妈你给我 5

分钱"。我妈妈说,"你要5分钱干什么,我多给你点"。他说,"不用,就要5分钱"。哥哥用妈妈给他的5分钱,从地摊上买了一本很旧的象棋棋谱,也不厚,就是一个小册子。他认真地反复地看,怎么开局,怎么走中局,怎么走残局……之后二姥爷又叫他说,"孩子,姥爷接着教你下棋",我哥哥就跟他下上了。晚上我妈妈下班回来,二姥爷说,"他大姐,你大儿子可了不得。我下了一辈子棋,刚跟他下第二回,我怎么一不小心就让他偷吃我一个子,我费了很大的劲才下个平手,还弄不好让他给我将住了,你这个孩子可了不得"。我妈回来跟我哥说,你跟姥爷学象棋,你不能赢姥爷。我哥答应说:"好,最多给下个平局,好吗?"

　　我哥哥很老实。我们在同一所小学上学,后来他考到男四中。当时我们住的杨扶青那个院子就在景山东街附近,离男四中不算远,他每天走着去学校。男四中在北京是所好学校,哥哥从小很用功,功课不错,初中毕业后保送上了本校高中,他们入学那年有10个高中班。高考的时候他成绩优异,几乎是科科满分,是全校总分第二。据说就是因为作文,语文减了他一点,其他的数理化都是满分。学校执意让他留校当老师,那个时候高中毕业生一个月的工资是46块钱,大学毕业的是55块钱。他刚上岗,发了工资,校领导找到他说:"学校保送你上北京师范学院(现首都师范大学)。因为北京师范学院是北京市属院校,毕业分配能要回来。要是送北京师范大学就属于全国分配,就要不回来了。"这样,1961年学校保送我哥哥去北京师范学院物理系学习。

　　在大学期间他的学习成绩也是非常优秀的。量子力学很复杂,整个北京师范学院从建院以来,量子力学从来没有学生得过满分的,我哥是满分的首次获得者。听他同学们讲,当时的判卷老师阅卷后,没有发现一个错误,十分惊讶,就汇报给系领导,系里全部物理老师传阅着找毛病,看看是不是应该满分。所有老师都没查出问题来,学校为此发给我哥哥一个北京师范学院物理系量子力学满

1968 年，我和哥哥张佐参（右）在颐和园。

分首次获得者的证书。我小时候还见过这个证书，哥哥为我树立了一个榜样。

我哥哥于 1964 年大学毕业，信守承诺，回到男四中做了物理老师。我们单位有一个同事张济和，1965 年毕业于男四中，曾经是我哥的学生。开始我们都不知道，有一次他问我是不是有个哥哥在男四中，我说有，叫张佐参。他说他教过我们物理，你哥有个特点，嗓门跟你一样，很大很亮，学生们都很喜欢听他讲课。张济和同志很优秀，后来调园林局规划处任处长。我们俩是同一份文件任命的北京市园林局的副总工程师。

我哥哥是学物理的，男四中有个校办工厂，学校让他去校办工厂工作。这是一家电镀厂，厂里的电镀槽得定期涂耐高温的涂料。他的同事王行国老师后来跟我说，你哥知道耐高温的涂料含氰和苯是有毒的，所以涂涂料的时候，他对其他老师说你们都离得远一点，我一个人来干。他把危险留给了自己，把安全给了我们。他一个人钻到反应槽里面去涂，没多久他就住院了。

每个礼拜六他都来我姐姐家，原来他能跟我姐夫喝点啤酒聊

2000 年，我和
王行国老师。

天，搞过涂料以后，他就不喝了。姐夫问他，你为什么不喝啤酒
了？他说这两天感觉不舒服，浑身没劲儿。又过了一个礼拜，还
是浑身没劲，我姐夫就有点紧张了。姐夫当时在部队医院政治部工
作，因此很警觉，他马上问我哥，你除了浑身没劲还有什么症状？
哥哥说我洗澡的时候发现我腿上有紫斑。姐夫说你撩起来我看看，
撩起来一看，真有紫斑，皮下渗血了。姐夫知道这是血项出问题
了，他对我哥说，你到我们医院做个血项检查吧，我哥说我学校有
合同医院，就在我们男四中对面（就是北大医院）。又过一个礼拜，
我姐夫问他，你看没看？我哥说这礼拜学校课挺多，我没去。姐夫
心里着急就说你必须去看病。我哥哥说行，我调调课，我下礼拜看
去，最后他还是到北大医院去看的病。

　　到医院一查他的血项，医生立刻就把他留下了。他说不行，我
下午还有课。医生说你不行也得行，立刻把你们学校的领导叫来。
当时学校里军宣队和工宣队的领导都来了，医生说："你们这个老
师随时有生命危险，因为他的造血功能已经没了，不仅血小板很
少，新生的红血球也没有了。他的血小板低得碰他一拳，就有可能

内出血，人就走了；或者说他骑车摔一下，内出血就走了。必须住院，必须通知家属。"那是1970年6月份。我接到电话，立刻骑车赶到医院，医生也很坦率，他说你哥哥得的是再生障碍性贫血，他的造血机能被破坏了，他接触了氰和苯。氰和苯破坏人的造血机能，特别是氰，很厉害的，有的人体质对这个过敏，就更加厉害。那个科主任告诉我们，这个病到目前为止没有治疗方法。北大医院是中国的血液病研究所，专门研究这个的，都没有办法治，这等于就判了我哥哥的死刑。

当时我姐姐还在"五七干校"劳动，接到男四中和我哥哥给她的信，立刻赶回来了。我们心里都很难过，但是还得扛着，不在哥哥面前表现出来。其实哥哥心里明镜似的，可是他比任何人都坚强。

白天我妈妈和姐姐在病房陪伴着他，晚上我从植物园下班，就到医院陪他。他在医院里住了4个月，在这4个月里边，我哥哥就没有说过一句泄气的话，因为他很聪明，他一住进病房，就立刻学习了这个病的知识，他知道这个再生障碍性贫血是没有治的。可是他非常的乐观，医生护士都劝他说："张老师，你不能这样每天起来都给整个病房擦一遍地，你万一摔了，就不得了。"我哥哥说："没关系，我会加小心的。"他每天给整个楼道拖地，直到有一天他眼底出血了，眼睛像挂了一层薄雾，看不清楚东西了，才不再擦地了。

就这样，他也没说过一句泄气的话。我天天陪着他，晚上我都问他，哥有什么事吗？没事，他总是这么回答我。到了10月2号，那天我休息，在医院陪着他，下午他跟我说了一句话："兄弟，有点渺茫。"我说哥你有什么事吗，你跟我说。他说没事，咱们睡觉吧。快到凌晨的时候，我听到一阵剧烈的咳嗽，从他口中喷出了一个血柱，然后他就昏迷不醒了。我使劲地、不停地喊哥哥哥哥，我再也没叫醒他。医生赶来，跟我说你通知家属吧，他不行了。我把

1970 年哥哥给
姐姐的信，告
诉姐姐他患病
住院了。

姐姐、姐夫都叫过来了，他一直昏迷不醒，3 号下午 3 点多，他的呼吸就停止了。

后来学校在开追悼会的时候，有一个老师跟我说，佐双，你哥哥每天需要 300 毫升血，医院的血库供不上。学校动员给你哥输血，为救你哥哥，全校师生都动员起来了。你看燕老师（燕老师叫燕纯义，后来任四中副校长），4 个月里每个月给你哥哥输 400 毫升血，连续输了 4 次，为了救他，还有其他的老师也输过血。我很感动，哥哥的同事们全力以赴地想救他，还是没救成。

当时学校跟我商量："你们老母亲，她的赡养费由三方出，男四中、你姐姐、你，三一三十一，姐姐出三分之一，你工作了出三分之一，学校也出三分之一。这个费用标准是参照工伤来处理的。"我赶忙说，"谢谢学校"。

这样学校每个月都按月支出这笔费用，我的外甥葛峰每年负责取一次，存在一个存折上，直到 2009 年 8 月 11 号我母亲去世。母亲去世后，我第一时间通知学校，告诉他们我母亲走了，不要再给这个钱了。学校当时刚退下来的燕纯义校长知道后，立刻带着办公室主任张桂琴来到我家里表示慰问，送来了 5000 元慰问金。燕校长称赞我的哥哥是一个特别优秀的教师，他说他们学校有个知名的特级教师周长生曾经写过一本书《为不教而教》,书中记载说在 20 世纪 60 年代,男四中有几个会读书的优秀学生,其中有你哥哥的名字,他把这本书送给我做纪念。这么多年过去了,我的佐参哥哥还没有被人们忘记,他的品德和为人一直是我学习的榜样。

哥哥确实没有被人忘记。哥哥过世几年后,有个男四中分配到陕西插队的学生到植物园来找我,哭着说:"我们去插队时,家里困难,张老师资助了我 100 块钱。我现在好不容易攒够数了,到学校来给张老师还钱,才听说张老师没了,因公殉职了。"学校老师告诉他,张老师有个弟弟在香山的植物园上班,于是他到植物园来找我,拿着钱来还钱了。我说这是你们师生的情谊,我不能接这个钱,钱你带着吧,你还要生活。当时 70 年代的 100 块钱是他两个月的工资呀。

我哥在 1964 年大学毕业的时候,每个月工资就 56 块钱,那个时候工人刚参加工作才 30 多块钱。1969 年 2 月我告诉哥哥,我要

2009 年母亲去世后,男四中领导前来慰问。左起:张佐双、张鸣山、张俊茹、张桂琴、燕纯义校长、金洪有。

逐梦——植物园六十年

2013年首都师范大学出版社再版的《为不教而教》，内文提及张佐参。

结婚了，他非常高兴。他说你也不早说，我的钱都资助同学了。这个存折上还有150块钱，你拿去吧。下个月我开支后，我再帮你。之后，他连续几个月都在帮我，一直到他过世。后来我知道，不止这一个学生，还有三四个学生到北京植物园来找我还钱，我就知道哥哥资助过不少学生。为这事，我给男四中办公室打了个电话，我说以后有这样的情况不要再来找我了，我也不会接这个钱的，你们安慰安慰那个同学就好了。

我哥哥他一直是一个要求进步的人。同样的家庭背景下，他上大学期间就加入了共青团，而且还积极地写过入党申请书，并把他的入党申请书寄给了我。他经常教育我，要进步，从思想上行动上都要进步。

我的妹妹

父亲在台湾有五个女儿，大女儿张俊燕是从大陆带过去的。二女儿叫张俊玉。三女儿张俊芳，这个妹妹跟着父亲在台东医院工作。四女儿张俊兰，定居法国。小女儿张俊芝定居德国。和父亲一同去台湾的周妈妈在台湾生了几个女儿后，1974年就病逝了。

父亲去世后，几个妹妹还常来大陆看望母亲，母亲去世后，她们也常回大陆看望我们一家，一家人一直保持着密切的联系。

我的爱人孩子及亲属

我的爱人叫金洪有，1944年7月5日生人。1962年我们一起来植物园参加工作。她先后在植物园果树实验区葡萄班、园林学校食堂、植物园知青社和卧佛寺饭店餐厅工作过，是一个很要强也很能干的人。她工作勤勤恳恳，受到同事好评。我们于1969年2月14号在北京植物园结婚。1970年6月25号，长子张磊出生。

张磊毕业于首都师范大学，后在北京多所中学当过教师。我的孙子叫张子辰，2001年1月5号出生，2021年应征入伍，是一名现役海军战士。1979年4月20日次子张岩出生，先后在英国和新西兰读书，后来定居在新西兰。我的孙女叫张月恒，2009年1月28日出生，现在新西兰读书。

我的爱人勤俭持家，贤惠能干。特别是我父亲从台湾回来以后，她45岁提前内退，都是她在家尽心照顾。她对我父亲非常好，

上：1987 年，大妹张俊燕一家。

中：1998 年9 月，张佐双到二妹张俊玉家看望。左起张俊芳女儿小慧、三妹张俊芳、二妹张俊玉，张俊玉儿子、张佐双。

下：1989 年，四妹张俊兰一家。

上：2019 年，我和金洪有在德国海德堡与小妹张俊芝一家。

下：2019 年，大妹张俊燕和三妹张俊芳来京时与亲属合影。

上：1962 年，金洪有刚入职时与果树组同事合影。前排左起：龙启生、于贵林；中排左起：史孟莲、闫丽美、金洪有；后排左起：孙桂荣、姚秀荣、白淑珍。

下：1971 年，张佐双、金洪有与长子张磊。

照顾得无微不至。我父亲也非常满意，跟我说儿媳妇真好。我父亲的亲友们来家做客的时候，都是她一人张罗，最多时候她一人能做三桌席面，亲友们都称赞她。母亲也常称赞她对我和孩子们很好。我姐姐、我和妹妹们都非常感谢她。我因为工作经常外出开会，她一人操持着家里家外，很辛苦。

　　我的老岳父叫金源森，祖籍江苏淮安下关金小堆，出身厨师世家。据地方志记载，金家祖上曾是御厨，擅长做淮扬菜。岳父的六叔叔金焕珠给张治中（全国人大常委会副委员长）做了一辈子厨师，我叫他六爷爷，他曾对我说，"周恩来总理到张治中家时吃过我做的饭，称赞我做得特别有淮安家乡味"。岳父在解放前在上海盐务局长家任厨师，解放后在音乐出版社做厨师。1954 年随音乐出版社迁入北京，带着岳母（赵秀珍）、二女儿（我爱人）、三女儿（金洪春，1964 年参军入藏）。1955 年生了小女儿（金洪美，1970

2014 年 1 月，我和家人在新西兰。

　　　　　　　　　　　　　　逐梦——植物园六十年

年参军入川）。大哥（金洪海）、大姐（金洪玉）当时已经结婚，按政策不能迁入北京，就一直在淮安生活了。

岳父做得一手好菜，特别是炒软兜（鳝鱼），真是一绝。退休后，仍被返聘在中国戏剧家协会做厨师，直到70多岁，在我们一再恳求下，老人才算"正式"退休。我的老岳母也烧得一手好菜，我感觉肉丸子和假鱼肚（猪肉皮）比岳父做得还好，现在我经常在过年过节的时候，会想起我老岳母做的饭菜来，真是回味无穷。

在这里，要提一下我爱人的三妹夫延军，他1961年参军入藏，在总参三部西藏通讯站工作。他在部队复员后，到北京地铁总公司工作，曾任办公室主任兼人事处长，通号段段长。1999年，他被查出来胰腺上长了个10厘米左右的肿瘤，吃不了饭，连喝水都有问题，人已经瘦得皮包骨了。大家多方找人给他诊断。我找到我的

1970年与岳父母一家的合影。前排左起：岳母赵秀珍、岳父金源森；中排左起：金洪有、金洪美、金洪春；后排左起：张佐双、延军。

2019 年，金洪有与她六爷金焕珠的后代合影。

同乡、中国肿瘤医院的孙燕院士诊断，他看完片子后说，这个部位的肿瘤，没什么办法治疗了，回去好吃好喝，他想干什么，大家多顺着他点。后来为了保证他的进食，在北京医院做了肿瘤压迫食管的剥离手术，并没有切除肿瘤，但是大家对他说，手术成功了。他能吃东西了，心理负担没有了，结果奇迹发生了，在之后的复诊中发现，肿瘤没有了，他又能正常工作去了。这件事让我深感心情好对身体的重要性。

退休后，我被返聘为单位的顾问，每年春节单位有关领导来家慰问的时候，同事们指着我爱人说，"您的功劳有金师傅的一半"，我答道，"何止一半，应该是多一半"，以表达我对我爱人的感谢。

我的学生时代

　　我小的时候很调皮，放暑假时常跟小伙伴去捉蟋蟀、逮蝈蝈，一宿一宿不回来。妈妈每次都要等我回来才能安心睡觉。第一次半宿不归的时候，我到家后见到她急得直跺脚。可就是急成这样，她也没打我一下，只是说"你那么晚不回来，多让我们着急啊"。我说，"妈，您放心，我没事"。后来连大姥姥（杨扶青的夫人）都说，"小双你可不能让你妈着急，你妈带着你们不容易"。我就赶快认错说，"大姥姥，我以后不让我妈着急了"。当时杨扶青出差时候，我妈让我到大姥姥屋里睡觉，给她做伴儿。

　　快毕业了，班主任池庭喜老师找我说，佐双有个事跟你说一下，你写了入团申请书，你在学校的表现，按理说你应该能够入团，可是你说你爸爸在台湾。团组织不在乎你爸爸有什么问题，但组织上要求得清楚，没法派人去台湾调查啊！你现在快毕业了，因为这个事没能解决你的入团问题，我得跟你说一说。

左：1955 年，
加入少先队留
念。

右：1962 年，
初中毕业照。

我知道，我在学校不管多么努力，都不能入团了！这对积极要求进步的我，打击很大。在这种情况下，我就萌生了换一个环境的想法——我不读书了，我去工作，或许我好好工作才能入团，于是在考试那天，我没答完卷子，就放弃了，我就游泳去了。

　　我姐姐一辈子没跟我发过脾气。考试那天我游泳游到很晚，回家后知道老师找到家里去了，晚上姐姐把我叫到跟前问我，为什么不好好考试，没答完就交卷了？你哥哥还在读高中，你怎么初中毕业就不上了？我说，姐，我就是想工作了，我不想念书了。她说不行，你再复读，明年再接着考。我说谢谢你了姐姐。其实我的心意已决，就想着换个环境，也许能改变不能入团的命运，同时还能减轻姐姐的经济负担。所以毕业后分配工作，我被分到了植物园，就到植物园上班去了。

1962 年，初到北京植物园。

第二章

青春岁月

十年技术工人

我到植物园报到的第一天，植物园的党总支书记李孝礼同志主持会议，并致欢迎辞，主任林庆义为我们展示了北京植物园的发展蓝图。给我印象最深的是，将来植物园要有一个大的展览温室，让人们在冬天也可以看到世界各国的鲜花在这里盛开。

北京植物园建设的缘起

1954 年，"中国科学院植物研究所北京植物园苗圃"正式挂牌。就在那一年，植物园王文中、黎盛臣、吴应祥、董保华、张应麟、阎振茏、王今维、谢德森、孙可群、胡叔良 10 名青年科技人员，就植物园没有园址问题，联名写信给毛泽东主席，请求解决植物园永久园址问题，并很快得到批复。中科院植物所的年轻人特别高兴，受到了极大的鼓舞。

1954 年 4 月 5 日，中国科学院致函北京市人民政府，提出首都一定要有一个像苏联莫斯科总植物园一样规模宏大、设备完善的北京植物园，以供试验研究、教学实习以及广大劳动人民和国际友人参观。面积需 5000—6000 亩，园址以玉泉山和碧云寺附近为宜。12 月 14 日，北京市人民政府复函科学院，同意在卧佛寺附近划定 8000 亩，在香颐路以南划定 1000 亩，作为北京植物园的永久园址。

中国科学院将政务院的文件批给了植物研究所。时任植物研究所所长的钱崇澍是现代植物学界最早到国外留学的人，后来成为全国人大常委、著名的植物学家。钱所长把这个任务交给了植物研究所副所长吴征镒先生。

吴征镒先生于 1937 年毕业于清华大学农学院，和钱先生比，他是晚辈了。他是地下党员，刚解放的时候组织上让他参与接收

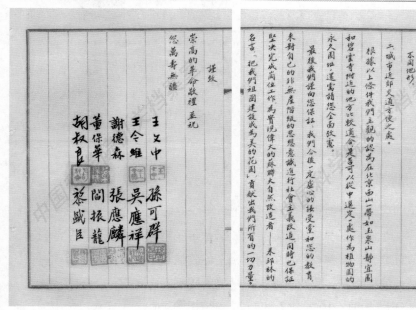

敬爱的毛主席，我们是中国科学院植物研究所植物园的工作人员几年来在
您的英明领导下做了一些工作得到了一定的成绩给我们植物园建立
了初步的基础但是由于我们一直处在没有固定的状态使工作的开展受到
很大的限制特别是经过总路线学习以后我们深深地认识到我们责任
的重大和先烈为国家对农业的优良品种以及一系列适合农业集
需要许多工业原料作物收草和果树的优良品种以及一系列适合农业集
体化机械化的耕作技术同时也随着祖国建设着城市和工矿区
的绿化以及改造大自然中狩猎广大的造林绿化与营造的理论等都急
待去解决。为了完成这个伟大的任务将来社会主义事业创造
条件必须在一个相当长的时期内广泛收集材料我栽培试验引种驯化

选种杂交等研究工作而这些工作是需要在一个固定地址有目的有
计划地逐步进行因此我们越发感到植物园址是开展我们工作的
目前急待解决的问题。
我们知道苏联现在已有植物园六十八处乙为苏联的农业林业创
造了很多的优良品种并改进了栽培技术大大的推动和发展了社会
主义的农业同样我们可以肯定的说在我们这块地大物博植物资
源丰富的祖国植物园是有无限发展前途将会在祖国生产建设
过程中起到它应起的作用但是植物园在我国曾经一度被北京政府
合作在西郊公园西平部建立植物园五二年又被兴市政府合作在园
素尚未得应有的重视垅五〇年以来我们曾二度被兴市政府合作在圆

一、土地面积约需五六千亩，其中要有山，有平地，有充足的水源和各种
不同地形。
二、城市近郊交通方便之处。
根据以上条件我们主观的认为在北京西山一带如王泉山静宜园
和碧云寺附近的地方比较适合是否可以从中选定一处作为植物园的
永久园址还需请您全面致量。
最后我们说明我们是向无产阶级的思想进行社会主义改造同时也保证
来对自己的非无产阶级的思想诚进行社会主义改造同时保证
坚决完成自己的非无产阶级岗位工作以实现伟大的苏联大自然改造者——米邱林的
名言，"把我们祖国建设成为美丽的花园"贡献出我们所有的一切力量。

谨致
崇高的革命敬礼 並祝
您万寿无疆

王又中　　孙可群
王令雄　　吴应祥
谢德森　　张应麟
董保华　　阎振龙
胡叔良　　蔡盛呈

1954年春中科院植物所10位
年轻人写给毛主席的信，请
求成立北京植物园。

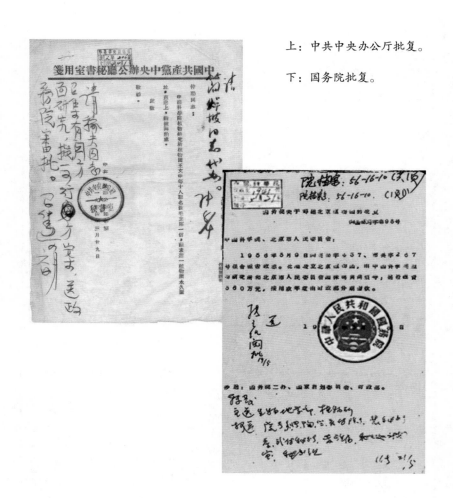

上：中共中央办公厅批复。

下：国务院批复。

科学院，吴征镒先生跟组织说，我是学植物的，派我去植物分类所（即后来的植物研究所）工作吧。组织就任命他为副所长。

接下任务，吴征镒就着手调研这件事。当时我们整个国家都在学习苏联，莫斯科有个总植物园，是苏联的科学院和莫斯科市政府联合建的植物园，政府出地，科学院出技术。

经过 1954—1956 年为期两年的调研，1956 年 5 月 9 日，中国科学院和北京市人民委员会联合行文，上报国务院申请筹建北京植物园，由中国科学院和北京市人民委员会共同领导。报告一报上去，很快就得到了批复。5月18日，国务院首任秘书长习仲勋同志立刻就签署了文件，下发（56）国秘习字第98号文："批准设立北京植物园，由中国科学院植物研究所和北京市人民委员会园林局共同领导，建设经费560万元。"10月，钱崇澍代表中科院、刘仲华代表北京市政府签署了《中国科学院、北京市人民委员会合作筹办北京植物园合约》。

这个文件批准建立北京植物园。吴征镒先生还亲自提出了建植物园要好好规划，要建立规划委员会的建议。1957年，中科院和北京市共同组建了"规划设计专家委员会"，9名专家委员是吴征镒、俞德浚、秦仁昌、陈俊愉、汪菊渊、陈封怀、程世抚、刘仲华、李嘉乐。下设办公室，主任俞德浚。植物园聘任孙筱祥先生为造园组导师，对北京植物园进行了总体规划设计。规划明确香颐路以南为植物园的试验区，香颐路以北是植物园的开放游览区。香颐路以南，简称"南园"，香颐路以北，简称"北园"。

1955—1959年陆续征用建园用地8500亩，其中南园1400亩作为科研基地，北园7100亩作为科普用地。

1958年，建立北京植物园准备工作基本就绪，规划也做出来了，报到国务院后被批准。规划转给了北京市的规划管理局，北京市规划管理局就土地的红线盖了公章。因为这是国务院的批示，我们拿着盖上红戳的文件，找到土地所属地海淀区政府。区政府同意后说，这块土地是四季青乡的，你们直接找四季青乡吧。于是海淀区又批给了四季青乡的香山分乡。最后找到四季青香山分乡的门头村工作站，和他们办理了土地的交接手续。该给乡里的钱都给了，对乡里的每棵树都做了价，该给谁家、该给哪个社员的都做了补偿，搬迁费也都落实到位了，第二年就准备搬迁了。

谁也没想到，这个时候三年自然灾害开始了。1960年，由于受到自然灾害和国民经济宏观调控的影响，国家实行"调整、巩固、充实、提高"的方针，1961年时植物园的建设就调整了，资

中国科学院、北京市人民委员会合作筹办北京植物园合约。

金冻结了。

植物园建设停滞，560多万元的专款只花了154万元，余款被冻结上缴国家财政部。得等到国家恢复过来，这笔建设植物园的款项才能恢复使用。"南植"与"北植"的全面合作关系中断，自然形成了两个不同隶属的单位：南园属于中国科学院植物研究所，北园属于北京市园林局，从此各自单独运作。

林庆义主任给我们描述的植物园建设发展蓝图，极大地鼓舞着我们这些来到植物园的年轻人，我们的青春是在北京植物园度过的。我们刨坑种树、改造荒滩，打眼放炮、挑粪施肥，挖冻河泥，苦活累活都干过，可当时我们并不觉得苦，反而觉得很快乐。现在回想起来，那可真是激情燃烧的岁月啊！

植物园的发展建设，反映了一个国家、一个民族的科学精神，反映了人们对自然界的认知，还能反映出人和大自然相处的态度，这其实就是科学与人文两大学科的必然结合。作为植物园行业的工作者，我们不能忘记那些在不同的历史时期、不同条件下，为植物园奋斗的先行者，他们应该被后人铭记。

与别人到植物园的目的不同，我参加工作就是想积极努力入团。初中快毕业时班主任老师跟我谈话，告诉我因父亲在台湾，组织上无法调查，入不了团，这对我打击很大。父亲是换不了的，我想要是上了高中，我再努力可能也还是入不了团。我身边的人，不管是大姥爷、姐姐、姐夫、哥哥，他们都教育我要在政治上积极要求进步，这对我压力很大，不是我不努力，是再努力也没用。我就想，在学校入不成，如果我工作当了工人，可能就好入了。

我的想法很简单，为了入团，我要参加工作，于是我放弃了高中考试。1962 年 8 月 30 号，学校分配我到了北京植物园，我当工人了。这个时候的我，意气风发，对新的生活让充满了希望。上班的第一件事，我就向组织上递交了入团申请书。在人生新的开端，我要好好工作，请团组织考验我。

人生新起点

20 世纪 60 年代，植物园还是很荒凉的。我们来的时候，整个植物园刚栽了 36000 棵植物，这些植物都是在我们的合作单位中国科学院植物研究所植物园培育的，种在了北园，也就是香颐路北的北京植物园。36000 棵树听起来很多，但是撒在植物园很大的空间里，并不显得多。

1962 年，三年自然灾害刚过，植物园还处在因建园专款冻结而导致的停顿状态。没有栽上植物的地方，临时种上了白薯和蔬菜，反正地是不能闲着的。当时植物园设几个组，组下设班。保养组，负责植物养护，组长是于玉，副组长是王怀玉，兼团支部书记。赵洪均和马振川分别是两个班的班长。果树组，负责果树栽培，组长是万民福，副组长王德友。下设葡萄班，班长王宝臣；

1970 年，北京植物园果树组成员合影。前排左起：史孟莲、黄金德、宋师傅、庞慧珠、闫丽美；后排左起：李平运、王德友、刘章定、于进昌、张佐双、万民福、林国权、白鹤。

桃班班长郝兆义；苹果班班长杨景全。后来还成立了苗圃班，杨景全任班长。于进昌任苹果班班长。杨景全退休后，于进昌调任苗圃班班长，刘林启任苹果班班长。管理组，负责殿堂管理和后勤工作。生产组，负责利用空地种粮种菜，组长是高瑞基，副组长刘章定。工程组，组长是张连雨，下设木工、瓦工、电工三个班。当时植物园还有一个饲养组，组长刘淑珍。当时植物园有三位叫刘淑珍的，这位组长是李孝礼同志的爱人，负责养鹿、鸡和猪。

我工作的第一年秋天，第一件事是上山打草，从山上打了山草背下来，在河滩上把草晒干，准备冬天喂鹿用。

植物园的工作是很艰苦的，但 16 岁的我不觉得，因为我还是个大孩子，还有玩心。我觉着打草挺好玩儿，拿着镰刀、绳子蹦着跳着就上了山。一山看着一山高，站在这儿看那边草多，噔噔噔跑过去，又看另一边草比这还多，噔噔噔再跑过去。跑了半天，老师傅都打了不少草了，我这还满山转悠找草呢。老工人就告诉我，小张你不能满处乱跑，看到有草了，你就一心一意地弯腰割草。从跟着老工人学怎样用镰刀割草，又学了"扎背"，就是怎么样能够把草捆起来，背着走。

我记得很清楚，我第一次打草打了 38 斤，而老工人每人都打了 100 多斤背下来。我这 38 斤草打了一个狗尾巴似的捆儿，扛在肩上颠巴颠巴地背了下来了。背下来的草是要过秤的，这个时候我感到脸红了。人家老工人背 100 多斤草，你一个小伙子才背 38 斤草，我才知道处处得用心学习。第二回、第三回学着打草，以后慢慢地也能够打得多了，最多的一次我打了 138 斤草。打的草捆儿背上以后，根本不敢坐下，坐下就起不来了。

因为我们扎背的时候，都要在一个有高差的坎儿那儿，人站在那儿或者半蹲着，借着力，才能努着劲把草捆背起来。往下走的时候很难找到让你把草捆搭在上边的坎，只有在有坎的地方才敢歇会儿，哪怕是靠在那儿歇一下。一路上如果没有坎儿，那就要一直背下去。

16岁的孩子背着138斤的草，刚背起来走两步还不觉得怎么样，但下山的路很长。从山上下来，起码得走几里的山路，真是每一步都很艰难，都得心里默诵着"下定决心，不怕牺牲，排除万难，争取胜利"，就这么一步一步地背下山来。

第二天是最难受的，一觉醒了，腰酸腿疼，特别是下台阶，脚简直不敢沾地，感觉腿肚子朝前，太难受了。可是第二天还必须接着去打草，就这样坚持着，连着一个礼拜以后，背着草下山，腿就好多了。

春天要栽树，我们每个人都有挖树坑的定额，每天的定额我都能够保证质量地超额完成。多亏我在上学的时候，做过军体委员，锻炼过身体。初中时，我跟妈妈住在姐姐、姐夫的部队大院里，院里有单杠、双杠，我每天早晚都去练习。单杠引体向上，我能连续做100个，双杠的支撑、俯卧撑、仰卧起坐都能做100个。这四个100，在班里是没人能比的，所以我在班里做过军体委员。我的胸肌、腹肌、臂肌都很发达，这对我后来参加工作从事重体力劳动，打下了很好的基础，保护了我的身体没有损伤。我们一起参加工作的大部分男同志，因为年轻时长时间超负荷的强体力劳动，腰先后都受伤了，我的腰到现在没有大的毛病，就是受益于上中学时候的身体锻炼。

我的岗位分在果树实验区。春天的时候搞会战，"会战"这个词现在可能陌生了，我们那个时候经常搞。这个词本来是军事上用的，用于打仗，集中力量打一个战役。用在工作上，就是集中在一段时间，全力以赴完成一项工作。比如春天的会战，就是挖坑种树。种完树以后，要给果树施基肥，开花后还要追肥。上世纪60年代初的时候，我们给果树用的追肥是粪稀。我们自己做化粪池，经过太阳晒得高温发酵，形成粪稀。果树实验区是在半山坡上，一桶粪稀重量要比一桶水重将近一半。一桶桶挑到半山上，是很重的体力活儿。

我妈妈帮助过我好几个表兄，妈妈是他们的亲姑姑，他们从乐亭来到了北京，住在我们家里，他们工作以后，都非常孝敬我妈妈。他们虽然挣钱不多，但每个月开支，都给我妈妈3块钱、5块钱，我姐姐也给我妈妈零用钱。我参加工作以后，妈妈心疼我才16岁，还在长身体，就把这些零用钱通通都给了我。她说孩子你还在长身体，你要好好保养身体。那时候吃饭、买粮食都要用粮票，亲戚朋友给她的粮票，她每个月也都给我。所以我那个时候虽然工资低，每个月只有30多块钱工资，可是从1962年到70年代的这10多年，我妈妈每个月都给我补贴钱，让我在重体力付出的

1970年，与师傅们在摘苹果。前排左起：刘章定、张佐双、王德友、林国权。站在树上的是于进昌。

工作中能吃得饱饱的。

我每天早上起来到食堂吃早饭，食堂的炊事员知道我每天吃多少，上来就把4个馒头挤瘪了，拿筷子一穿，再加上俩鸡蛋递给我。我早上起来就得吃4个馒头俩鸡蛋，所以工作到上午11点的时候，肚子里还有食儿，身上的劲头还方兴未艾，浑身还有使不完的劲，还能拼命地干活。别人说，干活离佐双远点，他跟个疯子似的。挖坑，一会儿就挖一个，一会儿挖一个。到了12点还有的是劲。除草也是，一会儿一行，一会儿一行。为什么呢？因为我想入团。现在想起来，觉得对不起我周围的老师傅，他们每月挣个50多块钱，家里有三四个孩子，有的早上带个馒头，歇歇儿的时候才吃。

冬天我们挖河泥，我根本就不用扁担，用扁担抬河泥，一起身扁担就折，得用杠子，筐用8号铅丝从筐底下兜起来，上面用洋槐的杠子抬。那个泥筐一起身就是100多斤，因为我抬过300多斤的东西，后来没人敢跟我抬了。葡萄班要修理葡萄桩子，葡萄桩子是水泥做的，别人都是扛一根，我有时候两根桩子同时扛走。干吗呢？想多干一点，好好地完成任务。他们不知道，我的心里就是憋着一股劲：好好地工作，我要入团。

一团不灭的火

1963年，国家对革命干部和知识分子的要求是又红又专，白天要好好劳动，晚上要好好读书。我又是刚参加工作的同志，又想入团，就想好好表现。那个时候单位有夜校，植物园请技术人员给我们讲专业知识，白天大家一起劳动，晚上一起上夜校。请大学毕业的崔继如、袁再富等老大学生和技术员给我们讲植物学、树木学、气象学、土壤肥料学等。下面照片是1963年春天北京植物园领导与青年职工合影。因为哥哥刚刚来信批评我换了一副秀琅架的眼镜，不够艰苦朴素而心中不悦，照相还扭着头。

杨扶青有个侄子叫杨紫阁，西北农学院毕业，曾在河北农科院工作，他管我妈妈叫大姐，我叫他舅舅。1963年路过北京，听说我在搞果树工作，他很高兴，买了书送给我，并写信鼓励我，对我一生起到了很大的鼓励和教育作用。

后来植物园还来了一批外语学校毕业的学生，学英语的，素质很好，其中有一个叫陈骥的，是很要强的一个人。他来了以后我们在一个班工作，他跟我商量，从三八妇女节那天起，咱们赤膊上阵，好好干活，一直干到十一国庆节行不行？我说行。于是我们俩每年从三八妇女节那天起，上身什么都不穿了，干吗？因为三月份天气还很冷，你要不卖力气，就冻得受不了，这样从三八一直坚持到十一。冬天挖河泥的时候，我就穿一件单裤子站在冰上，用镐，

1963年5月，北京植物园领导与青年职工合影。中排左4为团委书记王怀玉，左5为党总支书记李孝礼，左9为张佐双。

用冰钻，刨冻得硬邦邦的河泥。那个冻块必须用镐来刨，刨下来以后再装车运走。我挑这个最累的活儿干，脑子里没别的，就是好好地干活儿。

1963年毛主席号召学习雷锋，要全心全意为人民服务，对同志像春天般的温暖，对工作像夏天般的火热。因为我嗓门大，我就成为班里的读报员。我们每天上午劳动中间休息15分钟，这15分钟大家喝水歇歇儿，我的任务是读报。每个作业班配备一份《北京日报》，我要用这15分钟，把报纸的主题、重要的文章，扼要地给大家念一遍。这样我和大家伙儿，每天都在学习国家的大政方针，了解国家的大事。

1964年，因为植物园建设停顿了，北京市园林局在植物园办园林学校，北京植物园与园林学校合并，植物园变成了园林学校的实习基地。我顺理成章地就成了园林学校的职工，我现在还保存着当时的工作证。园林学校有初中班和高中班，初中毕业来的四年学制，高中毕业来的叫职业班，是两年学制。我是1962年参加工作的，比他们1964年的早两年，领导就让我带他们劳动，我负责64级2班，我跟那个班的同学都很熟。

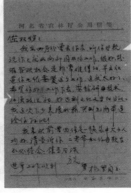

1963年杨紫阁的赠书和手写的信。

64 级 2 班里有个叫冯锦凯的同学，后来他做了北京游乐园的副总经理，现在是中国游乐协会的会长。冯锦凯身体壮实，胳膊也粗，他跟我开玩笑说，张师傅，干活哪样我都不怵您，您来吧！意思是比一比。还别说，什么挖坑、除草等等他都不差。但在往山上挑粪稀的时候，他肩膀没受过锻炼，第一担他还行，慢慢地我眼看他肩膀就肿起来了。他脱下衣服把扁担裹起来，几乎是两手提着粪桶。最后他说，张师傅，我服了，我肩膀不如你。我早来了两年，经过了 1963 年、1964 年两年锻炼，肩膀练出来了，我挑上粪稀能行走如飞。那时候植物园的宿舍没有自来水，得上一里地以外去挑水。我挑一担清水，就跟挑空担儿一样。他们看见我挑着担子轻飘飘的样子，问我怎么停水了？我说有水啊。那你怎么挑空桶回来了？我说你们看看，这是空桶吗？我两个手根本不用扶着，就这么晃晃悠悠回来了，就是因为我经过锻炼了。

　　那个时候植物园条件艰苦，给植物浇水都是临时接水管。三寸直径的钢管儿，一根管十多米长，足有 150 斤重，大部分人得两个人抬着，只有身体很强壮的一两个人如王德友、郝兆义能一个人扛，我也跟他们比着自己扛，有时要走很远，我都咬牙坚持着。我们有一个水泵，维修它的时候，要把它从水库抬上来，水泵重 157 公斤，我们也能两个人把它抬起来。我这个肩膀经过锻炼，受益于我腹肌腰肌都很好，所以我抬东西是没问题。为什么这么不惜力地干活，经常被评为一等奖和"五好"职工，因为入团是我的一个心结，我就想通过好好干活，看能不能入团。

　　就这么玩命干活，从 16 岁入园，直到 1971 年我 25 岁生日那天，我得到的是一个令我难过、失望的消息。我记得很清楚，就在那天晚上，我们党支部委员、团支部书记到家来找我，他说佐双有个事跟你要交代一下，你今天 25 岁了，明天入团时间就过期了。你从来到植物园就写入团申请，每年写一份，9 年了，你经常评上五好，评上先进，照理儿，你应该早就是团员了，可是你说父亲在台湾，组织没法去调查。组织不怕你父亲有问题，组织要求清楚。所以搞不清楚，明天就超期了，这个团你就入不成了。

可想而知，这对我的打击有多大！我初中就表现很好，因为父亲在台湾，没能入上团。我没上高中，就是想换了工作环境，我好好干能早点入团，现在还是因为父亲在台湾的问题，我努力干了9年，还是因为同样的问题，连入团的年龄都熬过了，还是没能入上。我很难过，但是想起大姥爷带我看《洪湖赤卫队》，韩英为革命砍头只当风吹帽；想起哥哥，想起姐姐、姐夫，特别是哥哥，在生命的最后时刻，还积极向上，他们都是我的榜样，我就问，入党有没有年龄限制？他回答说没有。我说，好了，明天早上我写入党申请书。他走了以后，我就立刻写了一份入党申请书，写得很简单，说我愿意从思想上和行动上加入中国共产党，请组织考验我。之后我也是一年写一份，每年在七一之前递交给党组织。我依旧努力地好好工作。现在我们讲梦想，那个时候我的梦想就是在政治上进步，以此洗刷我父亲在台湾这个现实带给我的"污点"，解脱从小就在我头顶上的巨大政治压力。实话说，我那个时候没有想过公平不公平的，也从来没有埋怨过父亲，就是憋着一口气想证明自己，证明父亲在台湾的孩子，也是好样的。我心里有一团不灭的火。

虎子陪我读书看果园

有好几年都是春天栽完树、施完肥后，园子里安排我值班看果园。果树落花以后，果实就长出来，得有人看管。我们习惯把卧佛寺路南侧的中科院植物所叫"南植"，把由北京市管着的卧佛寺路北侧的植物园叫"北植"。南植承担着科研任务，北植负责养护任务，是这样的合作关系，因此实验树都种在了北植的试验区。南植的技术人员春天过来进行杂交育种，杂交完就给果子套上袋，我们负责养护管理。技术人员告诉我们说，这些东西珍贵无比，你们把它看好了，而我正好非常荣幸地承担了配合南植科研看管果园的工作。

看果园是要住在果园里边的。单位在果树实验区里搭个高高的窝棚，晚上我就住在上边，在高处便于观察整个果园里的情况。白天职工们来干活儿，他们上班了，我就可以到食堂打饭去了。

快到 12 点的时候，我再到食堂打午饭，我打完饭回来盯班，别的职工下班回家吃午饭，下午一点他们再来上班。我的班是从早晨到晚，"对头"24 小时，除了到餐厅去打饭，其他时间都在岗上。打饭时我提一个铁壶带一壶水回来，就这么会儿功夫离开那儿，其他时间就再也不能离开这实验区了，一直要盯着。我一点不觉得苦，反而挺快乐，因为我看果树的同时可以看书，我的学习时间很充裕。也没别的事，我就看《果树栽培学》，不停地、反复地看。

那时候跟我很要好的一个师傅叫徐玉春，喜欢养狗，我们俩共同养了一条德国黑背，叫"虎子"。虎子是刚几个月大的被淘汰军犬，为什么被淘汰呢？因为晚上用灯光晃它，它没能过关，其他项目它都很棒。它可真是一条好的德国黑背，从来不叫，有了问题、发现了情况，"噌"就冲过去了，上去就咬。虎子的听觉和嗅觉特别灵敏，一发现有情况，尾巴就急促地来回摆动，但它从来不叫。因为虎子没让想偷果子的人得逞过，所以晚上轻易没人敢来我们这儿偷果子，大家都知道我们这儿有一条狗。

有了虎子，我早晚就可以放心地看书了。夜里我牵着虎子在果园里巡视，有它陪着，四周多黑我也没怕过。那时候物质条件有限，但虎子跟着我，饭是能吃饱的，有时还给它买根肉肠，改善一下伙食。我也打心里喜欢它，爱护它。虎子忠心陪伴了我 5 年，有它在，没人敢来偷果子。因为忠心看护果园，得罪了想偷果子的人，后来它被不怀好意的人，故意把一条正在闹狗的母狗拴在树下诱惑它，地上下了虎夹，把虎子夹住打死了。在果园里，每一个漆黑的夜晚，虎子都是我忠诚的伙伴，虎子死了，我很难过。

来自老院士的考验

20 世纪 60 年代，南北两园合作，我们果树实验区所栽的果树都是中科院植物研究所选育的果树品种，著名果树分类专家俞德浚院士是中国科学院和北京市合作的北京植物园的首届主任。中科院植物所曾经整体被下放到江西去过，1972 年才回到北京。回到北京以后，全国各地的朋友都来看望他，还有一些人带着搞不清的果树品种找他来帮忙鉴定。

有一次我正在果树实验区干活，南植打电话叫我过去。因为有人来请教他们一个苹果品种，他们认不出来。阎振茏就跟老主任俞德浚说，快把北植小张叫过来，咱们这些品种他都滚瓜烂熟、倒背如流了。我就赶快骑自行车到了南植俞主任那儿。他们拿着一个苹果对我说，门头沟的教堂里边有一棵苹果树，苹果长得很大，他们不认识，拿过来请帮忙辨认。俞教授正拿着英文版的《纽约苹果》一个一个地对，我看到俞教授在一个页面停留后，我说这个不是，它是亚历山大，咱们有。俞教授吃惊地说你一看就能看出来？你说的这是英文名字，亚历山大。他接着又翻了一页问我，这是哪个品种，我说这个品种叫君秀，日本的名字，咱们挂的牌，英文应该是 Northern Spy，北方间谍。他高兴地说小张你还学了点英文，太好了！我说这是品种名字，是皮毛。等俞教授把整个《纽约苹果》里边所有品种记载全比对完了，确认都不是后，我说这个品种是个日本的名，叫玉符，我们北京东北义园、团城果园、香山果园都有，我都去看过。它有个特点，切开以后有糖蜜病。老院士用惊喜的眼光看着我，我心里很高兴。这件事让老院士对我印象很深。他可是中国乃至世界上都很著名的果树分类学家，还是世界植物蔷薇科的分类权威呀！

当时有个果树学会，果树学会要求必须是本科毕业两年以上或获得中级职称的，才有资历申请入会。有个特例，生产能手也可以参加。北京当时有号称"八大技师"的果树技师，我很羡慕他们，经常悄悄到他们那里去学习。俞主任问过我，他说小张，你认识"八大技师"吗？我说认识，我们附近就有一个门头村西山大队和门头村生产队，分别有一个从东北来的杨成玉老师傅，和他带出来的周福亭师傅，我说这两个人我都很熟。

那时农业社不休礼拜天，我礼拜天能休息，在冬天的时候他们修剪，我就去给人家扶梯子，跟人家说我是北京植物园来的，向你们学习。老师傅一听说是植物园的，问我说你认识俞德浚吗？我说这是我们南园的老主任，我在北园管理的果树，都是俞主任领着人收集和培育出来的。他们说俞德浚是北京果树学会的会长。他们很尊重俞先生，所以对我也很关照，我跟他们学了很多实践经验。

昌平南口农场有个老技师金红乐、离我们不远的北京林果所里的老师傅赵江淮、东北义园的刘富仙、山后白家疃的徐志慧都是修剪能手，我利用休息时间都跟他们去学习过。俞主任听我说跟他们学习过，点头称赞说，在生产中你要多向老师傅们学习。接着他问我都读过哪些书，我说有河北农大的《果树栽培学》和北京农业大学（现在叫中国农业大学）的《果树栽培学》，这几本我都看了。他特别高兴地连连说好，他说你好好学习，这个是国家需要的。

果树栽培学书看得多了，就发现了我们果园品种挂的牌儿跟书上不一样，是我们挂错牌了，还是书写错了？我就跟南植果树组的阎振茏老师请教。阎老师1951年毕业于北京农业大学，她是当年给毛主席写信请求建立植物园的10个年轻人之一。阎老师细心地

2022 年 1 月 11 日，看望
阎振茏先生。

指导我，告诉我哪个哪个品种有问题。就这样，书本加上实践，再
加上名师的指点，当然还有我个人的好学，让我学的东西很扎实。
2021 年底年国务院终于批准设立国家植物园，2022 年我去阎老师
家探望这位 90 多岁的老人，谈笑甚欢，看到她老人家身体那么好，
心情无比激动。

"文革"中的经历

"文化大革命"让植物园的建设再次停滞，园容园貌及古建、
古佛造像都遭到了不同程度的毁坏。一些挂着英文的从国外引种的
植物被认为是"封资修"，被连根刨掉了。卧佛寺除了铜卧佛，和
环绕卧佛的十二个圆觉中的十个圆觉，其他佛像都被砸掉了。那

真是一场灾难，其中的经历和人情冷暖，让我对社会有了较深的思考。

李孝礼当时是北京植物园的党总支书记。他是1942年的老八路。这个老八路在抗日战争的时候，身上负了好几处伤。本来是被人尊重的老革命，一夜之间就变成走资派了，真是不理解，也真让人接受不了。

"文化大革命"期间，植物园和园林学校合并在一起了。植物园工人比较多，相对温和，但是园林学校的学生们造反，就把李书记斗了。他们让李书记跪在八仙桌上，还用一根很细的铁丝，拴着火炉子的炉盘，挂在他的脖子上。炉盘挺沉的，铁丝恨不得都要勒到肉里了。红卫兵问他，你为什么走资本主义道路？李书记说，我热爱党，热爱国家，热爱毛主席，我没走资本主义道路。他不承认自己走资本主义道路，红卫兵就用军用皮带抽打他。

当时我在果树区做工人，上边通知让我们过来看批斗走资派。我们看着红卫兵打他，真是心疼。我们知道李孝礼书记是个抗日的老八路，他们几个人集体转业到园林战线，当时他跟我说他是在公安总队（北京卫戍区的前身）任营教导员，公安总队范东申副团长转业后任北京市园林局副局长，是他带着其他几个同志集体转业到园林局来的。

一开始李孝礼同志任北京动物园的书记、副主任，1959年植物园建设的时候，李孝礼同志从北京动物园党委书记的岗位调任北京植物园党委书记、副主任。当时植物园的主任要求必须是专家，我们的主任林庆义同志是1937年河北农大毕业的。李孝礼同志在建设北京动物园时出国学习过，工作上做出了很多成绩，所以在建设植物园的时候，组织上就把他调过来了。

这么一个好书记一下给变成了走私派，我们确实想不通。可是当时也没别的办法，因为我们是工人，还敢说几句话，我们就劝红卫兵你们不要打他，有什么事可以问他，不要打人，他是一个打日本鬼子负过伤的荣誉军人。这样减少了一些红卫兵对他的鞭挞。

李孝礼同志当时被定为"走私派"，晚上不许他回家，随时接受红卫兵的审查，其实他家很近，就在香山公园，这就相当于关了"牛棚"。

我父亲在台湾，是个本分医生。但是当时有人添油加醋，说我父亲是军医，还有军衔，是上校军医。为此，也不允许我住单人宿舍了，把我和他关在一起，白天劳动，晚上也不许回家。那年是1966年，当时我20岁，他42岁。

像我这样不能回家的还有两个人。一个是高瑞基，高瑞基做过国民党空军的运输队长。他曾经给共产党送过信，接收信的人叫武志平，是西安的地下党员。解放以后武志平任北京市园林管理委员会主任，高瑞基就从西安投奔了武志平。武志平给他安排了一个行政18级的工作，按现在说是副处或正科之间这样一个级别。后来做八大处公园的主管，相当于我们现在的八大处公园管理处主任。植物园建园期间，他被调到植物园，主管后勤工作。"文革"中，你为革命做过什么贡献也不行，因为你做过国民党空军的运输队长，所以高瑞基也不能回家了。

还有一个叫林国权的，是园林学校食堂的一个老同志，当过解放军，历史上他在日本宪兵队给人家做饭。因为在宪兵队待过，也不许回家。我印象中就这么几个人不许回家。

我跟李孝礼书记住在一个屋。我非常心疼他，每天给他打水，帮他擦身子。他的腿在打日本鬼子的时候受了重伤，小腿肚子上有一个空洞，是子弹穿过后就没封口的。他浑身是伤，既有打鬼子时留下的旧伤，又有红卫兵打的新伤，新伤重叠在旧伤上，旧的伤口崩裂了，流了很多血。帮他擦身体时，我的手很轻，我的心里很疼。

从1966年五六月份开始到1967年初夏，我们在一起住了一年。后来干部解放了，人家官复原职，还做党委书记。

那一年我 20 岁，对我来说政治上的心理压力挺大的。我来到植物园工作，是憋着劲儿想通过好好干活入团的，没想到父亲在台湾的阴影一直笼罩着我。我的姐夫也是个抗日的老八路，我从 13 岁到 16 岁这 3 年实际上跟妈妈住在姐姐、姐夫家，跟姐姐、姐夫感情很深。"文革"期间我姐夫也因为是"当权派"而被关牛棚不许回家了，他也被批斗了若干次。所以当我看到李孝礼书记被批斗，我就联想到我的姐夫也在被批斗，心里的滋味很难受。抗日时期的老干部，怎么会遭受一帮年轻人的谩骂和殴打？当时感到非常不公平，心里很郁闷。

不让我回单身宿舍了，跟走资派住在一块，我感到压抑、委屈。可当时我又想，谁让我父亲在台湾呢？我还得好好干活，用我的工作业绩来证明我听党的话，跟共产党走。每天政治学习我也很积极，毛主席的语录在我脑子里记了一辈子。当时我让朋友在我的《果树修剪》书上，用毛笔抄写下了毛主席的语录："指挥员的正确部署来源于正确的决心，正确的决心来源于正确的判断，正确的判断来源于周到和必要的侦察，和对各种侦察材料联贯起来的思索。……去粗取精、去伪存真、由此及彼、由表及里的思索……构成判断，定下决心，作出计划。"毛主席还说，强调动机否认效果，是唯心论者；强调效果否认动机，是机械唯物论者，我们是动机效果的统一论者。毛主席的这些话我刻在了心里，所以让我一辈子记着要有一个好心，同时一定要有一个好的结果。光有好心那是唯心的，光想这事是好效果是机械唯物论的，必须是好心加上好效果，才是一个完整的体系。

那个时候，我觉得自己唯一的出路，就是要加倍地努力工作，好好表现自己，要跟家庭划清界限，跟台湾划清界限。我想以自己的实际行动来让大家看我够不够一个团员的资格。

植物园的老师傅

我从内心感激植物园的老职工，他们看我真是有拼命工作的精神，所以很喜欢我。他们给了我温暖和信任，这也成为我在政治压力下没有绝望、依然追求进步的动因之一。

"文革"期间有一件老工人师傅保护我、保护我家人的事，让我终身难忘。

那时候我母亲跟我姐姐，姐夫住在部队营房里边。我姐夫所在的部队医院也在批斗"当权派"被关了牛棚，我母亲是他老丈母娘，算他直系亲属。我父亲在台湾，所以我姐姐很害怕，就把我妈妈搬到了一个同乡的院里，我哥哥也租房住在那里。姐姐有一天回家看母亲，正好看到房主夫妇两个跪在地上被红卫兵打。红卫兵说你们是房产主，要交代买房子的钱是怎么来的。我姐姐一看吓坏了，连房产主都这么挨打，如果这些红卫兵要知道我爸在台湾，那还不得把我妈给打死。于是姐姐跟我商量，她说佐双，咱们能不能把妈妈送回老家？因为姥爷给乡亲们修过路，又建过学校，在老家口碑特别好，姥姥也是穷苦人出身，有钱后经常帮助有困难的人，乡亲们都很感谢姥姥，咱们把妈妈送到她娘家去应该是安全的。那时妈妈的亲哥哥即我们的三舅是村支部书记，支部书记的妹妹回乡，会得到照顾。

我姐说你能不能让你们单位开一封介绍信，你护送母亲回家，父亲的职业写医生，成分写职员。当时植物园成立了革命委员会，正是老工人执政的时候。革委会的负责人之一是果树班的老队长。我跟他一说，他说行，给佐双开一个：我园职工张佐双，护送母亲坐火车回乡。张佐双父亲是医生，成分是职员，母亲成分是职员的家属。正是这封介绍信，让我能安全地把母亲送回了老家。老工人在"文革"中保护我的这事，让我对植物园的老工人感恩不尽。回到农村，当地给我母亲定的成分是医生家属，母亲得到了保护。

"文革"最艰难的时期过去后，我妈妈从家乡取得自由职业，有医生的成分证明回到北京，住在姐姐、姐夫家所在的解放军干休所里，一直到我父亲从台湾回来前夕，才住到我这里来。

我对做过我班长的几位师傅记忆很深。我的第一任班长叫郝兆义。那个时候同志们给他起了个外号，管他叫"霹雳火"。

霹雳火秦明是《水浒传》里的人物。那时候我们都看《水浒》，里面的人物都有绰号，豹子头林冲、霹雳火秦明、大刀关胜等。郝师傅的老家在山东，他特别能干，脾气也特别急。干活的时候他在前头领着干，后边比他干得慢点儿，他就扭过头来瞪人家几眼。他给植物园做了很多贡献。

这个老同志工作兢兢业业，但是他的急躁脾气也把自己害了。他在看电视转播的足球比赛时，看到运动员一个球没踢好，很是生气，激动地一拍大腿说"臭球"，结果一下子就脑梗了。脑梗中风后，稍有好转，就积极要求上班，后来脑梗复发，瘫在床上，没多久就去世了，还不到 60 岁。生活条件艰苦，繁重的体力劳动，加上当时的医疗条件也跟不上，让这一代老职工的身体受到很大的伤害，像郝师傅这样的，就在不该离世的年龄早早地走了。

我的第二任班长叫于进昌。于师傅领着我们一帮年轻人勤勤恳恳地工作。那个时候干活，班长负责"叫歇"，就是他估摸着时间，觉着大伙干累了，歇 15 分钟。这个估摸，完全凭班长的感觉，没有准确的时间。

冬天，我们果树几个班都在一起干活，我爱人所在的葡萄班也并了过来。大家伙就说于师傅，你叫歇净瞎猜时间，你也不知道是早几分钟还是晚几分钟的，你这是没准啊，你还不买块表！于师傅就说，表我是真买不起，要不谁先借我点钱，我买一块表先用上，赶明儿我攒够钱再还给他。他随便这么一说，我爱人就记在心里了。她跟我说，佐双咱们能不能先买块表让于师傅戴着？我说可以，你有这个想法挺好，但是你打心里，就想着送给他就算了。他不还，你也别为这事儿烦恼，因为他戴着表也是给大家伙儿叫歇，这跟生产工具是一样的。她说没问题。

那时候我们每月挣30多块钱的工资。我们花了120块钱，到王府井百货大楼表店买了一块上海牌的全钢手表，当时半钢的手表80元一块。我说既然买就买块好的，我爱人也同意。星期天买完，星期一一上班，我们就给了于师傅，说这是您的表，您叫歇的时候看看时间，就有准了，起歇的时候也有准了。

没想到这一下子就把于师傅给坑了。于大嫂没工作，于师傅一个人上班，那时候他是四级工，一个月挣50多块钱，每天两块四毛五，养着4个孩子。一家6口人的生活都指着他挣这50多块钱。为了还表钱，他每个月要从生活费里抠出10块钱还我们。现在想起来，这不是把于师傅给害了嘛！他本来50块钱养6口人，这一下变成40块钱养6口人了，他得多么的节衣缩食啊。当时我们俩虽然跟于师傅说你别急着还，但他说不行，我没问题。就这样一年的时间，于师傅把这120块表钱凑齐还给我们了。现在想起来，我们的初心本是好的，但客观上也难为了老师傅。

于师傅是我的恩师，后来我们建了苗圃，因为于师傅技术全面，对苗圃工作也熟悉，在原来的班长杨景全退休以后，于师傅就被调到苗圃班做班长了。植物园成立引种驯化室后，于师傅是"以工代干"的引种室的副主任，他还是植物园的第一个技师。他工作兢兢业业，退休以后，一直被引种室返聘，一直返聘到他干不动了。

我在植物园做了10年的工人，天天和老师傅在一起，他们教我怎么干活，同时言传身教，也教我怎么做人。所以有人说我职掌植物园后，对老同志非常关照，对这个说法我是承认的。因为他们在艰苦的年代，充满了热情地积极工作，把自己的青春都奉献给了植物园，为植物园的建设做过贡献，植物园不应该忘记他们，所以在他们生病或有困难时，我尽可能地关心他们。

我们那个时候每天要开会，在业余时间进行政治学习。每天下了班，晚上都要到班部学习一小时。和我一个班的徐丽珍有4孩子。最小的孩子在幼儿园发烧了，她把孩子接到家里，让大点的姐姐看着发烧的老小，自己赶回来参加政治学习。女职工们经常有抱着孩子来学习的。那次她没抱着来，说小四发烧了。别人就说你回去吧，孩子生病了你还来。她说我学习完了再回去。那时候我们就这样每天下班后政治学习，学完了回去再做饭、吃饭，没有人抱怨。

过"三八妇女节"，女同志们自己提出，要为单位做点贡献。正好3月初，冻土刚刚化开，是北京开始种树的时节。我们每年在3月份开始挖坑种树。三八节这天，女同志每人义务劳动完成一个树坑，允许家里人过来帮忙。所以有好多男同志就跟媳妇到了现场，帮着挖，完成一个树坑任务。树坑直径80厘米，深60厘米，大的是直径一米，深80厘米。北京植物园土质不好，底下有石头，光用锹根本挖不动，得拿着镐先刨，再拿锹铲。一般是丈夫帮着刨，女的再拿铁锹往外铲土。但是有的女同志丈夫离得远，不能过来帮忙，就得自个干。现在的女同志过三八节，搞搞联欢活动，发点慰问品，再放半天假，可能真的不知道老一辈的女同志的三八节是怎么过的。

我目睹了老同志们、老工人们这种忘我工作的精神，他们的朴实感染了我，他们对我的爱护让我体会到了温暖，这是我一辈子也忘不了的。

三次遇险

在工作中，我和我的伙伴们经历过多次险情，其中记忆深刻的有三次。

落石逃生

1972 年，植物园在后山上做了一个人的高位蓄水池，晚上把水抽上去，白天用来浇灌植物。这件事是我们植物园的职工自己动手干的。山上挖坑，表层土很薄，下边全是石头。1972 年夏季，我们请附近工程兵所属的部队伪装营的同志支援，帮助我们进行爆破。但在进行爆破前，我们要自己打好装炸药的炮眼。要在这石头上打出装炸药的眼来，得用大锤。一个人抡大锤，一个人握住钢钎，一锤一锤地凿出来。这活儿很累，同时也很危险。打下去稳准狠，需要技术好和很强的心理素质。因为如果大锤打不准的话，扶钢钎人的手可能就会残了。我的任务就是抡大锤。

支援我们的解放军同志中，有一个排长姓彭，是湖南郴州人，个子高高的，很清瘦，非常有力气，工作很有经验。有一天我们打完了炮眼儿，刚放了炮，几个人正在坑里边清理石头。彭排长不放心，就跑到蓄水池上方检查有没有松动的石头。那时刚下了几天雨，他发现果然有一块大石头松动了，马上就要滚下来了，于是连忙大声朝下方喊："你们快上来，快上来！"

正在大坑里清理石头的我们，听到喊声迅速爬出了蓄水池。当时，蓄水池已经挖了有一间房子那么大了。就在我们刚爬上来后，那块大石头从山上滚落了下来，一下子就填满了半个蓄水池。看着

1972年夏天，在北京植物园后山与指导爆破的解放军同志合影。前排左起：张继如、张佐双、彭排长、崔铁成、刁秀云；二排左起第2李平运、第5白连君，其余为解放军战士。

刚才我们待的地方被大石头填满了，大家伙倒抽了一口凉气，如果我们没爬上来，后果可想而知！我们躲过了一劫。和我从蓄水池里爬出来的有张继如等男同志，还有刁秀云、黄金德等女同志。刁秀云后来做了植物园办公室主任，黄金德后来调到我们局党校当老师去了。大伙站在那儿愣了半天才缓过神来。这是我在植物园工作中，第一次遇到的非常惊险的经历。下图为大家在后山建蓄水池的合影。

打井遇险

水是植物的命脉。建园初期，北京植物园只有樱桃沟里的自

上：1972 年夏天，在北京植物园后山劳动时合影。前排左起：张继如、李平运；二排左起：张庭元、白连君、张佐双；三排左起：汪兆林、尹玉顺。

下：1972 年夏天，参加蓄水池工程的工作人员合影。前排左起：张佐双、孟宪英、黄金德、王燕；中排左起：张继如、白连君、汪兆林；三排左起：张庭元、尹玉顺、李平运。

1972年夏天，参加蓄水池工程职工及子女与解放军同志合影。前排左起：李平运、孟宪英、吴恩华、刁秀云、王燕、赵洪钧；后排左3白连君、左5张继如、左6彭排长、左7张佐双，其余为解放军战士。

然泉水，于是就在樱桃沟下游修建了一座水库，用来取水浇灌植物。后来由于地下水位下降，樱桃沟的自然泉水就不能满足植物园养护植物的需求了。于是，植物园打了南井和北井两个广口井。南井水深十几米，因为水位太浅，春天浇水的时候，水泵一抽井就干了。1972年，北京植物园找当地的专业打井队，想让他们把这口井再打深些。打井队童队长说，我们不敢干这个事。要加深这个井，得在广口井里面再套一个小井，太危险了，会出事故的，我们可不敢接这活。怎么办？植物园的老职工们下决心说我们自己干。1972年12月，我们真的自己动手干了起来。

当时我们电工班的班长叫高维俊，他解放前就参加了解放军，还参加过抗美援朝，后来复员来到北京植物园。他曾经在部队战车班工作过，战车就是坦克。除了电工以外，他会修理各种机械。他说我能够让这个井打得更深，为此专门做了方案和模具，他的方案是一边往下挖，一边把模具放上，放上模具后就浇筑水泥，水泥凝固后再继续往下挖，把模具再往下放。我们认真地研究了他提出的方案，觉得可行。兵马未动，粮草先行，园里电工班的高维俊、高晓霞、高武等师傅开始动手做模具。模具是圆的，材质是钢板，直径两米左右，底下能够站下四个人。模具做好后，我们就按照设计方案干了起来。进到井底，我们一截截往下挖，一共挖了 22 截，每截大约 80 厘米，总共加深老井将近 18 米。

大井里边套着挖小井，专业打井队给多少钱都不敢干的活，说搞不好就会塌方砸死人的。大家心里也明白，这活儿有危险。高良同志 1972 年 10 月 7 日刚结的婚，他和我是两个班。每次下井前，他怕自己有不测，都撸下手表，交给开卷扬机的同志，交待说，如果自己出了事，请他把手表给自己的爱人。

1972 年冬天打井合影。前排左起：高晓霞、闫丽美、黄金德、王燕；二排左起：杨小瑜、史孟莲、赵洪钧、王德友、李广臣、崔铁成、张庭元；第三排左起：张佐双、陈骥、高良、李平运、卢景瑞、于进昌；第四排左起：高武、尹玉顺；最后一排：王宝臣。

我们倒着班挖井。有一次我和崔铁成、李广臣、尹玉顺4个人正在井下作业，一块脸盆大的水泥由于凝固强度不够，掉了下来。当时事出突然，非常的危险，幸好没有砸到人。大家都吓坏了，像脸盆一样大的水泥块，砸在我们哪个人的身上，都会致命的，卷扬机立刻把我们井下的四个人拉了上来。我把其他同志推出卷扬机的斗罐之后，最后一个出来。出来后我们感叹真是命大！缓过劲儿来同志们开玩笑说，咱们离卧佛寺近，有卧佛保佑，不会出大事。还有一次掉下来一块2米长的脚手板。

我们就这样冒着危险干活。专业打井队都不敢干的事，我们自己竟把它干成了。为了植物园的植物有水喝，活得好，植物园的老一辈职工，就是这么艰苦奋斗的。这口井至今还在发挥着作用。下面照片是打井时部分同志合影。

翻车自救

植物园有两个荒沙滩——南沙滩和北沙滩，土质非常差。要想让植物长好，就得改良土壤。用什么改良土壤呢？有的同志提出来，可以用河泥。一般渔场为了保持鱼池一定的深度，要定期挖河泥。1972年冬季，植物园联系到颐和园附近的巴沟渔场，可以到那里去挖淤泥。那个时候交通不便，植物园当时只有一辆大拖拉机，所以挖河泥的职工不能每天回来，只能住在巴沟渔场。

巴沟渔场没有条件提供房子让我们住，我们就自己搭窝棚。搭了好几个窝棚，分别住着男职工和女职工。挖河泥得在冬天，窝棚里条件很差，先用塑料布铺在地上，再铺上稻草帘子，然后再铺上职工自己从家里带来的被褥。取暖条件有限，真是天寒地冻，太冷了！每天单位用三轮摩托车给我们送三餐。虽然天寒地冻，我们挖河泥的劳动干劲那可是热火朝天。我记得我们挖河泥的时候，要用镐先刨开河水的冰冻层，刨开冻层后，才能用铁锹挖下边的河泥。

我的任务就是刨冰层。

刨冻层真是一个累活儿。数九隆冬，河泥冻层已经有30厘米左右了，要拿大十字镐，还要用冰镩子，打着冰镩往下剁。我记得很清楚，大三九天的，我只穿一件衬衣，在冰上浑身大汗地轮大镐，这样一挖就是一个冬天。当时我们的老主任叫林庆义，在挖河泥休息的时候他跟我聊天说，佐双，我1937年大学毕业，大学刚一毕业，就遇到七七卢沟桥事变，日本人侵略我们，我一毕业就失业了。1956年建植物园的时候，他正在北海公园做主任，上级从北海公园把他调到了北京植物园做筹备处主任。他是学园艺的，是我们全局各公园主任里学历最高的一位，且有工程师的技术职称。

那个时候干部和群众一起劳动，林主任和我们一起来挖河泥。我们用小推车把河泥从鱼池里边推到岸上，再从岸上装到汽车上，将河泥从巴沟渔场运回植物园。植物园那时没有汽车，正好有一个工程兵的运输连住在我们植物园里边。我们就找人家连长商量，连长姓严，是参加过抗美援朝的志愿军。我们跟他说军民鱼水情，能不能支援我们一下，他非常爽快地答应了。他说我们应该支援植物园建设，于是就派出载重8吨的斯科达自动翻斗运输车，帮我们运河泥。我带着4个人，负责把挖出的河泥装到运输车上。跟我一起装车的有一位叫李平，他是外语学校毕业，分到植物园工作的。大家劳动都争先恐后，没有偷奸耍滑的，李平也非常努力。一块河泥几十斤重，我们用手举过头顶才能装到车上边。两个人在下面，两个人在上面，把它码好。

好不容易把这8吨的河泥装上了车，可是车发动起来后，车轮打滑，卧在里边了，怎么也出不来。怎么办？那个司机小战士说，只有把河泥卸掉，我才能把空车开出去。卸车很容易，液压的自动翻斗车，他在驾驶楼里边一扳操纵杆，翻斗车就翘起来了，费了很大力气装在车上的几吨河泥就卸下来了。我们找来木板、稻草等东西垫在轮胎下面，小战士很轻松地就把车开出去了。等他把车倒回来，我们第二次又装上了。

好不容易又装上了，车还是打滑。司机一踩油门就原地打转，就是出不来。怎么办呢？司机说你们能不能求求部队的首长派牵引车来，把我车拖出去，要不然河泥就运不回去了。运输连的连长依旧很支持，立刻派了两辆前后轮都能够同时驱动的牵引大炮的牵引车过来了。牵引车来了以后，带着钢丝绳一拽，就把这个 8 吨的车拽出来了。牵引车完成任务就回去了，我和李平两个人坐在车楼里面，跟着去卸车，因为卸车很容易了，只需要告诉解放军把它卸在哪儿就行了，所以只有我跟李平两个人跟着。

这个解放军小战士开车往回运。渔场旁边有一条河，我和李平眼瞅着这车就往河沟里边跑偏，司机怎么打方向盘也打不过来，接着这车就翻河沟里了。侧翻方向是从我们副驾驶这边先着的地，等车不再翻滚了，正好那个车门是冲天的，不是侧方向了。当时不知道车还会不会继续翻，如果再翻就四脚朝天了，水就会把车淹没。我们被撞得头昏眼花，竭力想爬出来。卡车一翻，车门就特别重，我站在舵轮杆上用最大的力量推车门。我感觉当时自己用的力量很大，确实也是使出平生最大的力量，终于把车门打开了。我和李平同志都异口同声地说，让战士先爬出去。1972 年我已经参加工作 10 年了，26 岁了。那位小战士比我们年龄还要小一些，也就是 20 岁左右。我跟李平两个人托着小战士，把他给托举出去了。

战士司机爬出去以后，李平和我俩人互相推让对方先上。李平比我岁数小，我把李平托出去以后，我最后也安全地爬了出来。李平同志后来在国家恢复高考后考上了外国语大学，毕业后出国做了外交官。

当时我们身上都湿了，站在水里面，都冻得发抖。从未经历过这种事的小战士带着哭腔说，怎么办？车翻到河里了，我们开不出去了。我劝他说，你不要害怕，我去联系人。我跑到附近学校，借电话给连里的领导打电话。打通电话，说明情况，连长问人伤了没有？我说人没伤，就是汽车翻到河里了。连长说人没事就行。很快连长坐着他的指挥车来到了现场，那个司机小战士看到连长不知是吓得还是见到了亲人，直哭。连长说，熊样，哭什么！立刻到有电话的地方给连队值班室打电话，调来了两辆吊车、一辆牵引车和50名战士，让他们带上大绳和维修工具。很快吊车就来了，战士们在汽车前面按照车能够开出来的宽度修了一条坡道。吊车很快把汽车翻正，牵引车和人同时发力，就把它拽出来了。这是我在植物园工作遇到的第三个险事。如果这个车再翻得深点，翻到了深水里，我们就都光荣了。

逐梦

天道酬勤
破格提升技术员

我是 1962 年 8 月 30 号到北京植物园工作的。从 1962 年入园到 1972 年，在果树试验区当了 10 年技术工人。因为我刻苦学习，努力工作，得到了组织和职工们的认可，1973 年破格提干做了技术员，叫"以工代干"。我也是园里唯一的只有初中毕业的文凭，因获得了省部级的科研成果奖而拿到了工程师中级职称的人。这些都要感谢组织上的培养，感谢我的老师们对我的教导。

"以工代干"，"干"的本义是干部岗位，但实际上在我们那个年代，你要"带头干"，这个"干"是干活。我从来不怕干活，觉得这样干起来更带劲！

走上技术岗位

从 1973 年开始，我就被调到到绿化室做技术员，一直做到 1983 年任植物园副主任（副园长）。其间，我在 1975 年 11 月到 1977 年脱产两年到"721 大学"读书，再回来继续做技术干部。

有一次，我们的党总支书记祝铁成问我，有人说你父亲是军统上校军医？我说要是别人说这事儿，我就左耳朵进右耳朵出，听听就完了。我说我从来没说过，别人说那就是添油加醋。要是一般人说说也就算了，我说您是党的书记，我得跟您说明一下，有人能证明我父亲的情况。这个人叫杨扶青，我叫他大姥爷。他是国家水产部的副部长，接着我又把他家的地址告诉了领导。

很快，植物园党组织就派了一个老支书和一个年轻同志到杨扶青家认真地进行了调查。水产部党组织对我单位去调查的同志讲，杨扶青是周恩来的同学，黄炎培的好友，"文化大革命"中周恩来下令重点保护的爱国人士。你要调查他外孙子的事，我们得去请示一下部长。他们去征求杨扶青的意见，说北京植物园要调查张佐双的事。杨扶青说来吧，就跟他们谈了：张佐双的父亲叫张明仁，解放以前在北京的大医院做医生，后来跟我一块去了台湾，在台湾省医院做内科主任，我很快回来了，他们回不来了。张明仁没参加过反动组织，他非党非军非派，就是个医生。说得很清楚。这份证明是我之后能入党的重要材料之一。这种事情的出现，也是因为我在植物园受到了很多表扬，个别同志有点羡慕嫉妒，于是就给我添油加醋说出来的。

　　这一传言是在"文化大革命"时期出来的，对我有着极大的杀伤力。多亏我在植物园，老职工看我工作干活特别好，从来没歧视过我，更没有人恶意对我。如果是在一个边远的山区，因为这个传言，结局可能就不堪设想了。但是反过来，我要感谢给我添油加醋的人，是他成全了我，因为我没法去跟别人说我有杨扶青这么个

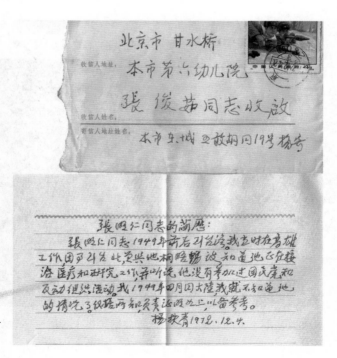

1972年杨扶青
亲笔证明信。

国家部级干部的姥爷，他能证明我们家什么事。是造谣的人造到单位总支书记那里去了，逼得我说了出来。之后组织上派人找杨扶青去了解，才彻底驱散了压在我头上的乌云。杨扶青说张佐双这个孩子，我看着他长大，从两岁到16岁去你们植物园工作，我看了他14年。他的父亲也是我的一个挚友的女婿，我也非常了解，就这样证明了我父亲的身份。

我的入党问题随之很快就解决了。那一年是1983年，国家要"四化"，"四化"具体说是"革命化、知识化、专业化、年轻化"，我恰逢其时。我入党了，就算革命化了；我上了大学叫知识化；大学期间我学的是绿化和果树，这是植物园对口专业，就算专业化了；更重要的是我那年37岁，要求40以下的人进班子，几个条件我都符合。后来在植物园大温室建成后，我们园林局的老局长丁洪和接他班的赵一恒局长，还有接赵局长班的魏广志局长，三位局长一起来大温室指导工作。丁洪同志是个老八路，曾经做过万里同志

2000年，园林局两位前任局长来温室参观指导。左起：张佐双、丁洪、赵一恒。

的部下。三位领导看完温室以后，丁局长拍着我肩膀说，小张，你没有辜负孝礼同志的推荐，我才知道我做植物园的副主任，是李孝礼同志推荐的。

我上大学是俞德浚老主任打电话先向李孝礼同志推荐的，那个时候李孝礼是领导北京植物园的西山风景区的党委书记，俞德浚是合作单位中科院植物研究所植物园的主任。我永远也忘不了俞德浚先生的推荐，更忘不了李孝礼老书记。这位老领导对我也很了解，从我1962年到植物园，他就是我们的老书记，老书记批准我"以工代干"，批准我上大学，推荐我做了植物园的副主任。

植物园在建园初期经过了艰苦奋斗的历程，我有幸参加了这些艰苦的工作，也是我一生中难以忘怀的。这段经历锻炼了我，想起这些事情就会激励着我继续前进。

收集植物品种 学习栽培技术

1973年，我到绿化办公室做了技术员，从这年开始参与植物园的收集植物工作。在做技术员的那些年，我有幸与几位同志出差到外地，向同行学习，收集植物品种，为植物园后来的发展做了打基础的工作。

1973年的春天，我和北京林业大学1961年本科毕业的崔纪如同志，一起在植物园做技术员。我们两一起到山东调查、收集植物。先到了山东的济南，当时收集植物开的单位介绍信，都是北京市革命委员会名头的介绍信，需要到当地林业厅换介绍信。我们去烟台调查烟台的樱桃，并运回了几十棵，栽到了樱桃沟等处。到莱阳调查莱阳梨，到青岛调查青岛繁育的雪松和玉兰的情况，然后到泰安。当时的山东农学院派朱元枚老师和郭善基老师接待我们，指导我们在山东省收集植物，给了我们很大的帮助。山东果树研究所所长魏国华推荐我们到威海去向劳模学习。我们到威海后，见到了两位劳模。刘复义劳模已经84岁了，他领我们到了一棵苹果树下，指着这棵树说："每年我亲自修剪，做实验，这棵树每年能产优质果上千斤。"我看到树上挂满了不同颜色的实验标记布条，我还记得这棵苹果树的品种是"金冠"，俗称黄元帅。他说："我是文登人，从十几岁就在烟台园艺场做学徒，从扶梯子、捡树条做起，几年后才允许我动剪子修果树。直到50岁以后我才明白，我修剪后的枝条，明后年会长成什么样。"按我当时的理解，这就是从必然王国到了自由王国。魏所长给刘老的修剪经验总结出来一本口诀小册子，我到现在依然记得小册子上说，苹果树修剪要"大枝亮堂堂，小枝闹嚷嚷"，说出了修剪的要点，生动好记。1974年陶遵祜劳模被北京请来传授果树修剪经验，他给我带来了他修剪果树的材料，我得到了他的真传。

1974年，张佐双、陶遵祜（中）、魏国华在卧佛寺合影。

我们去青岛时，山东著名的园林专家王凤亭老先生还健在，王先生亲自接待了我们，并给我们很多好建议。我们到了崂山，看了崂山的一些特有植物。我们还去了菏泽，看了菏泽的曹州牡丹。那个时候菏泽老花农赵守重还健在，他拿出了家里珍藏的清代牡丹图谱让我们看。他把图谱视为珍宝，裹在一个绸子布里边，不轻易拿出来示人。我们事先学习了喻衡教授的《曹州牡丹的调查》，看过赵守重的这份材料后，就向他们提出我们想收集的品种，得到了菏泽的同行们、花匠老师傅们大力支持。其中"梨花雪"这个品种，在当地已经属于珍稀品种，他们也无私地支援了我们。那次我们收集了最珍贵的 10 个牡丹品种，还收集了其他植物 50 多种，为植物园的建设做了准备。

1973 年的夏天，我和袁再富同志一起去河北和辽宁，主要是调查河北和辽宁的果树。袁再富同志是 1962 年兰州大学生物系毕业后就到植物园工作的。他上班来比我晚一些，我是 1962 年 8 月份到的，他是冬天才到的，在果树组当技术员。我们一起先到了昌黎果树研究所，从昌黎果树研究所到了北戴河园艺场，出关到了兴城果树研究所。从兴城果树研究所引种果树品种后，我们又到了熊岳果树研究所，从熊岳果树所又到了大连农科所。大连农科所有位研究樱桃的王逢寿先生，他培育的"红灯"樱桃很有名。我们还到了瓦房店德利寺，那里有一个搞果树的老劳模张金厚。我们到他那儿时，他说让我们稍微等一会，他得参加一个会。散会后来见我们，接待的同志告诉我们，张金厚是我们省劳模，今年 80 岁了，刚才是他的入党仪式，今天他光荣地加入共产党了。我们非常受鼓舞，这样高龄的老劳模、著名的果树生产能手，还在追求入党并实现了自己的愿望，这对我们特别是对我，有着很大的教育和鼓舞作用。

1975 年春季有一天，上午我还在樱桃沟栽水杉，下午就与张济和一起坐上了去青岛的火车，收集雪松去了。这次收集了 3 辆卡

1973 年赴河北、辽宁考察果树时与袁再富（左）合影。

车的雪松苗回来，我记得当时是 1.5 米高的雪松苗，价格是 15 块钱一株。从北京出发的时候，我用自己的钱买了一些烟，当时大前门牌的烟是 3 毛 8 一盒，3 块 8 一条。我们对给我们起树苗的老师傅很尊重，恭恭敬敬给他们敬烟，真诚地感谢人家。我们跟老师傅们说，青岛的树苗要运到北京，树坨一定要绑得结结实实的。人心换人心，老师傅一看我们很尊重他们，就说你们放心，给首都运的树苗，我们一定保质保量。

在我们去青岛之前，党委书记李孝礼给他老战友、时任青岛园林处处长董润身写了封信，让我们去的时候交给董处长，因此我们也得到了园林处同志的大力支持，成功地收集了雪松，同时还收集了龙柏，运回了北京。这些植物现在在北京植物园早已经长得高大健壮，成为支撑植物园绿色面貌的骨干树种。

从南方移过来的竹子

1973 年，时任国家林业部造林司司长的汪宾同志来北京植物园，建议我们做竹类引种，还建议我们到离北京最近的河南竹类产区去引种，并提供给我们林业部的介绍信。我们得到了河南同行的支持，时任河南博爱林业局局长的孟祥堂同志给予了指导，后来他调任焦作市副市长、市人大常务副主任。

1975 年 11 月，本来我们计划 9 月到信阳，因驻马店 8 月 11 日发大水，火车中断，所以改成 11 月去调查信阳的茶树。我们先到

1997 年孟祥堂来北京植物园，在竹园合影。左起张佐双、孟祥堂、霍毅。

了泰山，调查了泰山种的茶和一些植物，然后从泰安到了信阳，接着从信阳又到了河南郑州。在河南农学院，跟接待我们的李国庆老师说起我们植物园正在建设竹园，李国庆老师听说后非常高兴，说我们有一个"南竹北移"的项目，希望跟你们合作。

我们立刻给单位领导打电话请示，经单位领导同意，我们就和他签订了"南竹北移"科研项目的合作协议。然后我们在河南进行了竹类的调查，完成调查任务，我们马不停蹄，接着到南京的林学院（现在的南京林业大学）继续收集一些植物进行引种。

叶老夜送马褂木

那天晚上，我们正在南京林学院的招待所整理资料，突然有人敲门，进来一位非常朴实的长者，像个老工人一样。他说你们是北京植物园的？我们点头说是。他说我叫叶培忠。这么一说，我们顿时有如雷贯耳之感，叶培忠是国内著名的树木学家，国内园林界都知道他的大名。叶老是始建于 1929 年的中国第一座国立植物园"中山植物园"的创园主任。1930 年他曾被公派到英国爱丁堡植物园去学习，是我国第一位派到国外专门学习植物园规划建设的学者，是位学贯东西的大家。叶老很直接、很爽快地说，我用中华马褂木和北美马褂木杂交出一种马褂木，现在有 F 一代，正在实验，这个树种在南京表现很好，你们北京愿不愿意试试？我们听了非常高兴，连忙说我们愿意。因为我们都知道马褂木世界上只有两个种，中华一种，北美一种。他接着说，愿意的话我送给你们 10 棵，你们到树木园找叶建国老师去取就行了。

马褂木属于木兰科鹅掌楸属，为高大乔木，因树叶形似马褂而得名。生长在我国华中、华东、西南地区。它的叶子与一般植物的叶子不同，有十几厘米长，其先端是平截的，或微微凹入，两侧则有深深的两个裂片，极像马褂，又似鹅掌，因而得名。马褂木的花为黄绿色，呈碗状，和郁金香极为相似，只是极小，因此马褂木英文为 Tulip Tree，翻译过来就是"郁金香树"。每年 4—5 月当郁金香花快凋谢的时候，马褂木的花正悄悄开放。秋天，马褂木的叶子变为金黄色，整棵树像一座金塔，十分壮观，有很好的景观效果。

后来，我们把马褂木运回了北京植物园，进行了实验，现在长得十分高大。最大的一片马褂木就种在树木园木兰小檗区山前台地的山凹里，高大的树下是一片草坪，很多游人喜欢躺在树下闭着眼睛晒太阳，他们怡然自得的样子，让我这个园林工作者感到很自豪。后来我们把马褂木还推广到很多单位，进行了实验，效果也非常好。

1975 年 11 月，与张济和在南京合影。

坦荡的老专家

我们从南京临行的时候，叶老跟我们说，请你们回北京后代我向两个人问好，一个是汪菊渊，一个沈隽。汪菊渊就在你们北京市园林局，沈隽在北京农业大学。回京后，我们按照老师的吩咐去分别看望了这两位先生。

我去看汪老的时候，汪老那个时候还在花木公司天坛花圃里下放劳动。秋天的季节，他正站在花圃里给芍药做修剪。芍药是草本植物，秋天要把枯枝剪掉，剪掉的枯枝和叶子都要烧了，因为芍药叶子上会有叶斑病菌，叶斑病经过高温才能解决。烧植物的灰，可以再用做肥料，汪老当时正在做这个事。我们远远地看见一个老者蹲在地下，很认真地用剪子剪芍药的叶子。我们过去说汪老，我们是北京植物园的。汪老还继续干他的活。我说是南京林业大学叶培忠老先生让我们给您问好。汪老听说叶培忠三个字就立刻站起来了，连连说那是我的老师，那是我的老师。我从学校毕业，是叶老给我送到庐山植物园去实习的。当时秦仁昌先生是庐山植物园的主任，后来因为我把两个植物种子搞错了，秦仁昌主任说，你还回到你老师那儿去吧，我就又回到了老师那儿。植物园的年轻人啊，你们工作一定要认真，植物是不能出差错的！

一位老先生，见到我们晚辈，掏心掏肺地说出自己年轻时的失误，说出内心的愧疚，这是多么干净坦荡的灵魂，这是园林工作者的良知啊！汪老是中国园林学科的创始人、创立者，也是工程院的第一位园林方面的院士，德高望重，他自己现身说法教育我们工作要认真，这一番谆谆的教导让我铭记在心，成为我一生的工作准则。

1975年11月，我给单位打电话汇报叶老送我们马褂木时，领导说，你尽快回来吧，你已经作为工农兵学员被推荐上大学了，赶快回来，人家已经开学了。我们从南京就赶快回到了北京，之后我就全脱产去上大学了。

1989 年，汪菊渊院士检查北京植物园工作。前左 1 汪菊渊院士，左 2 张佐双，左 3 孟兆祯院士，最后一位董保华。

721 大学的召唤

　　"工农兵大学生"是时代的产物。1967 年 10 月 14 日，中共中央、国务院、中央军委、"中央文革"小组联合发出《关于大、中、小学校复课闹革命的通知》。这个通知发布后，自 11 月起，大部分中小学生陆续回到课堂，新生也开始入学。

　　1968 年，为了培养工程技术人员，上海机床厂举办了一次培训。这事引起了毛主席的注意。1968 年 7 月 21 日，在毛主席的指示下，《人民日报》刊载了《从上海机床厂看培养工程技术人员的道路》的调查报告，毛主席亲自写了一段编者按。他说："大学还是要办的，我这里主要说的是理工科大学还要办，但学制要缩短，教育要革命，要无产阶级政治挂帅，走上海机床厂从工人中培养技术人员的道路。要从有实践经验的工人农民中间选拔学生，到学校学几年以后，又回到生产实践中去。"后来人们把毛泽东这段话称为"七二一指示"。

同年9月，为了贯彻"七二一指示"。上海机床厂创办"七二一工人大学"，学制为两年，学生毕业后仍回厂工作。此后，"七二一工人大学"的教学模式逐步向上海市以及全国的工厂企业推广。

"七二一指示"的发表，构成了毛泽东培养大学生的两个相互结合的方针：一个方针是，高校毕业生到工厂、农村、部队去参加劳动和军训，当普通劳动者或士兵，接受工农兵再教育；一个方针是，从工人、农民、解放军指战员中选拔学生，到学校学几年后再回到生产实践中去。这种通过相互结合的两个方针来培养工人、农民、解放军大学生，或者把大学生改造成为工人、农民、解放军知识分子的思路，就是毛泽东设想的"教育革命"的方向。

1970年，"文革"初期的混乱场面已渐渐平息。政府也形成了恢复办大学的思路。这个思路就是：恢复开办的大专院校，学制要缩短，要从工农兵中选拔、推荐学生。

一个月后，中共中央批转了《关于北京大学、清华大学招生（试点）的请示报告》，报告指出：经过三年来的"文化大革命"，北京大学、清华大学已经具备了招生条件，计划于本年下半年开始招生。招生办法实行群众推荐、领导批准和学校复审相结合。后来人们把这些从工农兵中选拔的学生称为"工农兵大学生"。

1975年，邓小平受命主持党政军日常工作，领导开展全面整顿，他对当时的大学招生方法和教学质量提出批评。他说："我们有个危机，可能发生在教育部门，把整个现代化水平拖住了。"他认为"文化大革命"最大的损失是教育，所以要求要办好教育。当时我们的园林学校处于停滞状态，北京市园林局按照中央指示精神，让园林学校办一个大学班。这个大学班叫"西山风景区721大学"，因为当时园林学校属西山风景区，李孝礼同志是西山风景区的党委书记。学员从隶属西山风景区管理的香山公园、八大处管理处和北京植物园三个单位选派。要求从优秀的、有培养前途的工人里边挑选，全脱产学习两年。选派的学员要走公示的民主程序。

俞德浚院士的建园秘书叫袁国弼，袁国弼的夫人在西山风景区管理处做人事工作，回家时跟袁国弼说，园林局要在北园办721大学，袁国弼把这个消息告诉了俞主任，俞院士立刻给我们党委书记李孝礼打电话，你们要办721大学，我建议让小张也去学习。事后，我们党委书记告诉我，人家南园的俞主任，那是著名的专家，都打电话来推荐你，让组织上给你报名。这次招生对象都是工人，你已经是干部了，本来没有你，都开学了，你在南方出差引种植物，是俞主任的推荐，我们研究后，单给你追加了个名额。你不要辜负组织上和老专家对你的期望。我连忙说，谢谢老专家！这句谢谢真是发自内心地感谢他。这样，我就有了脱产学习园艺果树专业的机会。

后来有人听说上大学加上了我，就去找李孝礼书记，他说张佐双的爸爸在台湾，组织还能培养他吗？李孝礼书记回答说，谁要能像张佐双那样经常评上"五好"、经常评上"先进"，这大学就让谁去读。他父亲在台湾，跟他有什么关系？他从16岁就来到植物园了，现在都10多年了，一直表现得很稳定。李孝礼书记对提意见的人说，我们有成分论，但不唯成分论，重在表现。我从1975年11月到1977年，脱产两年上大学，学习了绿化和果树两个专业。期间还到陕西去毕业实习，考察西北农学院。老主任林庆义说："你们如果去西北农大时，可以拜访孙云蔚教授。"我大学毕业后，孙云蔚教授在北京农事试验场任场长，我当技术员。我的老师杨集昆教授说，你们到西北农学院要去拜访周尧先生，他是我国著名的

毕 业 证 书

成教高补证字(89) 3756 号

张佐双 同志，现年 43 岁，于
一九七五年十一月至一九七七年十一月
在北京园林局西山风景区管理处"721"大学，
果树绿化 专业学习期满，
经北京市"七·二一"大学学历认定考
试，成绩合格，准予毕业。系大学专科
学历。

委托发证学校(章)
校(院)长(章) 王淑萍

说明：根据国家教育委员会《关于"七·二一"
大学毕业生学历问题的复函》〔(88)教高
三厅字005号〕的规定，国家承认其大学专
科学历。

北京市成人教育局印制

1977 年 北京市园林局西山风景区管理处 721 大学毕业证。

昆虫学家。按照林主任的嘱咐，我们都拜访了，受益非浅。我们考察西安植物园，收集了陕西彬县的骏枣、商县的核桃、临潼的石榴和平枝枸子等。

授业传道的老师们

1975 至 1977 年在大学脱产学习这两年，是我人生中最为宝贵的经历。回想起来那段时光，我非常感谢我们园林学校和我的老师。

有位老师叫申世华，原是北京大学生物系的，院校调整后到了北京农业大学（现在的中国农业大学）。当时北京农业大学植物保护系分为两个专业，一个是昆虫专业，一个是植物病理专业。1954

年以后，两个专业合并，统称植保系。申世华老师是 1953 年毕业的，学的是昆虫专业。他说我没教过大学，要办大学，我可以请我的老师来教课。徐德全是我们 721 大学的校长，人特别好，他对申世华说，你要是请得动，你就试试。于是我就跟申老师一起，利用星期天休息，先去了杨集昆老师家。杨集昆老师的夫人张大姐，是申老师的同班同学，他们关系很好。申老师悄悄跟我说，张大姐在我们班里特别能干，有个外号叫"大哥"。张大姐是乐亭人，跟我是老乡。礼拜天杨先生也在家，申老师事先跟我说过，说杨先生是开夜车的人，他写书写到快天亮了才歇会儿，所以他都是下午讲课，上午睡觉，上午不能找他，咱们下午去。

那时候交通不是很便利，虽然直线距离不算太远，但是坐公交车得倒车。我们下午坐着公共汽车到了颐和园北宫门，再倒车到了农大。那时农业大学从陕西迁到河北，又刚从河北迁回北京，老师们正好闲着。杨老师见到我们非常高兴，听我们说请他去讲课，他

1984 年，参加元宝枫细蛾发生规律及其防治课题鉴定会专家。左起：张佐双、申世华、赵怀谦。

马上说行，没问题，我去。

这是 1975 年 11 月的事，那个时候农业大学有的课还没完全开，申老师就请他们到园林学校来教课。这些老师非常热情，给我们组织教材、编写教学大纲，有的是把北京农业大学的教材直接拿过来。就这样，给我们开了果树和绿化两个专业的课。

果树课老师请到了北京农业大学的沈隽教授。他是北京农业大学园艺系的主任，1936 年考取清华大学公费赴美留学生，1940 年获博士学位后留校工作，1941 年毅然回国的。当时在国内行业内著名的教授，一个是华中农业大学的张文才教授，资格比沈隽老一些，另一个就是沈隽教授了。沈教授 20 世纪 30 年代在美国发表的《果树抗寒的研究》一文打响了他在世界上的知名度。回国后，成为造诣非常高的果树专家。中国园艺学会的理事长是农业部副部长相重扬，沈隽教授和俞德浚以其在我国园艺界的声望任副理事长。

学校请沈教授给我们讲《果树栽培学绪论》，其他课程也都是请了当时非常有名的教授。孙自然教授给我们讲桃，曾骧教授给我们讲苹果，林教授给我们讲梨，土化系韩喜来教授给我们讲土壤肥料。植物保护这方面，杨集昆教授给我们讲昆虫，他是我的恩师，一讲就是 70 多学时。韩金声教授给我们讲植物病理，我们还听过裘维藩先生讲病毒。裘维藩先生是中国植物病理学界非常著名的学者，1948 年在美国威斯康星大学获博士学位后回国，先后任中国科协副主席、中国植物病理学会理事长，是两院院士，全国人大常委。我都聆听过这些大专家的授课。

那个时候，不仅是学生们珍惜学习的机会，讲课的老师们也充满激情，尽心尽力地给我们授课。他们大都在"文化大革命"中受到了冲击，都被称作"臭老九"，被下放，被关"牛棚"。1975 年尚处在"文革"后期，有人请讲课，让他们传授知识，他们简直高兴得不得了。

那时园林学校的条件很有限，接送老师就靠一辆食堂采购用

上：1992 年，沈隽和马克·费舍（Mark Fisher）一家。后排左起杨松龄、杨宜萍（马克夫人）、马克、沈隽、张佐双、崔继如。前排是马克的子女。

下：2000 年与徐德权老校长合影。

的三轮摩托车，后边有两个对着的座椅，装菜的时候就把那个座椅拉起来，用挂钩一挂，坐人的时候放下来，仅能坐4个人。学校就用这辆买菜的车从农业大学把著名的教授们接过来讲课。老师们讲一上午课，吃完午饭再给送回去。食堂里边每次给老师吃的都是包子和鸡蛋西红柿汤，没改过样。人家教授给咱们讲课，为了植物园培养人才，一分钱的讲课费都没拿过，那个时候也没有讲课费这一说。他们无偿奉献的精神影响了我一辈子。后来我做植物园园长时，就定了规矩，凡是北京农业大学、北京林业大学、北京农学院、北京园林学校等拿着介绍信来实习的学生，不要收费，一定要开绿灯，直接让他们进来。为什么呢？因为人家曾经给咱们植物园建设做过贡献，我们不能忘了人家。更重要的是，植物园的重要功能是科普教育，对专业学校的实习，不能收费。

给我们讲植物学的谢淑芬老师说，大学的课，我也没讲过，我请北京大学的汪劲武老师来讲。汪劲武老师1954年在北京大学毕业后留校，对植物的分类非常的娴熟，写了很多科普的书。汪老师高兴地同意了，他说，学习植物分类学离不开标本。我的标本是不能离开我的标本室的，来回一运，这些标本都酥了。你们可以到我这来上课，看的时候要轻拿轻放，看完了以后要放好了，不能拿手摸，只许看不许摸。就在汪老师的标本室里边，他给我们按教学大纲讲了70学时的植物分类课，同时带着我们走遍了北京市的植物分布比较丰富的地方。一开始是到樱桃沟，后来到比较近的地方像海淀的妙峰山，昌平的五座楼、沟崖，房山的上方山，一直到怀柔的喇叭沟门，后来又带我们到了河北的蓟县，真是翻山越岭地识别那些野生植物。

汪劲武先生识别野生植物的本领极强，随便见到路边一棵草，立刻跟你说到属，属常见的说到种，不常见的查一下检测表，告诉你是哪个种。他大学毕业就在北京大学教植物学，年年带学生实习，我们跟他学的时候，他已经从20世纪50年代教到70年代，

上：1989 年与
余树勋先生合
影。

下：1976 年曾
骧来园讲课。
左起：万民福、
曾骧、陈芝斌、
张佐双。

上：1984 年与韩金声教授合影。

下：1984 年与杨集昆教授合影。

有了 20 多年的教学经验了，是非常有造诣的植物学家。

　　植物园的规划设计课，请了合作单位中国科学院植物研究所的余树勋先生来讲，我发自内心地说那可太好了！余先生曾经是北京林业大学讲园林工程规划设计的老师，1951 年从丹麦留学回来的。他当时是南植的研究员，不知能不能请到他。没想到余先生非常痛快地就接受了。先生讲课深入浅出，讲得非常生动。其他老师都是我们用三轮摩托接过来，他不用，因为南植离我们很近，他骑自行车自己来。有的时候连中午的包子和西红柿汤都不吃。他说我家很近，我骑几步车回家吃去了。他也是给我们讲了 70 个学时的园林规划设计。他退休以后任《中国园林》主编，而且写了很多本园林方面的专著。

　　还有一位老师让我难忘，就是当时北京农业大学讲病害虫防治的黄可训先生。他是改革开放后中国选派的第一批驻联合国粮农组织亚太地区植物保护首任官员，亚太地区植物保护委员会执行秘书。到联合国工作需要考试英语，又必须是植保系的老师，他在国外留过学，英语好，所以国家在全国农业大学系统的老师范围选人时，一选就选上他了。他为亚太地区各国植保植检事业做了许多有益的工作。是他倡导建立了北京农业大学植保系，他为中国植物检疫事业的发展做出了卓越贡献。黄可训老师在给我们讲病虫害防治的时候，说到病虫害防治的方针是"预防为主，综合防治"，两句话八个字。要根据病虫的动态和周围环境的关系，采取多种措施，将病虫害控制在不造成危害的程度，将副作用减少到最低限度……

　　那时候黄老师讲，有了病虫害，你要控制它，不能光用化学的农药，化学的农药对人是有毒的。他说化学农药产生在什么时间？二战以后。二战以前没有化学农药，那么植物都存活下来了，庄稼年年地长。农药怎么来的呢？是德国人要屠杀苏联人，战争时期往井里倒毒药，毒杀军队，让军队没水喝。后来人们发现这毒药能杀虫子，能把虫子毒死，再后来才开始的当农药使用。20 世纪 60 年代有一本书叫《寂静的春天》，美国学者蕾切尔·卡逊写的科普读物。书名的意思是什么呢？森林里边没有鸟叫了，鸟被化学农药给毒死了，造成严重的环境污染，寂静的春天是不美好的，是污染环境的结果。

听老师讲农药的副作用，我也回想到我们在植物园曾用过化学农药，化学农药不仅能够毒虫子，它的副作用把害虫的天敌也同时杀死了，而它最大的副作用是污染环境并且能够伤害到人。比方说，有的农药如有机氯成分的六六六等，有富集作用，你往作物上打了药，作物结的籽儿如果做鸡饲料，鸡吃了农药，代谢不出去，留在鸡肉里了，留在鸡蛋里了。人吃了被化学农药污染的鸡，农药就到了人的身体里。如果是女同志，吃了有化学农药的食物，从她的乳汁里头都能测出化学农药，这就毒害婴儿了，这叫富集作用。

有些农药是代谢不了的，农药对人的、对环境的危害太大了，所以使用农药要慎而又慎。1976年黄可训先生给我们上课时讲的病虫害要"预防为主，综合防治"，他这话在我脑子里记了一辈子，现在想起来都不过时。现在我也是职称评审委员会委员，参加评审中级职称、评审正高和副高职称。答辩的时候，遇到植保方面的论文，我凡是见到用治早、治小、治了这样的文字，我都要问一问，治早、治小没问题，治了是个极左的口号，你不可能把虫子治没了，把这个物种灭绝了？病虫害有一个发生过程，你把它控制到不造成危害就行了，树上有几个虫子没关系，那是自然生态。另外还要考虑到把副作用减少到最低限度，这才是科学的态度和方法。

我从学校毕业以后，单位让我分管植物园的植物保护工作，园里原来植物保护工作的分管干部是我的老师申世华。后来园林学校又要继续办学开课了，他得上园林学校讲课去了，植物保护工作就由我来负责。

我们在721大学还学习了拉丁文。教我们拉丁文的老师是中国林业科学院的钱耀明先生。本来是到农业大学去请教拉丁的老师，

上：1991 年与董保华先生合影。

下：2000 年与汪劲武教授合影。

农大说我们没有专门教拉丁文的老师。张逸民老师说我的同学钱耀明在德国留学了8年，他能讲。于是我跟张逸民找到钱老师，请他来给我们讲拉丁文。人家钱老师也是自己骑着自行车过来，给我们讲了很长时间的拉丁文。

当时我们几乎把北京这边常见的松树、柏树、杨树、柳树、丁香等植物的拉丁名都背了下来。北京林业大学有一次办拉丁文培训班，张济和同志参加了。结业考试的时候，陈俊愉院士带的第一个博士张启翔也参加了那次考试，张济和同志考了第一名。公布考分后，张启翔博士说，你们植物园的人才真厉害。我心里有数，我告诉他，张济和曾经跟我们一起在721大学系统地学过拉丁文，老师是钱耀明先生。

当时养蜂所下放外地，政府把其办公地址交给植物园了，我们"西山风景区721大学"上课地点就在养蜂所的办公楼里。从1975年11月到1977年的11月，我们在这儿度过了两年的脱产学习时光，系统地学习了绿化、果树专业课程。除了植物分类是到北京大学去上课，其他的课程都是在养蜂所办公楼里完成的。这里的教学条件还是蛮好的，冬天有暖气，夏天有空调。学校还组织了我们毕业实习，教学程序很规范。1976年9月初，我带队到陕西做陕西果树的调查，我记得很清楚，9月9号那天，我正在西安植物园看平枝栒子，听到毛主席逝世的消息，我马上给单位打电话请示领导，我们是在当地参加追悼活动还是回北京。电话是徐德权校长接的，他说你们就在当地参加追悼活动吧。于是我们在西安参加了追悼毛主席的活动。这次调研，收集了大量的一手资料，为回校写毕业论文积累了素材。我们的老校长徐德权保留了所有老师的教学大纲和我们的考试成绩。后来国家落实721大学的学历时，教育部派人来考察，看到师资都是著名教授、看了教学大纲和学员的考试成绩以及完备的档案，当时就表态，有这么多名教授讲课，了不起。后来通过考试，为我们颁发了教育部承认的大

上：1986年陈延熙教授来园指导工作。左2张佐双、左5陈延熙，左6吴应祥（1954年给毛主席写信的10位年轻人之一）。

下：1986年裘维藩教授、陈延熙教授陪同美国植物病理学会主席到北京植物园学术交流。左起：陈延熙、外宾夫人、美国植物病理学会主席、裘维藩、张佐双。

学专科学历证书。

我们还有幸听了裴维藩、陈延熙等先生们的讲座这么多的老师给我们传授书本上的知识，带着我们去实习。后来有一段时间，有人说佐双是自学成才的，我说我也确确实实自学了很多东西，可是不能忘了老师。我也有老师，我中学有中学的老师，我上大学，有大学的老师。这些老师讲授给我的东西，我是一辈子都忘不了的。

721大学毕业以后，植物园又批准我到北京农业大学植保系，跟随杨集昆教授进修了两年。这两年的学习使我的植物保护水平有了很大的提高，对我后来的植物保护工作有着重要的作用。

飞防实践和第一个科研课题

我上学期间，那个时候植物园和香山公园、八大处曾经合并过，叫"西山风景区管理处"。西山风景区管理处统一安排了化学防治——飞防。所谓飞防，就用飞机喷药。我记得很清楚，1975年8月，我们在西郊机场，我去领航"安2"型的飞机，告诉飞行员植物园的方位，在哪个范围开始喷药。

春天是打药治虫子的关键期，最重要的是掌握好时间点，这跟喷雾质量有关系。你的药喷到没，能否有效果，一是看药选得对不对，二是看时间点合适不合适，这都很关键。比方说，有一种虫子叫介壳虫，只有在它处于若虫期时喷药才有效。介壳虫的若虫期很短，进入成虫期身上就会长一层壳，壳上有粉，打的药根本沾不住，咕噜咕噜就滚了。如果这个时候打药，对害虫没有什么作用。

租飞机的钱已经给了航空公司了，药也买了，就等风停了，雨停了。我就在喷射对象那片树林的下面，东西南北都铺上纸，我在纸上涂上稀稀的糨糊，飞机打药以后，树上的虫子下来就粘纸上了，我要看看究竟打下来哪些东西。结果发现我在树下铺的纸上，除了害虫还粘住很多非常小的小蜂，我根本不认识。我就找我的老师，北京农业大学植保系著名的杨集昆教授请教。杨老师说有些他也不认识，只告诉我那是小蜂。中科院动物研究所有专门研究小蜂的专家，我拿去给他看，他说这些有的是赤眼蜂，有的是别的小蜂，很多都是寄生虫，是害虫的天敌，飞防的时候把它们都打下来了。还有个别害虫如介壳虫，因为错过了若虫期，药物对它毫无作用，可是伤害的天敌却很多。

这证明在复杂山区，"飞防"有很多的弊病，因为它受天气的影响很大，有风不能打，下雨也不能打，拖来拖去，拖到错过防治期了再打，副作用比它的正作用还大。副作用就是对天敌的伤害，对环境的污染，对人的损害。我在721大学毕业后回到工作岗位，园里让我主管植物病虫害工作，所以我就跟北京市园林局有关领导提出了北京植物园停止飞机打药的建议。当时局里边主管植物保护的专家说，你要停了飞机喷药，由此引起病虫害的灾害，你能负责任吗？我说飞机打药不仅没能够很好地控制病虫害，而且还造成了天敌伤害。现在飞机飞防以后，反而造成了害虫猖獗，重要原因就是把天敌伤害了。

当时局里有一位植保专家赵怀谦同志，是1954年中国农业大学植保系毕业的。他说佐双说的停飞可以让他试试。经他同意以后，我们的樱桃沟就正式停止飞防，而且不但停了飞防，在樱桃沟我们化学农药也停止使用了，为此还设立了科研课题。

杨集昆老师曾经跟我说过，他没读过大学，他是中国昆虫权威刘崇乐先生的采集员。刘崇乐先生1920年从清华学校毕业后赴美留学，1926年获得康奈尔大学博士学位后回国，任清华大学生物系教授兼系主任，创办附属昆虫研究所并任所长。他是中国昆虫研究界的第一把交椅，一级教授。他1955年就是中国科学院学部委员（院士）了。那个时候的一级教授，一个学术领域里边很少，基本上就是唯一的一个。北京农业大学学术权威很多，光植保系就有6个院士，6个一级大师。刘崇乐先生讲昆虫，杨集昆老师给他当昆虫采集员。冬天不出去采集的时候，刘教授让他也来听课，这样听了好几年。有一次刘崇乐先生有事，讲不了课，学生们又在等着听课，刘先生就说，集昆你讲讲试试。结果杨老师普通话讲得好，课的内容也讲得清楚，板书又漂亮，画图也好，简单几笔就把虫子画得活灵活现，跟真虫子似的。学生们就呼吁，以后的课就让杨老师讲，我们欢迎杨老师。这样刘崇乐先生做他的系主任，他的课就有人替他讲了。杨老师从昆虫采集员到讲师，到副教授，后来在评正教授的时候，整个中国农业大学只有两个人没学历，一个是他，畜牧系还有一个老师也没有学历，都全票通过了。杨集昆有2000多篇论文，他发现了2000多个新种，而且都是用拉丁文写的，这是一般的教授都做不到的。

2002年，与刘友樵夫妇在大温室前合影。

我从 721 大学毕业后，回到园里负责植物保护工作时，发现元宝枫被一种害虫严重危害，我们不认识是什么虫子，就拿去给杨老师看。杨老师看了看，说这是细蛾，具体是哪种细蛾，我也分不清楚，你去请教中科院动物研究所的刘友樵教授，我给他打个电话，你去找他。于是我又带着标本到了中科院动物研究所。刘教授是专门研究小蛾的，他看了看说，杨先生说的对，是细蛾。可是究竟是哪种我得认真鉴定，我也是第一次见这个标本，中国目前没有。他说正好我今年有去大英博物馆和日本交流的机会，世界上只有日本和大英博物馆各有一位教授研究细蛾，我带去和他们一起研究下。他回国后跟我说，他们也没见过这种，你们做个科研课题，研究研究它。这样，我们就向市科委申请立了课题。

当时北京市园林局张树林副局长主管科技工作，按照科研管理的规矩，课题的主持人必须是中级职称以上。我当时还没有中级职

1981 年，专家来园商议元宝枫细蛾课题。左起：张佐双、周章义、贾文锁。

称，是一个破格的、以工代干的技术员。张局长说，同意你们立个课题，局里面给你向科委报，好好研究研究它。因为当时，这种害虫已经给香山、八大处、植物园和颐和园的元宝枫造成了极大的危害，这几个单位都是靠飞机喷药来防治的，效果并不如人意，而且负作用大于正作用，破坏了生态平衡。

正好北京林业大学的周章义老师带贾文锁等同学在北京植物园实习，我也给周章义老师看过这种害虫，周老师说他也搞不清楚。我说那咱们就一起研究研究它。周老师非常高兴，经过三年认真的研究，了解到它是成虫在树下、草丛里面越冬，第二年春天羽化后飞出去产卵，在北京一年可以繁殖两至三代。产卵期间，正是元宝枫刚长叶的时候，元宝枫的叶子又小又嫩，此时虫子也很小，是一种潜叶状态，就是潜到嫩叶的中间，很薄，它能让叶子卷起来。我们摸清了这种害虫的消长规律、生活规律，就研究出了它的防治方

1987年，园林植物病虫害课题鉴定会上，张佐双向评审专家汇报。

法，很快就把虫害控制住了，而且搞明白了。

刘友樵教授从国外回来，告诉我说这是一个新种，你填补了我们国家这方面的空白，我祝贺你。所以我的第一个科研课题——元宝枫细蛾发生规律及其防治研究，获得了省部级的科研成果奖，这是我们北京植物园第一个省部级的科研成果奖。课题鉴定专家委员会主席，中国林科院的肖刚柔教授，他是《中国森林昆虫》的主编，这本权威性大作再版时，把元宝枫细蛾这篇论文收了进去，填补了这方面的空白。

梁启超墓的捐献

1978 年我做了一件事情，就是动员梁启超的后人，将梁启超墓地捐献给国家，由植物园负责管理。

北京植物园里坐落着梁启超先生的墓园，墓园里一直住着一户看墓地的农民。墓园最初的规制，是在墓地的东南角上有三间给看墓人住的房。这家人后来在墓地的西南又盖了房，还准备继续盖。当初建梁墓的时候，在梁墓外边山沟那边栽了一些刺槐，几十年后刺槐已经长得很粗，已经与植物园的景观融为一体了。我们在那片地上种了从东北引种过来的正处于过渡期的红松苗。红松在小苗的时候，阳光暴晒对其生长不利，高大的刺槐就像看护孩子的保姆，它们的树荫正好成为这些红松小苗的遮荫伞。看墓园的人家盖房需要材料，就想去锯这些刺槐，我们当然不同意。

当时梁墓是由我们的养护队负责养护的，看到他们要锯树，就跟他们说，你们不能随便锯，这树是国家的。他就说，这是人家梁家的树。他拿出一个纸条让养护队的同志看，说这是人家梁家的掌门人梁思庄写的条子，人家同意我锯几棵树。我当时刚从工农兵大学毕业回来，在绿化室工作，包括负责绿化执法，养护队的同志把条儿拿给我看，我说现在国家有《绿化法》，公民都有植树的权利，没有随便伐树的权利。他要伐树，得经过有关部门的批准。梁家的掌门人同意了不行，得国家同意才行。这户农民就不干，态度非常强硬，他要锯树，我们工作人员就制止，关系很紧张。

1978 年徐德权同志是我们植物园的主任。我当时在办公室负责植物养护。植物养护又分两个组，我在树木组，正好赶上这个事。徐主任说佐双，听说梁思庄先生是北京大学图书馆馆长，你能不能到北大去跟梁思庄先生商量商量这个事儿，怎么处理得更好些。

我就到了北京大学图书馆，见到了梁思庄先生。我们很尊重梁家的后代，梁思庄是个女同志，我一直称呼她为梁先生。她说我们家其实也是革命家庭，我大哥梁思成是中共中央委员，二哥梁思忠是我们兄妹里边身体最好的，是美国西点军校的排球队员，但他因为患阑尾炎没能及时救治去世了（这件事我记在了心里，后来救了我一命。2000 秋天的一个晚上，我患了急性阑尾炎，因为第二天李岚清同志要来视察，我本想扛到第二天再去医院的，但想起阑尾炎也能死人，所以去了医院。医生诊断后说病情十分危急，阑尾已经化脓，即将穿孔，立刻做了手术，所以为此救了自己一命）。梁先生还说起她的四妹妹梁思宁 1942 年就参加革命了，四妹夫还是个老红军，是山东省的电力厅厅长。我说我称您梁先生，是尊重您有学识，没有别的意思。您在北京大学图书馆当馆长，我的家乡人李大钊原来在北大，担任的就是您的职务。她说你是河北乐亭人？我说不仅是河北乐亭人，我的大姥爷还资助过李大钊去日本读书呢。这一说就拉近了我们之间的距离。

她说眼下这事怎么办？农民逼着我，老来，不签字就不走，我也没办法。我说，他家用木栅栏把门口一封，整个墓地成了他们家私人的，墓园变成牧场了，这对梁启超先生也是大不敬。如果您把墓地捐给国家，我们给您管，我们一定会搞得干干净净的，让后人来凭吊梁启超先生的时候有一个良好的环境。她说是啊，我们每年清明前后去扫墓，简直都进不去，里边脏兮兮的。我说您一定要跟您的所有的亲属都商量好了，如果把墓地捐献给国家，您一个人定下来还不行，非得所有的亲属都签字才行。她说好，我知道这个程序。这样我往返去了几次北京大学图书馆和梁思庄先生商量这个事。梁思庄先生最后做通了所有亲戚的工作，大家都联名签了字，把梁启超墓地捐献给国家。我们也承诺要把农民搬迁出去，还梁墓一个清新肃穆的环境。

搬迁农民是件很难的事，因为他一家人住在一公顷的墓园里边，自由惯了。我们给他盖了两次房，第一次盖好了不去，第二次又给他盖好房了，还是不去，没办法。他是农民，乡规划办的主任劝他也不走。当时乡规划办的主任和区房管局的科长说，你们只能走诉讼程序了。我们就起诉到海淀法院。法院同志过来调查，一看我们给他盖的房子面积与他已经达成了搬迁协议，而且他已经在协议上签了字。没有办法，只能强制搬迁了。搬迁的时候得到了政府的重视，当时北京市负责司法的封明为副市长还亲自到了现场。

在市政府的支持下，我们按照承诺把梁墓旁边的住户搬了出去，把梁墓修葺一新，专门设了一个班管辖。在不影响墓园规制的地方，我们在墓园里做引种驯化，曾经种过花楸，因为从百花山移来的花楸怕夏天的太阳晒，这里有阴凉，适宜花楸生长。

梁启超墓园内北墙正中平台上是梁启超及其夫人李惠仙的合葬墓。墓呈长方形，墓前立着"凸"字形墓碑，碑阳面镌刻"先考任公府君暨先妣李太夫人墓"14个大字。就在这通墓碑的东侧，有一棵苗壮的白皮松，树前立着一通普通的石碑，上面写着"母亲树"三个字。这棵树是有来历的。

梁启超的小儿子叫梁思礼，是从美国回来的著名火箭专家，国家工程院院士。他到植物园来找我，说希望在梁启超墓地栽一棵母亲树。那时候我已经是分管园林工作的副园长，就请示园林局，局里有关领导说栽一棵树是可以的。梁思礼的妈妈是王夫人，王夫人是梁启超的原配李夫人跟梁启超结婚时从娘家带过来的丫鬟。王夫人负责照顾他们的生活，李夫人生了孩子，她负责给带着，对孩子们非常好。后来经李夫人同意，梁启超就把她收房了。梁家的弟兄们，有的是李夫人生的，有的是王夫人生的，梁思礼就是王夫人生的。

梁思礼想种一棵母亲树，纪念自己的母亲王夫人。我就给他选了一棵白皮松，种在了梁李合葬的墓穴边上。我跟他说，这树的树干是白的，象征着您给妈妈戴孝。梁思礼要出这棵树的钱，我说你就不用出钱了，你们捐献了墓地，植物园给你们解决一棵树，是应该的。我们把坑挖好了，把树运过来，都准备好了，等到梁家子女们来了，我们帮助他们把树栽上了。把他们刻好的"母亲树"碑，同时给安置好了。梁家的子女在碑上记录了母亲树的来历，记住了这段历史。现在梁启超墓园是北京市的文物保护单位，我们把梁墓管理得很好，梁家的后代很满意。每年他们来祭祀的时候，我们都提供方便。跟梁家后人，我们一直保持着很好的关系。

梁思庄先生百年以后，她的女儿、北京大学的吴丽明教授也把母亲葬在了这个墓园里。但是后来，梁启超的后代也有想埋在这里的时候，我们按国家有规定告诉他们，这是梁启超墓地，是受到国家保护的，不是梁氏的墓园，如果要往这里边再安葬，都需要经过国家批准，没有国家批准，不能随意把梁家的其他人再葬在这里。梁家后人知书达理，也都非常理解。现在梁启超墓园埋葬着梁启超、他的两位夫人、弟弟梁启雄，还有梁启超的三位子女，庄严肃穆，供市民来凭吊、纪念。

参照梁墓的收归国有，我们先后动员张绍曾（民国黎元洪任总统时的国务总理）、王锡彤（洋灰大王）的后人，把他们的墓园也都捐献给了国家，由植物园管理。

逐梦

第四章

改革春风
十年副园长

党的第十一届三中全会拨乱反正，北京植物园的春天真正到来了。中国科学院第二次植物园工作会议，于 1978 年 12 月 28 日至 1979 年 1 月 7 日在云南西双版纳热带植物研究所召开。时任北京植物园主任徐德全同志作为代表出席了会议。在这次全国的植物园工作会议上，决定北京植物园是全国植物园重点建设单位。正是这次会议，让北京植物园凭借着改革开放的春风，进入了重新复苏的建设期。

调整建园规划

会议结束后，徐主任回到北京，经过园林局向北京市建委分管我们园林系统的贾一平副主任作了汇报。贾一平同志说你们园是国务院文件批复的与中国科学院合作的单位，就又找到了中国科学院分管植物所的黄书麟书记。接着往上找，找到当时国家建委城建总局分管全国园林系统的第一副局长丁秀，与丁秀同志一起商量怎么建设植物园。

1979 年 5 月 10 日，中国科学院植物研究所和北京市园林局共同向国家城建总局、中科院一局、北京市建委，提出恢复北京植物园建设的意见，建议成立建园小组，恢复建园规划设计委员会，建园投资列入国家城建总局的基建计划。于是推举丁秀同志牵头成立了"北京植物园建设领导小组"。1979 年 8 月丁秀同志主持召开会议，研究北京植物园的建设问题。中国科学院与北京市合作，组长由丁秀同志担任，副组长由科学院一局黄书麟书记、北京市建委副主任贾一平、北京市园林局局长丁洪同志担任，组员包括北京市园林局副局长汪菊渊同志、中科院植物园研究所副所长兼北京植物园主任俞德浚同志，城建总局园林局的副局长牟锋（谷牧同志的夫

1980年，与北京植物园主任邓正一外出考察时合影。

人）同志。领导小组研究南北园合作的事，南北园双方都有积极的合作意愿，但最重要的是要解决经费的问题。如果不能解决经费，这事还是白说，所有意愿都会落空。所以在我的心里，一直绷着一根弦，我时刻都想着怎么能引起负责国家财政拨款方面的领导的重视，为植物园寻找发展建设的机会。为了建好植物园，邓正一主任亲自带队到南京中山植物园、上海植物园、杭州植物园、华南植物园考察学习。

　　继1957年植物园第一版规划后，1976年，植物园曾经做过一版规划。在这版规划中，北京植物园建园的方针是建设成为以华北、东北、西北三个地区植物为主的综合植物园。拟定了三个任务：向广大群众普及科学知识，为园林绿化科研服务，为广大群众创造休息、游览场所。当我们拿着做好的规划草案到俞德浚先生那儿征求意见时，俞老连看都没看就问我说，小张，你们是要做植物园呢还要做果园啊？我说俞老，我们还是要做植物园。先生这么问是有原因的，因为当时北园已经以果树为主了。听了我的话他才看了看我们的规划，他说你们可以去找找余树勋先生，他是专门教规划和园林工程设计的，你们应该去请教请教他。余先生是我老师，我就去找了余先生。余先生看了问我谁做的，我说檀馨做的。余树勋说檀馨我认识，是你们园林局规划室的，他很认可檀馨领衔做的规划调整方案。

借全国植物园会议的东风，1979 年 12 月，徐德全同志促成了植物园规划的第三次调整。在建园领导小组的指导下，此次规划总结了前两次规划的经验，吸收了国内外植物园的规划经验，于 1982 年 10 月完成。此次规划的特点是，植物种类根据"三北"为主，兼顾全国。增加群众喜爱的植物种类和展览内容，突出北方植物的特点，展览区总面积 133.3 公顷。这版规划成为后来植物园建设发展的一个基本蓝图，后来的建设基本都是在这个基础上的调整、充实。

1978 年底，北京植物园恢复建设，从西山风景区管理处正式分离出来，由北京市园林局直接领导。书记由祝铁成同志担任，主任由邓正一同志担任。副书记杜锦同志，彭念慈任副书记兼副主任。副主任高庆友同志。

进入领导班子

1983 年对我来说是一个关键的年头。那年姐姐给我打电话，说中央有文件，台湾的子女可以解决组织问题了，我就立刻向党总支书记祝铁成同志汇报了。祝书记立刻到园林局看了中央的文件，从市里看完文件回来，马上就跟我说，佐双你要重新写入党申请书，你原来都是从思想上行动上说，现在你得好好看看党章，得从组织上加入。我就怀着激动的心情，认真学习了党章，重新写了入党申请书。我感觉这次真的有希望了！

递交申请书后，1983年的"七一"前组织上就通过了。我的心情就像雨后的晴天，别提有多豁朗了。从上初中到参加工作，21年来，我时时刻刻努力工作，积极要求加入共青团，入团的年龄超过了，我就积极要求入党，因为我要向大姥爷杨扶青有个交代，向我姐夫、姐姐有个交代。通过党的长期教育我的视野宽了，我要向抛头颅洒热血的革命先烈学习。

我一直被革命传统教育着，我也身体力行地践行着，积累着。当政治的天空晴朗了之后，当我有机会为老百姓做更多事情的时候，我更加珍惜这样的情怀。

1985年植物园领导班子合影。左起：张佐双（时任副主任）、杜锦（时任党总支副书记）、邓政一（时任总支书记）、杨松龄（时任主任）、孙锦（时任主任工程师）、彭念慈（时任副主任）。

1983 年，国家要四化，领导班子也要四化。我在植物园做了10 年工人，做了 10 年技术员，没有做过中层干部，直接破格做了植物园的副主任。那个时候植物园负责人叫主任，主任是由园林绿化处的主任工程师孙锦同志担任，副主任是彭念慈和我，邓政一同志改任书记。后来改革，搞园长负责制，主任才改称园长、副园长。我任园副主任之后还兼了一年的绿化室主任，以后就不再兼了。

进入领导班子之后，我负责分管科研、绿化、管理等几个方面的工作。经过 10 年的"文革"浩劫，当时植物园正处在百废待兴的状态。植物园连个围墙和正经大门都没有，社会的车辆、公共汽车都可以"长驱直入"，一直开到卧佛寺下边。摆在我们面前很重要的任务，就是如何建设植物园。所以那时候我做梦都在想植物园如何实现蓝图，能够像其他公园一样有栏杆、围墙、大门，能够卖票，能够供游客参观、游览。当然，前提就是要如何启动恢复植物园的建设。

专类园的建设与提升

在徐德全主任的不懈努力下，中国科学院和北京市恢复了合作，科学院植物研究所路安民所长、俞德浚院士多次来园商量合作事宜和指导工作。市建委还给了一些投资，用于河滩治理。植物园内的南河滩、北河滩是历史上的泄洪道，多年没有整治过，河滩很宽，占了很大面积。本来植物园的平地面积就少，又被这两个大河滩占了很多。争取来的资金到位后，我们在河滩上砌起了排洪沟，垫上土，增加了绿化种植面积。

在整治过程中，我们请了水利方面的专家，他们给出了具体治理意见，如河道修多宽、多高，用毛石砌等。整个工程我们搞了全园大会战，都是植物园职工自己干的。我们园有个工程组，负责人是张连雨，白洋淀那边的人。我记得参加这个工程的有许书章、李润芳等师傅，我们运石头、和泥，许师傅是大工，他负责砌，石头砌好了以后，从外头运来好土垫上。

北京植物园专类园的整体概念是在几次规划中形成的，在1957年的第一次规划中，基本奠定了分类植物展览区的设计；在1976年的第二次规划中，已经基本实现了建设；第三次2000年初的规划，按照实际情况，结合社会需求，调整了专类园的比例，经过多年努力，植物园内的专类园呈现了最佳效果。

北京植物园先后建成了宿根花卉园、木兰园、集秀园（竹园）、牡丹园、丁香园、碧桃园、芍药园、月季园、盆景园、海棠枸子园、梅园等十余个专类园。我因为亲身参与了其中几个专类园的建设，因而印象深刻。

宿根花卉园

宿根花卉园在卧佛寺前坡路东侧，与木兰园隔路相望。20世纪70年代，孟兆祯院士和周家琪先生指导工农兵学员来植物园实习，设计了宿根花卉园。20世纪80年代初，宿根花卉园及其南侧的水生植物园由杨沪同志设计扩建，增加了水生植物种类。

当时宿根花卉园的植物广受好评，市科委的有关领导组织推广会，请著名园林专家李嘉乐先生和北京植物园引种室主任崔继如先生到现场做推广演讲。之后很多新优宿根植物得以运用于首都的园林绿化中。植物园的任务和功能，就是要进行广泛的植物引种，种植好，推广应用好的植物。我们从20世纪80年代即开始有意识地发挥这个功能，也吸引了北京市园林绿化组顾问们的关注。

上：1986年，北京市园林局副总工程师李嘉乐在宿根花卉推广会上总结发言。

下：崔纪如介绍植物园推广的宿根花卉。

1994年，北京市政府园林顾问团来园指导工作。左起：张佐双、董保华（顾问组成员）、孟兆祯（顾问组组长）、周维权（顾问组成员）、张树林（时任园林局副局长）、朱英姿、耿刘同、李炜民。

集秀园（竹园）

集秀园我们俗称"竹园"，在卧佛寺行宫院西侧，紧邻樱桃沟入口，是栽培、展示竹子的专类园。面积 0.83 公顷，建成于 1986 年，1990 年进行了扩建。

出卧佛寺西门，向北走百余米可以看见一段粉墙，墙上有一月亮门，门上有黄胄先生题的"琅玕世界"几个字，背面门额题有"虚怀劲节"。有个如意门，门额上是赵朴初先生题写的"集秀园"三字。

园内绿竹万竿，郁郁葱葱，"凤尾森森，龙吟细细"。竹林里有小路，园中间有一池静水，映出北侧楠木秀婷倒影。

知音亭上的楹联，题写的是郑板桥的诗句："浓淡有时无变节，岁寒松柏是知心。"自古以来，人们就喜欢竹子，把竹子的形态特征总结成一种做人的精神气质，如虚心、气节等。古代文人苏轼说"宁可食无肉，不可居无竹"。

竹子本是南方植物，位于樱桃沟口处的集秀园选址背风向阳，温暖湿润，所以竹子长势良好，形成了北方难得一见的茂林修竹景观。这个竹园是时任北京植物园引种室主任张济和主持设计的。

集秀园北坡上，与进入樱桃沟的道路相隔的隆教寺景区，也以竹为主要栽培植物，筑有"师竹轩"，景观氛围与集秀园上下呼应，形成了以竹为主题的独特园林空间。

我们最多时收集了 70 多种竹子（含品种），市政府园林顾问组成员、北京林业大学的陈有民教授看过竹园以后说，过去北京只有两种竹子——樱桃沟的黄槽竹和潭柘寺的金镶玉竹，你们实验成功了这么多种竹子，对北京市的绿化有重要贡献，应该请专家来评审。后来专家评审给予了高度的评价，获得了北京市科技进步二等奖。这个奖是北京植物园获得的第一个省部级奖。二等奖是突出贡献奖，获得者是张济和和崔继如。这个课题是张济和、崔纪如一起

1992年7月，中国林科院院长吴中伦带外国专家参观集秀园。左起：杨松龄、张昂和、张济和、谌莫美，外宾、吴中伦、林科院工作人员。

做的。我和张济和一起出去搞的竹子调研，在报课题成果的时候，我已经是副园长了，我说别报我了。他们说佐双你也参加了课题工作，怎么能不报呢？我说就报你们俩就行了。那个奖是突出贡献奖，所以崔纪如同志成为全园第一名获得教授职称的人，也是北京植物园第一个政府特殊津贴的获得者。后来我是因为主持国家科委下达的樱桃沟的自然保护试验工程获得了省部级奖二等奖，成为植物园第二个政府特殊津贴的获得者。同时，集秀园的科学的内涵加美丽的外貌也吸引了外国同行的关注。

牡丹园

1983年，我们争取到建设部30万建设资金，用来建设牡丹园。牡丹园在卧佛寺路西侧，北接海棠梅子园，面积约7公顷。牡丹园的主要任务是收集展示牡丹品种，保存牡丹种质资源，培育和推广良种，以及普及牡丹分布、分类、遗传育种、栽培管理知识。1984年建成后就对社会开放了。

牡丹园是请檀馨同志亲自做的规划设计。她的设计具有中国园林的特点，采取自然式手法，因地制宜，借势造园。植物栽培采用乔、灌、草复层混交，疏林结构，自然群落的方式。此地原有一片白皮松古树。外国林学家认为，白皮松是世界上最美丽的树种之一，称其为"花边树皮松"，而我们的古人则更有创意，管它叫"白龙""神松"。这种树一般种在宫殿、寺庙、陵寝等处。牡丹园用地是原清乾隆长子、定亲王永璜的陵墓，这片古白皮松是当年的遗物，距今已近300多年了。

檀馨在设计中，把白皮松作为基调树种，保留了这些古老树木并组织到绿化设计中去，这样既保护了古树名木，又增加了园林古朴高雅的情调。中国园林讲究"虽由人作，宛自天开"，就是这个道理。后来有关领导视察植物园的牡丹园，给我们题了词，叫"借势建园，天然成趣"，给予牡丹园很高的评价。

牡丹园地处原来设计的树木园忍冬荚蒾区，设计的时候我们请教了顾问陈俊愉院士。陈院士说牡丹园只要以牡丹为主就可以，其他植物能留的尽量保留，在景观上它们可以互相衬托。在牡丹不开的时候，游客可能会看到其他花的开放。

牡丹花色泽艳丽，富丽堂皇，素有"花中之王"的美誉，是我国特有的木本名贵花卉。它有着数千年的自然生长史和2000多年的人工栽培史。古人把牡丹和芍药都统称为芍药。芍药为草本植物，因为牡丹为木本植物，为了区分，古人又把牡丹称为木芍药。

牡丹花大而香，故又有"国色天香"之称。唐代刘禹锡用"庭前芍药妖无格，池上芙蕖净少情。唯有牡丹真国色，花开时节动京城"这样的诗句，来表现人们倾城而出观赏牡丹的盛况。

关于植物园的牡丹品种收集，我1973年曾经去过菏泽调查、引种过牡丹。山东的菏泽是中原牡丹主要产地，后来洛阳的牡丹也是从菏泽引过去的。我们建牡丹园，首当其冲的是到菏泽去收集牡丹。因为原来去过，这次再去，跟他们比较熟，这样就把菏泽牡丹最具代表性的三类九型八大色的品种都收集回来了。同时也收集了芍药品种，牡丹加上芍药一共收集了200多个品种。

我知道牡丹会有一些病虫害，所以引种时我们都进行了消毒。怎么消毒呢？之前到我们植物园义务劳动的有燕山炼油厂的同志，我看他们车上拉着大塑料桶。我就问这个桶是干什么的，他们说是装化工原料的，装完以后就没用了。我说这个桶能不能卖给我们，我们有用。他们说我们用完了就做废品回收了，你们想用的话派辆车去拉就行了。于是我们就按废品的价格买了一些塑料桶回来。我用这些大塑料桶配上了千分之一的汞，再按比例配上些杀虫剂，把所有引种来的牡丹都在桶里边浸泡了一定时间，然后再晒干。牡丹是在秋天种植的，根是肉质根，不怕太阳，用药剂消了毒，再晒一晒，就不会有病毒危害了。

牡丹园荣获了1984年建设部优秀设计二等奖，1986年北京市优秀设计二等奖，首都建筑艺术优秀设计三等奖，1988年国家优秀设计银质奖。现在的北京植物园的牡丹园，栽植了630多个品种。

在收集过程中，牡丹得到了中国花卉协会牡丹芍药分会会长王莲英等教授的指导，紫斑牡丹得到了成仿云教授的指导。在安部先生的帮助下，现在我们牡丹园的日本牡丹品种是国内收集得最全的。

牡丹园内有一座雕塑"牡丹仙子"，由时任中央美院雕塑室主任史超雄教授无偿设计并亲手创作，成为园中人们拍照留念的一个标志性景点。牡丹园内的陶瓷烧制大型壁画，取材于《聊斋志异》的名篇《葛巾》，用艺术手法生动讲述了一个凄美的爱情故事，也告诉了人们葛巾紫和玉版白两个优良牡丹品种的美丽传说。

牡丹园建成后，受到市民和各级领导的好评，时任中宣部部

上：1989 年，王莲英教授（前中）在牡丹园指导工作。

下：1984 年，上海植物园张连全主任及王大钧先生来牡丹园交流。左起：
张佐双、张连全、王大钧、崔纪如。

长陆定一同志在参观完牡丹园后，留下了"姚黄魏紫昆山白，曹州良种到京来"的诗句。后来菏泽市把这句诗刻在碑上，送给了植物园。在这通碑揭幕时，时任全国人大常委会副委员长的何鲁丽、周铁男出席了揭碑仪式。牡丹园建好后，很多学校组织学生来观赏，成为北京著名一景。

上：1984年，张佐双为学生科普牡丹知识。

下：1988年中国花卉协会会长何康同志来植物园检查工作。左起：夏佩荣（中国花卉协会副秘书长）、何康（农业部部长）、张佐双。

1995年，国家环保总局局长曲格平来园指导工作。左起：刘海英、北京市环保局孙处长、曲格平、邓其胜、张佐双、王昕。

丁香园、碧桃园

牡丹园建好后，我们接着建设了丁香园、碧桃园。

丁香园最早于 1959 年初建，占地面积 3.5 公顷。在建园初期的第一次规划设计中，是丁香蔷薇园，在中轴路东侧，南面紧接碧桃园，西面与牡丹园隔路相望，东面是树木园，北面与卧佛寺景区相邻。1983 年扩建开放，经过多次充实植物品种、增添服务设施和添加园林小品，丁香园具有了更丰富的游览内涵。

丁香为木犀科丁香属落叶灌木，有的为四五米高的小乔木。丁香园收集了 40 余种（含品种），1000 余株。中国拥有丁香属 81% 的野生种类，是世界丁香属植物的现代分布中心。多年来，植物园不断收集国外栽培的丁香品种，使得丁香园保存的丁香原种和品种达到 200 余个，使丁香园成为我国收集保存丁香种和品种最为丰富的专类园，其中还种了很多株我们植物园自主知识产权的品种"金园"丁香。

欣赏丁香花还有一个有趣的游戏。一般的丁香为四瓣，很多青年男女喜欢在花丛中细细寻找极为稀少的五瓣丁香，因为它代表幸运。如果能发现五瓣丁香花，说明他们的情缘是得到了老天爷的允许，是吉祥的，他们应该顺从天意，结成夫妻。

丁香园是以西山山脉为背景，西边借景于香山公园的香炉峰，东边有小金山，北边是寿安山，景观开阔宏大。园林设计上采用了大面积疏林草地的手法，园中心是平坦的大草坪，四周地形略有起伏。以疏林的形式配植了油松、悬铃木、垂柳、毛白杨等骨干树种，相邻绿树配置了白桦、小叶椴、雪松等树丛或者孤立的树。在林间、大乔木间与园林沿线上，成组团式种植了大片的碧桃和丁香。

丁香园的北部有一座双鹤展翅欲飞的雕塑，是丁香园的标志，很多人喜欢在这里留影。丁香园的南面与碧桃园相接处有一荷池，池边有一架藤萝。每年丁香盛开的时候，这架老藤萝也是花开得最好的时候，从夏天到秋天，紫藤架下都是人们避暑纳凉的好地方。

1973 年日本赠送的 30 株大山樱和垂枝樱、关山樱、红山樱、红八重彼岸樱、一叶樱等，种植在荷池南侧一道粉墙边上，丁香、碧桃、紫藤花开成一片，深受人们喜爱。

丁香园荣获 1984 年建设部优秀设计二等奖，1986 年北京市优秀设计二等奖、首都建筑艺术优秀设计三等奖，1988 年国家优秀设计银质奖。此园也是由檀馨同志设计的。

每年春季举办的桃花节是植物园举办最早和深受广大市民爱好的活动。植物园自 1989 年开始举办首届"桃花节"，至今已经成功举办了 30 多届了。首届桃花节展示的桃花品种只有千余株、二三十个桃花的种和品种，主要展览区也仅限于碧桃园。现在桃花节展示的种和品种已经达到 80 多个，数量达到近万株。每到春季，各色碧桃满园盛开，桃花节已经成为北京市民观赏桃花的传统节目。

说到桃花的品种，我想起来一段往事。1998 年我去日本，从日本带回来了 4 个龙柱型的品种桃，他们叫帚型桃，有 4 个颜色。我一看到这个品种的桃，知道我们植物园没有，我心里想，要是能带回去就好了。一直陪同我的刘介宙先生看出了我的心思，他说你要什么就买什么，你要什么我就给你什么。在他的帮助下，我顺利得到了品种苗。当时我旅行箱里装的都是衣服，我把衣裳拿出来装到一个纸盒子里，把这种桃的小苗苗搁在旅行箱里了。刘先生看着我，他知道我把这些小苗苗当宝贝，他亲自把我送到机场的安检处，看着我顺利登机才回去。那次我带回来 4 个品种的帚桃和非常珍稀的品种菊花桃。

不失时机筹资金

为植物园多方筹措，争取建设资金，是我心里时刻不忘的事。

牡丹园建好后，很多国家领导人前来视察植物园。乌兰夫同志、王任重同志和陆定一同志，还有何康同志等党和国家有关部门的领导都来参观过牡丹园。1986 年，当时的政治局委员、军委副主席杨尚昆同志来视察植物园，主要是看牡丹园和丁香园，因为其他园子还没有建完。

1987 年春天，杨尚昆同志第二次视察植物园。这次我送他一本俞德浚先生编写出版的《中国植物园》图册，同时汇报了植物园建园的缘起。我说，1954 年，中科院的 10 位年轻人给毛主席写信，毛主席亲自关怀，习仲勋同志有两次批示，同意我们建设的植物园，拨了专项款。专款只用了 154 万，1960 年三年自然灾害就冻结了，这笔款项财政部给我们存着呢。汇报结束时我跟了一句话：植物园现在我们只建设了一小部分，还有很多地方要建设。您看能不能把专款给我们解冻了，我们好继续建设。杨尚昆同志很高兴地说，你跟王炳乾去要。

我听了以后很高兴，但是怎么去要呢？我们植物园只能给自己的上级单位写报告，说杨尚昆同志来视察了，指示我们向财政部要没花完的建园专款，怎么具体实施呢？这得局里边跟市里边打报告才行。还有一个问题，因为原来是跟中科学院合作建园的，谁去要，要到钱放到哪边，怎么才能成为北京植物园的建园经费？

也巧了，过了一段时间，王炳乾同志还真到植物园来了，来看我们的樱桃沟。在陪同他从樱桃沟回来的路上，我就跟王炳乾同志汇报，我说前一段杨尚昆主席来过了，我跟他汇报了一下植物园的建设历程，我把毛主席的关怀，习仲勋同志的批示，国务院的批示，杨尚昆主席的话等，都给王炳乾同志说了。王炳乾同志一听就乐了，这个时候陪着王炳乾同志来的北京市财政局的负责同志，听到了我跟王炳乾同志要植物园建设经费，他说就这么几百万块钱的事，你不要直接跟财政部要。我说按物价系数，现在不是几百万，是几千万了。他说你们写个报告，请北京市支持你们。我们就立刻上报园林局，园林局上报市政管委，市政管委写了关于植物园恢复建设、申请经费的请示，报告给主管的副市长张百发同志。张百发同志在请示上签了"同意，请伯平同志支持"。伯平就是韩伯平，时任北京市管财政的常务副市长。韩伯平副市长也批复了"同意，纳入北京市重点基本建设项目（国家'七五'计划）"。能纳入基本建设项目里，是非常重要的一件事，说明建设费用就有着落了。

纳入北京市的基本建设项目后，1987年底，市计委还有一笔将近500万元的园林建设款项必须在年底花完，就拨给了植物园。要求年底前花不了，就得上交了。此时我正好在园林学校党政班脱产学习。

当时我们的南河滩往南有将近 500 亩土地，我们栽了一些常绿树。因为建设停滞，三年自然灾害和"文化大革命"时期，被当地生产队抢种栽上果树了。这笔钱要是用在把这块地收回来，是最好的选择。

收回 500 亩土地

当时植物园得把南河滩那片地拿回来，这块地很关键，在香颐路边上，如果不拿回来，植物园的大门开在哪儿呢？园林局基建处李宝元处长说，这事只有让佐双做，只有他熟悉当地情况。于是我去请假，黄雄校长不批，黄雄说你们来的这拨人都是各单位领导，知道你们忙，要是都请假，这个班怎么办？局里要求一概不准请假，有特殊情况找局长请假。后来是宝元处长让赵一恒局长亲自给我在党政干部班请了假。

这块地，就是绚秋园经排洪沟往南，南门往东，现在的月季园、科普馆，往东一直到办公区、刀把地，东至香泉环岛，是一片近 500 亩的土地。领导们给我请假去完成拆迁工作，拆迁工作完成后再接着学习。没想到我干完这个项目，回去继续学习，最后考试我是那个班考试成绩第一名，校长黄雄说，你还真行。

我知道老百姓搬迁是一件非常艰难的事，我心里一直记着我们的老顾问陈俊愉院士的话，要想把事办成了，就要有千方百计、百折不挠的精神。这 500 亩土地，对植物园来说多么重要啊！我领命后，马上到四季青乡去交涉这件事。

我第一次到四季青乡找主管规划的盛文岐副乡长，盛乡长说我们有"周秘"100 号文件，"三年自然灾害，征而未用土地，再用再征"，你给我办征地的文件去。我说，盛乡长，地我们征了，我

2000年，赵一衡局长陪同首都规划委员会领导视察植物园。左起：赵一衡（北京市园林局原局长）、李准（北京市规划局副局长）、宣祥鎏（首规委副主任）、张佐双、刘达明（北京市园林局总工办主任）、张润辉（市政管委科技处处长）。

们不仅征了，我们还用了。他问你用了，你没盖建筑，这事你别找我，你拿市政府征地批文再来。每亩地菜田补偿金5万块钱，我这500多亩土地2500万起价。

在这种情况下，我找到了市规划部门。当时刘达明同志在市规划局海淀组，她负责绿地，正好负责这一块。我拿着当初市规划管理局的文件，她认真审阅了我带去的文件和规划图。我跟刘工说，这块地我们种上植物，农民都给刨了。当年我们在整个南河滩种了华北香薷和薰衣草，那是我们的实验区。薰衣草是著名的香料植物，开花的时候挺漂亮，不开花的时候就跟蒿子似的，老百姓就说这是蒿子，就给刨了，种上果树了。他们一边种果树，植物园这边抢着种侧柏，反正谁先种上东西，就是谁的地方。他们说种植物不算，土地算征而未用。刘达明同志点拨我，她说佐双，乡里能听您的吗？这个事你得叫上区里的有关领导，乡里听区里的，四季青乡属于在海淀区领导，把海淀区有关部门的领导叫在一起，咱们谈一次。海淀区主管土地部门的领导非常支持，表态服从北京市的规划，执行北京市的规划。

几个方面开会研究这块地的归属问题，海淀区房管局王德隆科长介绍说，盛乡长，这是咱们市规划局的刘工，代表市规划局跟你谈这事。刘达明就拿出 1958 年的 3738 号文，说按照文件，这块地是北京植物园的土地，而且跟你们已经办了土地交接手续，接着又拿出土地交接手续的证明。刘工接着说，当时人家植物园征用后，种上植物了，三年自然灾害的时候你们给人家刨了，现在要把土地还给人家。现在土地上你们种什么，按国家政策给你地上物赔偿就行了。

刘工说这是参考圆明园的处理办法。乡里无偿地归还了圆明园土地，地上物给乡里一些损失补偿。当时圆明园吸收使用了很多当地的农民。说到这儿，我想说说心里话，为什么我对香山地区的农民特别客气呢？我们 1958 年征地时也要征用一些农民员工，政策是一户一个人进植物园。当时有好几十户，一算有几十人，也不少了。个别人家要多加指标，植物园负责此项工作的高庆有同志很负责任，他说不行，我这里有派出所给的档案，一户只能解决一个，还得有岁数限制，必须按规定执行。这么办着就到了 1959 年的年底了，转过年就办转成居民的手续。没想到第二年专款冻结了，这事就搁下了，我从感情里头就觉得欠人家的。所以后来香山大队敬老院绿化工程，我都是免费给他们做，四季青乡政府的绿化改造，也是无偿地给做的，栽的大雪松都没要钱。我心里总觉着咱们亏欠人家一点。

这 500 万，我们按国家政策，给予了地上物补偿，收回了近 500 亩土地。

艰难的拆迁工作

接下来植物园建设纳入了北京市的重点建设项目，那次分五年批给我们 6000 万人民币。我们就利用这 6000 万先做了 20 世纪 50 年代建园初期要做的事，搬迁了园内的 4 个自然村、100 多户农民和居民、1000 多间房子。

为了搬迁，海淀区房地局派出王副科长，乡规划办公室派出一名康姓副主任，我作为植物园副园长，我们三方一起，有关居民拆迁的政策是由王科长解释，农民的问题由康主任解释。一开始我们一户一户地进门做工作，被一户一户的人家轰出来。没办法就三番五次地再去跟人家谈，再做工作。

这回搬迁，房管局有专门做价的同志，我们补偿价做得很细，比如农民家房子前面有棵柿子树，这棵柿树还能活多少年，一年能结多少斤柿子，一斤柿子多少钱乘以还能活多少年，一般一棵果树能做三五百块钱。再比如香椿树，香椿芽春天掰下来能卖多少钱，咱们都是实事求是地给予了补偿，绝大多数农民基本上满意。

荒滩变作月季园

土地收回后，植物园从现在的香颐路往北，就可以进行建设了。我们建设了 100 多亩月季园，建设了椴树杨柳区，后来我们做了郁金香花展区。还建设了科普馆、东南门区、游客服务中心、办公区。这就是征收回来的将近 500 亩地的用途。

2002年首都绿化委员会办公室副主任陈向远来园检查工作。

　　首都绿化委员会副主任陈向远同志，曾担任过我们北京市园林局副局长，看到土地收回来了，立刻给我们开会。他说月季是北京的市花，北京植物园在规划中应该有月季园，有个市花园。建新的东西，首先要规划设计，当时我们正好也从北京林业大学新分配了学习规划设计的两个年轻人刘红滨和程炜。刘红滨后来是植物园京华园林设计所的所长，程炜后来做到了我们植物园的副园长、紫竹院公园园长。那个时候他们俩是毕业不久的学生，园里大胆启用两个年轻人做设计，市里有关部门很支持，陈向远主任几次听取汇报方案，我们主管副局长张树林，还有刘长乐副局长、蔡义忠副局长、李嘉乐副总工以及局里有关规划的专家都亲自到植物园来，反复审定规划方案。

　　规划过关后，我们自己进行建设。面临没有建设资金的情况，陈向远主任就跟园林局魏广志局长说，植物园是你园林局的，建月季园我首绿委出49%的资金，你得出51%，因为这是你的产权。

上：1988年春，张树林副局长、李嘉乐副总工指导规划工作。

下：1994年，夏佩荣、朱秀珍、孙百龄等专家指导月季园工作。左起：邱秀荣、张佐双、彭尚友、朱秀珍、夏佩荣、王一平、孙百龄。

1994年春，莫斯科总植物园主任安德列耶夫（Директор ботанического сада в москве）来园交流，并在月季园合影。左起：张佐双、安德列耶夫、郑西平。

陈主任说，不管建它需要多少钱，我们都出49%。这样局里面也给了大量的支持。原中国月季协会夏配荣会长、朱秀珍副会长、孙柏龄秘书长、李洪权等专家，给予了热情的指导。我们还请了天坛公园的刘好勤和北京的"月季孟"（孟宪章）前来指导。巨山园艺研究所所长孙百龄同志将他办公室养育的大棵月季，无偿地提供给了我们。张树林副局长亲自安排花木公司支持了我们大型的月季。

我们自己设计、自己施工的月季园，于1993年春天被列入了北京市绿化检查项目。从设计到施工，月季园都得到了好评。许多慕名而来的外国专家也给予了称赞。后来月季园还被世界月季联合会评为"世界的优秀月季园"，获得这个称号很不容易。世界月季联合会专家到中国来亲自评审，完了打分，最后成员国投票，才能

2003 年，月季园建成后，澳大利亚月季育种家劳瑞·纽曼（Laurie Newman）先生与我们合作建成了中澳友谊月季园。左起：冯光辉、董保华、张元成、龙雅宜、劳瑞·纽曼、澳大利亚驻华使馆参赞、高占祥、张佐双、赵世伟、黄亦工。

1998 年夏，原建设部副部长赵宝江来园指导工作。左起：张佐双、赵宝江、刘秀晨、强健。

够获得这个荣誉。

那时植物园被市里列为重点建设项目，每年有一定的资金保证，月季园建完后，我们着手规划建设了我们的办公区，于1993年建成。同时，我们还把园里的驻园单位公安局疗养院从我们的中心部位搬到了东环路以外的边缘地区。我们在它的原址上于1995年建成了盆景园。

低温展览温室

植物园内的老温室，专业术语叫"低温展览温室"。这个温室是我做植物园副主任的时候建的，我参与了规划建设的全过程。

要在北京建造一个以太阳能为能源的温室，这个设计理念很超前，主要设计单位是北京园林建筑设计研究院，院长刘少宗亲自带领设计师做设计，建筑设计师叫王庭蕙。我们还请了中科院太阳能研究所，所长也亲自来了。中国科学院植物研究所植物园的俞德浚、孙可群先生，北京林业大学的陈俊愉先生审方案。温室于1984年设计、开工，1986年9月建成开放，面积是2620平方米，当时在北京就算大型温室了。

太阳能展览温室的能源数据，是从广东、广西，广州附近收集的，要求冬天的温度不低于零上5度。但这个温度并不适用于所有的植物，比如说扶桑。当时有一个开黄花的扶桑特漂亮，结果冻得打蔫了。我想打个比喻，冬天我们小伙子住在宿舍，披件破棉袄出去尿泡尿就回来了，没事，也没冻着，要是在外边待上20分钟甚至俩钟头，任他多壮实的身体，也得给冻坏了。扶桑在广州没问题，零上5度是夜间，太阳一出来温度就上来了。我们这个温室在零上5度左右的时间太长，漫长的零上5度连黄扶桑都受不了。为

1984年，低温展览温室论证会在北京植物园召开。
左起：檀馨、黄连顺、袁国弼、李宝元、孙可群、
谢玉明、俞德浚、王庭蕙、邓政一、徐德全、陈
俊愉、霍毅、刘少宗、王燕苹、朱堃年、李燕。
（摄影：张佐双）

了保持室内温度，冬天冷的时候，我们的花工每天会在太阳一下山时就拉帘子把温室捂起来，第二天太阳升起来再把帘子打开。春节的时候，为了营造喜庆的环境，我们从花木公司调点花过来展摆。那时候不管有钱没钱过去就拉花，先借点花给植物园用，完了再还给花木公司，反正都是国家的，也不计较那么多的经济账，兄弟单位互相帮助嘛。

其实太阳能研究所的设计还是不错的，采光板白天收集热能，晚上慢慢往外释放，低碳环保，在当时已经很先进了。按照低温的条件，大的棕榈树，茶花、杜鹃花在低温环境里也绝对没问题，可是当时没这方面的人才，也没这方面的经费，加上展览温室需要一定的运营成本，后来一直处于维持状态。

温室植物的收集工作方面，我参与了到西双版纳的收集工作，一起去的同志有徐佳（后任北京市园林绿化局科技处处长）、赵建国、杨胜军、余晓东、杨志华（后任北京市园林绿化局二级巡视员）等。杨志华那时大学刚毕业，担任了最艰苦的运输植物的工作。热带植物从西双版纳运到昆明，要用带篷的卡车运输，从昆明到北京是用火车闷罐车，杨志华就在闷罐车厢里押送植物，路途上走了好几天，他还要随时观察旅途中植物的情况给予养护，太艰苦了！他的朴实肯干给同志们留下了深刻印象。他一直保持着这种优良的作风，不管是后来在北京市园林局负责绿化植保工作，还是到北京市园林绿化局做到副局级干部。

在植物园大温室建设之前，我们叫它老温室，或者低温温室。那时候我是副园长，不管钱，只想着干事，这也是促使我当园长后，用比较大的精力做两件事——筹集资金、培养人才。

后来有的人主张把低温温室拆了，我不同意。我的意见是你可以提升它，改造它，重新盖我都不反对，但我反对的是把它给拆掉。拆掉，就是拆掉了那段历史。

红叶招鸟工程与樱桃沟自然保护实验工程

　　1986 年，国家科委领导宋健同志在欧洲考察，看见欧洲公园中鸟类很多。他回想起来国内公园的鸟比较少，特别是经过"文革"后，有些人不文明，随便打鸟，造成公园的鸟越来越少，这让他感触很深。当时他在国外，就给国家科委打电话，让国家科委有关部门到北京来调研，怎么让鸟儿多起来。我们局里主管科技的就是张树林副局长。张局长是"文革"前北京林业大学的研究生，大家公认是我们局里专家型的领导。国家科委有关部门领导来园林局调研，张局长说，正好我们北京植物园有个课题，叫保护和招引鸟

1986 年，国家科委社会发展局有关领导视察招鸟工作。

1986 年 4 月 3 日，宋健同志在招鸟工作座谈会上致辞。

类，控制园林害虫，说主持人叫张佐双，你们去找他吧。

国家科委有关负责的领导来找我，说我们主任宋健非常重视这件事，希望你们能承担一个大的招鸟工程科研题目，把保护和招引鸟类、控制园林害虫放在大的课题里边，你们在香山一带，课题就叫"红叶招鸟工程"吧。与此同时，在颐和园做了"万寿招鸟工程"，在玉渊潭做"火炬招鸟工程"。科委的领导说，这三个招鸟工程，由你来牵头。1986 年 4 月 3 日，宋健同志亲自主持，在植物园召开了招鸟工作座谈会，郑作新等院士和有关领导发言。会议对保护北京市的生态环境有着重要意义。

招鸟工程开展期间，国家科委又专门给了我一个"樱桃沟自然保护实验工程"，把红叶招鸟工程也并进了樱桃沟的自然保护试验工程。"保护和招引鸟类、控制园林害虫"是 1.5 万的科研费，"红叶招鸟工程"一共给了 5 万的试验费，樱桃沟自然保护实验工程给了 30 万的科研费，这 30 万在当时就是比较高的科研课题费了。

1986年4月3日，郑作新院士在植物园招鸟工作座谈会上发言。左起：陈向远、郑作新、宋健、侯学煜。

我们请教了中科院动物研究所郑作新院士、北京师范大学郑光美院士、赵欣如老师，首都师范大学生物系杨悦老师等，一起认真地进行了科研方案的研究，共同公关，之后我们联合在一起进行了樱桃沟的植物、动物、有关生物多样性的本底调查。经过几年的数据调查，我们把樱桃沟的动物植物本底搞清楚了，同时在樱桃沟停止了所有的化学防治。我们用生物防治，用物理防治，用园林的防治，使得樱桃沟保持了青枝绿叶的自然生态环境，鸟和小动物多起来了。课题结束，专家们来进行验收，一致给《樱桃沟自然保护实验工程》这个课题高度评价，获得了一个省部级的二等奖，二等奖就叫突出贡献奖，时任国家科委有关领导邓楠同志主持课题验收。我是课题主持人，获了二等奖以后，很快就荣获了国务院政府的特殊津贴，这是一个很高的荣誉了。

要用保护大自然的方法保护一方生态环境，特别是植物园。植物园是展示人与自然和谐相处关系的地方。植物园的植物保护，我

1986年4月3日，国家科委北京市招鸟工作会议代表留
念。鸟类专家郑作新院士（前排左10）、植物生态学家侯
学煜院士（前排左12）、动物生态学家马世骏（前排左
13）院士、环境生态学家杨含熙院士（前排左9），住建
部储传亨副部长（前排左11），林业部保护司李司长（前
排左8），中国鸟类学会理事长钱燕文（前排左4）、市
政管委陈向远副主任（前排左6），园林局张树林副局长
（前排左3）等出席了会议，会议主持人为国家科委冯思
健（前排左16）。北京植物园党总支书记张柏亮（前排左
2），北京植物园主任杨松龄（前排左17），张佐双（前排
左18）与会。

1986年与郑光美院士合影。

们也尽量减少化学农药的使用，比如防治槐尺蠖。

槐尺蠖，北京人俗称"吊死鬼"。我们对付这种害虫，用的是一种"保幼激素"。这激素对人没有毒害，对空气也没有毒害，但喷到槐尺蠖上它就不脱皮了。我们研究了槐尺蠖的发生规律，原来它属于鳞翅目，是一种跟蚕一样的虫子。蛾子是它的成虫，成虫产的卵，孵化了以后叫幼虫。幼虫每脱一层皮叫一龄，它要脱一层皮长一下，脱一层皮长一下，到四五龄的时候就长大了。长大了它就变成金刚（蛹）。金刚羽化成成虫，俗称扑棱蛾子。从成虫再到成虫，完成一个世代。

在北京，它是以蛹的形态越冬，藏在树下边的松土或者墙缝里边，第二年春天的时候羽化成蛾子。养过蚕的人都知道，蛾子有雄的，有雌的，交尾以后雄蛾子就死了。雌蛾子产完卵完成使命，也死了。

1994 年樱桃沟自然保护区课题验收（邓楠主持）。

　　我们在研究中发现，槐尺蠖成虫的时候正好也是麻雀育雏的时候。刚从蛋里边孵出的小麻雀是个肉蛋蛋，仅仅 18 天它就能羽毛丰满会飞了。这半个多月对小麻雀很关键，我们每天观察成鸟喂雏鸟什么食物，这可是个技术活儿。我们请北京师范大学的赵欣如教授带着北师大的学生来做"扎脖实验"，给小雏鸟脖子用细细的绳扎上；这个劲儿一定要合适：你使劲大了把小鸟勒死了，使劲小了，成鸟投喂以后，小鸟张着嘴就给咽了。所以等成鸟喂完了，我们马上登着梯子上去，从人工巢箱中把雏鸟还没咽下去的食物用镊子取出来，再把小鸟的脖子给松开，让成鸟回来再喂它。我们通过做扎脖实验了解到，成鸟喂它们的都是一些虫子的内脏和卵。除了槐尺蠖以外，还有其他的。

　　自然界自有其平衡规律。那个时候我们眼看着麻雀到处追捕各种各样的扑棱蛾子，为了研究槐尺蠖雌虫的"抱卵量"，我们挖了很多蛹，养在罩子里边，当它们变成扑棱蛾子以后，让它们在那里交尾。雄蛾交完尾没事了，雌蛾就要产卵去了。我们逮住了很多

1994年樱桃沟自然保护区课题验收。左起：张佐双、邓楠。

的雌蛾做实验，在它没排卵之前，我们给它挤出来看看到底有多少粒，这样取得了平均抱卵率为 200 多粒的数据。一只鸟在槐尺蠖第一代的时候，如果吃掉了一个雌蛾等于吃掉了第一代的 200 多条虫子，它一年 4 代，一般孵出的蛾子一半是雌一半是雄的，就算是 100 多个雌虫。如果没有天敌控制，第二代就等于 100×100。到第 3 代的时候，就是 1 万 ×1 万；第四代是 1 万 ×1 万 ×1 万，也就是说早春控制了一个雌蛾子，就等于减少了亿万只害虫。鸟对于害虫是天敌，对于树木是医生。古人言：劝君莫打三春鸟，子在巢中盼母归。经过实验，我们从鸟儿对控制园林害虫的新角度来理解这句话，更多理解了的古人智慧。

北京植物园以后的植保，除了樱桃沟禁止化学农药以外，其他地方也都是用一些物理上的药。比如石油乳剂，喷上后虫子被糊住窒息死了，这种药对植物的呼吸基本没有多大的影响，或用生物性农药，我们叫它没有污染或者少污染的农药。

这个课题之所以给我们一个很高的奖项，是因为它对北京的公园园林害虫控制起到了重要作用。我们和天坛的祁润身老师在天坛公园也共同做过这个课题。祁老师的爱人邵敏健老师曾经教过我果树，她是中国农业大学60年代毕业的学生。在天坛公园的实验，证明了生物防治与其他的防治方法结合起来控制园林害虫，可以大大减少环境污染。

我除了这个课题以外，还主持过其他10余项科研课题，其中有一项我们还获了一个国家级的行业金奖。我个人获得了3个省部级的二等奖，有6个省部级的三等奖，同时还获了3个国际奖。

第二次脱产学习

我有过两次正式的学习经历。第一次是上721大学到北京农业大学进修。第二次是在国家没承认721大学学历之前，我那时候已经是副处级干部了。园林局党委书记找我说，佐双，你初中毕业，做处级干部可不行。园林学校正好在办党政干部班，全脱产学习一年，你去学习，学完之后国家承认学历。

后来我做了正处级干部，人事局有要求，正处级干部必须具备本科学历，局党委推荐我参加了中央党校的经济管理专业函授班，学制三年，取得了本科学历。

有了国家承认的学历，可以评职称。1988年，我是在没拿到大学学历的时候，先晋升工程师了，因为我获得了省部级的科研成果奖。这就要感谢张树林副局长，她也是我的恩人。张树林副局长对我说，佐双，你有省部级科技成果奖，可以申报职称。她提醒我以后，我赶快找了北京市园林局主管职称的副局长刘常乐。常乐局长说，你申请工程师没问题，但你必须有论文。我就把发表的论文给他了。他看后说，你这论文可以，等我们开评审会吧。没过多久，我的工程师职称就批下来了。之后我拿到了大学学历，又取得了高级工程师的职称，接着是教授级高级工程师。

回想起来，我走过的每一步，上过的每一个台阶，都要感谢老师，感谢曾经帮助过我的人。要是没有俞德浚主任的推荐我上大学，我不可能做到高级工程师和教授级高级工程师，也不可能达到"革命化、知识化、专业化、年轻化"的"四化"要求，进入领导班子。受人之恩不能忘，俞先生是我一生的恩人。

第五章

职掌植物园

十六年园长

我于 1983—1993 年任北京植物园的副园长，1993 年 5 月作为副园长主持工作，8 月北京市园林局正式任命我为北京植物园园长。

职掌植物园，我在思想方法上一直坚持这样一个观点：干任何一件事情都不要片面，要调查。即便调查了，情况也不见得都是真实的。对调查的情况，要有一个去粗取精、去伪存真，由此及彼、由表及里的分析过程，否则就是瞎子摸象，摸到尾巴就说象是尾巴的样子，摸到腿就说是腿的样子。任何实践活动都有这种可能，不同的立足点观察问题的方向不一样，得出的结论不一样，这就告诉我，不要轻易地否定别人，要换位思考问题、处理问题。

做植物园的园长以后，主要完成了这样几项大事：搬迁了园内自然村和驻园单位，移植大银杏，组织建设了盆景园，扩建了芍药园、提升改造海棠栒子园，完成了科普馆的布展，建设了展览大温室，修湖调整了植物园的水系，整修了樱桃沟，新建了梅园，完成了卧佛寺大修等。

移植大银杏

1994 年秋天，京通高速路扩建，路两侧栽植的银杏树等待移苗，首都绿化委员会的领导决定分给植物园一批，要求我们自己起苗、运输和栽植。这批树是 1984 年栽植的，已有 40 年树龄的大银杏对植物园来说，是难得的珍贵树种。

我们全员动员，专业人员到现场起苗运苗，全体职工在园内挖树坑栽植。在大家共同努力下，完成了 500 余株的任务。这些树种植在黄叶村周围和东侧景区，每到秋天，黄叶纷飞，绚丽的秋色营造了曹雪芹著书黄叶村的意境，与曹雪芹纪念馆的文化内涵相呼应，吸引了大量游客。

遗憾的是，在完成这项工作中，有一位优秀的共产党员、先进职工张万春同志因公殉职了。我们不能忘记这位在植物园建设中贡献出生命的好同志。

受到好评的盆景园

1995 年，盆景园建成。盆景园也是我创造机会争取建设资金的成果。那年秋天，北京市领导带领各区县局的领导拉练检查城市绿化新成果，李其炎市长带队。检查过程中，他提出北京要四季常青，三季有花。我说李市长，干吗只要三季有花，我们可以四季有花。市长问冬天哪有花？我回答说，我们卧佛寺里天王殿前的蜡梅开了好几百年了，明末清初时期住在樱桃沟的文人孙承泽在他的《天府广记》里就有记载。北京市政府园林顾问组的专家、北京林业大学的陈有民教授鉴定过，他说过，这株蜡梅应该是唐朝建庙时栽的，年年冬天开花。

李市长惊奇地问，冬天啊？我说是。这时市科委王世雄副主任说，张园长我给你们园 50 万的科研费，把这个课题好好研究一下。接待完市里的检查，陈向远主任跟我说，市长表扬你了，说植物园张园长是个宣传家，是个鼓动家，更是一个实干家。

盆景园位于植物园的核心部位，展览温室的对面，北临碧桃园，南靠绚秋苑，东面是碧波粼粼的人工湖，与黄叶村曹雪芹纪念馆隔湖相望。这里原来是北京市公安局的疗养院，是个很难搬迁的驻园单位。

盆景是中国的优秀传统艺术。它取材于植物、山石，经艺术加工来浓缩自然的奇观异景，使人们在方寸之间可观茂林修竹，群山

1994 年底，李其炎市长带队验收盆景园项目。左起：北京市市长助理郑一军、北京市市长李其炎、张佐双。

叠翠，既顺乎自然，又巧夺天工。一个小小的盆景，里边有文学艺术，有集植物栽培学、植物形态学、植物生理学及园林艺术和植物造型艺术等多方面的审美内容。在有限的空间中，将中国丰厚的文化艺术底蕴展现得淋漓尽致，把观赏者带入一种深邃幽远的意境。植物园有一座这样的盆景园，不仅丰富了群众的游览内容，也是植物园传承传统园艺技艺的一个呈现。

一走到盆景园门前，迎面是一个小巧精美的牌坊，上面题写着"立画心诗"四个大字，告诉人们盆景艺术就是立体的画、心中的诗。孟兆祯先生说盆景艺术是要用心去欣赏的，要有一种神往，那是一种"驰心"。我们就把"驰心"两个字题在了盆景园室外小亭子的匾上。

当时，在北方这样一个盆景园的建设是比较难的。我让李炜民副园长去全国各地收集了一些好盆景。在盆景园开园之前，我们就把北方盆景大师，颐和园周国梁先生的作品和一些非常优秀的盆景布置了一个高水平的展览。

盆景园占地 2 万平方米，分为室内、室外两部分。其中展室面积 1350 平方米。在设计新颖的展室内，展示着全国各地的优秀盆景作品，包括著名的岭南派、川派、苏派、扬派、海派、徽派六大流派的作品。展室分为以展览北方特色盆景为主的北京风格展厅、以获奖盆景为主的精品厅、以盆景多样性为主的综合展厅、以六大流派为主的流派厅等，展厅内配以观赏石和根雕艺术。

除了树桩盆景，在布展的时候，我们把赏石点缀在盆景中间，油光发亮的黄蜡石，洁白如雪的钟乳石，黑亮的灵璧石，花纹奇特的菊花石，色彩明快的五彩石，琳琅满目，老百姓赞叹说看不过来了。

2005 年 9 月 6 日—9 月 15 日，盆景园还举办过亚太地区第五届盆景赏石暨展览会，受到国内外专家好评。住建部副部长周干峙（两院院士）、甘伟林副司长、赏石专家贾祥云参会。

2005 年 9 月，住建部副部长周干峙亲临展会，为开幕式剪彩。左起：张元成、张佐双、周干峙、甘伟林、贾祥云。

盆景园室外展区主要展示露地栽植的大型桩景，石榴、紫薇、榔榆、油松、黑松、银杏、女贞等70余株，姿态都很奇特，令人赞叹。院里有一株被誉为"风霜劲旅"的古银杏桩。它胸径1.3米，高3.8米，是桩景中罕见的"银杏王"。传说此桩盆景曾被雷劈过，在四川一个废旧的古庙里。"银杏王"是植物园绿化室的老主任赵洪均同志在当地收集来的。这样的树桩为稀世珍宝，被誉为盆景园的镇园之宝。它1300多岁了，秋天的时候，一树金黄，还有着顽强蓬勃的生命力。

盆景园建设完后，受到了北京市绿化检查团的称赞，之后给我授予了"全国绿化奖章"。局领导说，全局只有一个名额，就给北京植物园。这次是在人民大会堂，市领导亲自为我发的奖。在月季园建完后，我就曾获得过这个"全国绿化奖章"。2001年，大温室建好后，我被评为全国绿化劳动模范；水系改造完成后又给了我一

2000年夏，北京市园林局张树林副局长陪同北京市人大常委会副主任陶西平到盆景园检查工作。左2张佐双、左3陶西平、左5张树林。

个全国绿化劳动模范荣誉称号。我获得过两个全国绿化奖章，两个全国绿化劳动模范，我深深感受到老百姓对我的信任和组织上对我的认可。我只有更加努力工作，才不辜负组织，才对得起植物园的职工和热爱植物园的老百姓。

1997 年荣获全国绿化奖章，在人民大会堂接受北京市领导颁奖。

1996 年夏，朝鲜劳动党中央委员、院士、中央植物园园长、朝鲜林科院院长、朝鲜农科院院长任绿宰带队访问北京植物园。左 4 为任绿宰、左 5 张佐双、左 7 赵世伟。其余均为朝方人员。

扩建芍药园

牡丹被人们誉为"花王",而芍药被人们誉为"花相",所以,有牡丹园的地方,都会有芍药园相伴。

芍药园位于牡丹园西侧,北面与海棠园相邻,在建牡丹园的时候就开始建设芍药园,但那个时候规模不大。20世纪90年代又做了扩建,面积达到3.3公顷。

芍药花期为每年的五六月,是春天最后开的花,因此又被称为"殿春花"。芍药又叫"将离草",在古代是代表爱情的花儿。一对相爱的男女,离别的时候总要互赠点信物。现代人多是赠项链戒指什么的,年轻人也有赠花的,完全可以根据个人的喜好。但是在我国古代,男女交往,大多是由男子将芍药赠送给中意的女子,用来表达跟她要好的意思,或者表示依依不舍的意思,这是芍药被称为"将离草"的原因。我们中国人喜爱芍药花,《红楼梦》里就有"憨湘云醉眠芍药裀"这么一段。这一段是说,湘云喝醉了酒,卧于山石僻静处一个石凳子上,芍药花飞了一身,大家找到她的时候,只见她头脸衣襟上落满了花瓣,手中的扇子掉在地下,也半被落花埋了,一群蜂蝶闹嚷嚷地围着她,她还包了一包芍药花瓣枕着。这个画面和场景特别美。

芍药园的西北高坡上,我们建了一座红柱子、红顶子的亭子,叫"挽香亭"。这里是芍药园的制高点,坐在亭子里,人们可以环顾四周,园中的仿木花架、浩态狂香石、醉露台等园林小品一览无余。

芍药园利用地势改造,在较小的面积内为游客创造了富于变化的赏花空间。芍药园栽种芍药共7000余株,200余个品种。

芍药园是由刚刚从北京林业大学毕业的王显红设计，这个设计在韩国召开的中韩园林学术交流会上受到一致好评。

改造提升海棠栒子园

我国是海棠的起源中心，品种资源丰富，地理分布广泛，其主要分布于西南地区和长江流域。植物园的海棠栒子园在卧佛寺前，中轴路西侧樱桃沟的入口处，西南接牡丹园，北邻木兰园，东面隔路与丁香园相望，面积5公顷。1987年开始规划建设，1992年建成，2010年进行了扩建改造。

北京植物园早在20世纪60年代就开始了海棠种质资源收集研究工作。改革开放后，又承担了苹果属植物引种、繁殖、推广及DNA分析等多项研究课题，建立了海棠品种引种成功的评价标准，在全国大力推广海棠的新品种，并获得省部级二等奖、协会一等奖。

海棠是园林中著名的观赏植物，常见于庭院和绿地。海棠和玉兰配植在一起，有金玉满堂的美好寓意，颐和园中就有清代的玉兰和海棠。周恩来总理特别喜欢海棠，中南海西花厅海棠盛开的时节，总理常在繁忙的工作间隙抽出时间散步观赏。

檀馨同志在调整规划的时候，规划了海棠栒子园。因为栒子跟海棠都是蔷薇科的，栒子作为地被植物也是不错的。调整规划的时候，时任北京市政府园林顾问董保华先生也推荐应该建一个海棠栒子园。

程炜同志任植物园副园长时，在2010年负责对海棠栒子园做了扩建改造。我这个人是用人不疑，疑人不用。所有的副园长，我给他这个职务，就给他这个权力。副园长有分配奖金的权力，一般人员调动的权力。我可以越级检查，但不去越级指挥。程炜把已经退休的肖军同志叫回来参加扩建海棠栒子园的规划，将环路往外推，把滑雪场交界那块地也作为海棠园的一部分，修建了乞荫亭。

北京过去常见的海棠就有西府海棠、八棱海棠等少数几种，初建时园中有 9 种我国著名的海棠观赏品种：西府海棠、垂丝海棠、重瓣海棠、湖北海棠、贴梗海棠等。1990 年，余树勋先生从美国明尼苏达州一次引回花果兼具观赏性的**钻石海棠**、**红丽海棠**、**道格海棠**、**霍巴海棠**等 14 个现代海棠品种。中国传统海棠的花的颜色是白的、粉的、粉白色的，现代海棠则是用中国的红肉苹果选育的，有红色花品种，很鲜艳。海棠每年 4 月中旬开花，秋天结果，有的果实经冬不落，既美观又能为小鸟提供过冬的食物。

海棠园内还种植了大量栒子类植物，有平枝栒子、匍匐栒子、水栒子等 17 个品种，400 余株。

栒子春夏叶片浓绿，秋季果实鲜红，非常美观。加上有油松、银杏、栾树、白皮松、元宝枫、矮紫杉、铺地柏等 20 多种配景树，还有乞荫亭、花溪路、落霞坡、缀红坪 4 个观赏景区。

2010 年程炜副园长主持的这次改造工作，对地形、现状植物进行了调整，对过多过密的植物进行移植，梳理种植空间，景观效果得到全面提升。同时完善道路系统与配套休息设施，更加方便了广大游客的游览、休憩。

我们自己培养出了国际著名的海棠专家郭翎。在她的带领下，现在海棠园已收集苹果属植物 90 种（含品种），木瓜属、栒子属植物 20 种左右，是中国最多的，在世界上也是名列前茅，成为国家级海棠种质资源圃。

海棠园得到了孙筱祥先生的指导，并题写了"海棠园"三个字，后来被我们刻在了石头上。

海棠栒子园荣获 2012—2013 年中国公园协会颁发的"中国最佳专类园"奖。

2014 年 2 月，北京植物园被国际园艺学会正式委任为国际海棠品种登录权威，北京植物园总工程师、教授级高工郭翎博士被任命为国际海棠品种的登录专家。近几年，北京植物园在国际上的影响力正在逐步加强。2021 年，郭翎博士当选为国际海棠学会主席。

建设科普馆

游客在植物园里游览，想认识植物，特别是大人带着孩子的时候，更喜欢在游览过程中和孩子一起了解植物。所以，我们在树上都挂有名牌，叫什么名字，是什么科属的，很受老百姓欢迎。

北京植物园承担着植物科普的社会责任和使命。作为植物园，有这样几个主要的功能：科学研究、科学普及、植物保护和游览。南京植物园和北京植物园在合作出版《植物园学》的时候，贺善安先生加上了一个优良植物的示范和利用功能。这几个功能里，最重要的是科学普及功能。陈俊愉院士是我们的顾问，我问过陈院士植物园最重要的事是什么？陈院士毫不犹豫地说，植物园最重要的事是科普；研究所最重要的事是研究；学校最重要的事是教学。你植物园最重要的事，就是把收集来的植物种好、栽培好，以最美好的形式让老百姓来看。在老百姓观看的过程中，进行植物的普及教育，这才是植物园最重要的事。所以植物园必须要建有一个科普馆。

科普馆是列入植物园建设规划中的，位置在月季园西侧。建筑设计出自北京市园林古建设计院的金柏苓院长。市政府拨给了我们科普馆的建设经费。科普馆主体建筑建好后，正好时任市长助理兼北京市市政管委会主任郑一军同志陪同北京市原副市长吴仪（时任对外贸易部部长）同志来视察植物园，看到刚建好的科普馆，郑主任问这是什么建筑？我说是科普馆，郑主任说咱们进去看看吧。我说里边还没布展。郑主任问建好了为什么不布展？我说布展得申请经费，上级只给了我们基本建设的钱，就是造科普馆这个"壳"的钱，里边布展的费用需要另行申请。这时候吴仪同志就说，一军你帮帮人家。郑主任就问我布展得花多少钱？我说布个展起码得100多万。他说好，知道了。没过两天，北京市园林局财务处王福忠处长就给我打电话，说市政管委会给你们批了100万的科普馆展览费用，这是专款专用，你不能拿这个钱干别的。1995年10月，科普馆完成布展并对社会开放。

还有一次也是陪着吴仪同志来视察，往曹雪芹纪念馆那边去，走到大槐树底下看到还有10余间民房。因为搬迁的费用不够，剩下的没法搬了。当时领导问我，我说这儿缺点钱。又缺多少？我说搬迁费大概得百八十万的。也是没过一个礼拜，市政管委会给拨过来100万的搬迁费。那次也是吴仪同志说了句"你帮帮人家"。

后来时任市政管委会财务处处长周思同志跟我说，市政管委会管着10多个局，唯独给你北京植物园拨过两次，一次是科普馆的布展费用，还有一次是你们搬迁居民的补贴费用。

2006 年，英国皇家植物园邱园主任皮特·克阮（Peter Crane）来园交流。左起：韩兴国（时任中国科学院植物所所长）、赵世伟、皮特·克阮、张佐双。

科普馆建成后举办过多次活动，包括院士面向市民科普讲座。很多外宾也慕名前来参观访问。

我国植物园第一个现代化展览温室建设

1994 年，时任国务院副总理朱镕基同志视察植物园，他是第一位拒绝汽车进园，自己步行参观游览的领导人。我参与了接待工作。他说，我原来在清华读书的时候，骑自行车来这里游览过，我记得看到过大王莲上能坐着小孩，那是在什么地方？我说那是在香颐路南侧的植物园实验区，老百姓习惯叫它南植。您看的是南植的试验温室，那个等于排演场，真正的大剧场应该在我们这里（展览温室）。我就借这个话题，把植物园的建园历史跟朱镕基同志汇报了。我说，温室被誉为植物园王冠上的明珠，是衡量一个植物园水平的重要标志。北京植物园在规划中原来是有一个展览温室的。他问为什么不建？我说规划中有，钱也给我们拨了，当时自然灾害把钱冻结了，您看怎么把这钱再给我们？朱镕基同志就乐了。他了解到北京植物园的功能是科研、科普、游憩、保护植物，好的植物要推广利用，是个社会公益事业。他说北京地处北方，冬天应该给百姓有个看花的地方。

后来我们把这个情况也反映给了有关部门，国家计委一个副主任来植物园问我，"当时领导怎么说的？"我说朱镕基同志说，北京植物园在北方，北京植物园主要功能是收集植物、展示植物、提高国民素质、增强科学普及工作，所以在北京应该建一个大的展览温室，供市民冬天参观学习用。他说，"好了，你们建，我贷款给你们"。我说建一个温室需要几个亿，你贷款给我们，我们没有偿还能力，建完温室以后，就是把这里面的植物都卖了也还不上。他就乐了："行了，钱的事我找你们老贾（贾庆林），你们就做建设准备吧。"

没过几天，时任北京市市长贾庆林同志就来了。他问我，国家计委副主任怎么讲的？我说他要贷款给我，我说没有偿还能力。当时贾庆林同志说："贷改拨嘛！"我说贷改拨您说了算。庆林市长说行了，钱的事你不要发愁了，你们启动设计吧，要国际水平的，得国际招标。园林局局长魏广智同志非常重视这件事。当时是1997年了，要求我们1999年建成，市里已经把北京植物园的温室建设作为北京市重点科普设施建设，写入1998年的北京市政府工作报告里了。如果采用国际招标，一个招标程序走下来就得一年多，1999年根本建不成了。于是市里决定，由北京设计研究院来做设计。

北京设计研究院有11个研究所，当时要求每个所出一个方案，经专家评审，从11个方案里面选出了3个方案，由领导确定了一个最终方案。这是张宇同志领衔设计的，以"绿叶对根的回忆"构想为主题，设计"根茎"交织的倾斜玻璃顶棚和中心玻璃花蕊展厅，这个寓意很好，所以能从多个设计中脱颖而出。展览温室景区总占地5.5公顷，分为四个主展区：热带雨林展区、四季花园展区、沙漠植物展区、专类植物展区。主要展示来自我国和世界不同气候条件下的植物及其景观，为生物多样性保护、科普教育、科学研究和观赏提供基地。

景观设计由山水景观设计公司承担。

搬迁工作

由于北京市政府工作报告已经将北京植物园大温室建设列为北京市科普设施的重点工程，工期非常紧迫，但当时大温室建设用地西侧还有一些住户。根据搬迁政策，大多数住户都痛快地搬走了，只有一个钉子户就是不搬。给多少补偿、建多少间房，政府是有明确政策规定的，他原来是4间平房，我们给他盖了新的，还加盖了东西配房，还是不搬。乡规划办公室的负责同志说，没办法，只能走法律程序了。

我们起诉到海淀法院，法院调查完叫他过去，他败诉了也不搬。他家就在温室西侧那棵大槐树底下，大温室工期紧张，他不搬就严重影响了温室的建设进度。法院的院长亲自来了，那位房主站在他们家的房顶上，一手拿着一瓶可乐，一手拿把刀，他大声喊，你们敢拆我房吗？你们拆我就他妈抹脖子。法院院长态度非常好，跟他对话说，我是法院的院长，你有什么事情下来咱们可以商量。院长把他叫下来，一起到他新房子那去，院长说植物园按照国家的搬迁的政策，都给你盖成新房了，盖得这么好，你旧房没有东西配房，人家都给盖上东西配房了，你再多要就没理了。你多要房，对其他的已经搬走的人家不公平，植物园也无法处理。政策是一样的，你没道理。你已经败诉了，就得按国家的法律执行了。院长问他，你们家房里头、墙里头藏什么东西没有，藏着东西赶快拿出来。他说没有。

其实把他叫走之后，这边也把他媳妇从屋里叫了出来，好几辆搬家的大卡车已经备好了，告诉她我们会把你们家的东西完好无损地搬到新家的。这次搬迁力度大，在有关部门配合下，最终完美完成了任务。

温室建设指挥部

北京市园林局对这项市里的重点工程非常重视，局长魏广智同志多次亲临一线指挥。并着手建立了以项目法人刘秀晨副局长为总指挥的指挥部，下设副总指挥，局计财处处长王福忠、基建处处长阎宝亮、规划处处长张济和、我和时任北京植物园副园长的李炜民为副总指挥。指挥部设办公室，我为办公室主任。

大温室的招标工作，请了国际招标的专业人员把关，刘秀晨、

1998年，北京市重点项目建设办公室主任王宗礼多次赴现场检查和指导迎国庆50周年工作。左起：张佐双、刘秀晨、王宗礼。

阎宝亮具体负责。玻璃幕墙部分香港京艺玻璃幕墙公司中标；钢架部分北京市机械施工公司中标；基础部分由市建委主任、市重点工程办主任王宗礼同志决定由北京园林古建公司完成。植物造景部分由园景公司承担。在建设过程中王宗礼主任多次赴现场检查和指导工作。

艰苦的建设过程

大温室被列为迎接建国 50 周年北京市重点工程，时任北京市市长贾庆林同志 8 次赴现场指导和检查工作。此项工程时间紧、任务重，贾市长指示"要紧锣密鼓，精雕细琢，精打细算，质量第一，进度服从质量"，时任副市长的汪光焘同志 16 次亲临现场。大温室周边的环境，设计有一片草坪。但这片地土质很差，需要深翻换土。我们组织了全员会战，把任务落实到每一个干部和职工，从我和书记做起。通过会战劳动，调动了大家的积极性，植物园的每个人都为市里的重点工程做了贡献。

1998 年夏，时任北京市副市长汪光焘在温室施工现场监查工作。左起：霍毅、李炜民（项目副总指挥）、施工监理、汪光焘、魏广志（北京市园林局局长）、张佐双。

1998 年 3 月 28 日，热带植物展览温室开工。经过一年半的紧张建设，1999 年 12 月 15 日，北京植物园展览温室建成。2000 年 1 月 1 日，展览温室试开放。

　　一年半时间看起来不短，但是作为高科技的现代大温室建设，从设计招标、收集植物、建筑建设、植物栽植、植物造景，到对社会开放，一年半时间是个奇迹，国际上同样的温室建设，大多都要 5 年以上。

　　热带植物展览温室的建筑面积为 9800 平方米，分三层，这是世界上第一个三层的热带植物展览温室，一般最多分为两层。当时是亚洲地区面积最大、我国国内设备最先进的展览温室，曾被评为北京市 20 世纪 90 年代十大建筑之一。

　　展览温室为造型优美的 4066 块异型玻璃幕及钢架构筑，远远望去像一座晶莹剔透的水晶宫；而从高处俯视，又像一滴晶亮的水滴。温室内植物生长环境实行多系统一体化控制和自动化管理，从国内外收集、栽植、展示来自世界各地的热带、亚热带植物 6100 种 60000 余株植物，是人们了解植物、感受自然、丰富知识的重要科普教育基地，也是科研人员进行植物资源保护和科学研究的重要场所。水晶宫般的温室内，地形起伏，小路蜿蜒，瀑布飞虹，溪水潺潺，千姿百态的植物形成赏心悦目的景观，也吸引着成千上万的游客参观游览。

　　温室划分为热带雨林、沙漠植物、兰花凤梨及食虫植物和四季花园四个主要展区，各区因植物的生长需求环境不同而呈现风格差异。

　　在确定"绿叶对根的回忆"这个设计方案后，我就向园林局建议说，我们植物园要利用国际植物交换的便利条件，通过实地考察，学习和借鉴世界上先进植物园的经验。我曾考察过世界上很多著名的有温室的植物园，像英国的邱园（Royal Botanic Gardens, Kew）、爱丁堡植物园（Royal Botanic Garden, Edinburgh）的温室，法国的国家自然博物馆的植物温室，德国柏林大莱植物园（Botanischer Garten and Botanisches Museum Berlin-Dahlem）温室、法兰克福植物园的温室。美洲有一些比较大型的温室，比如加拿大的蒙特利尔植物园（Jardin Botanique de Montreal）的现代温室，美国密苏里植物园（Missouri Botanical Garden）的现代温室，纽约植物园（The New York Botanical Garden）、美国国家植物园（United States Botanic Garden）都有温室。日本东京、大阪的现代温室，更应该去借鉴一下，这样我们可以少走弯路。我的建议得到了市里和园林局领导的认可，上级让我也参加考察，我说这些植物园温室我都去过，我就不去了，让设计和施工技术人员去吧，于是，张树林局长带队考察欧洲，刘秀晨局长带队考察北美，园林局基建处阎宝亮处长带队考察日本。在考察基础上，回来后对温室的设计方案进行了完善和必要的修改，对温室的建设起了重要作用。

在研究温室结构的时候，设计人员是按照"十级"风标准设计的。我说不够，我们这儿有过12级风。设计师说，北京没12级风。我说我们园里有3个气象站，一个在丁香园，一个小井沟植物引种试验地，一个在樱桃沟。这三个气象站里，我们的气象员余晓东同志非常认真负责，她曾测到过12级风并有详细的记录。结构工程师说，那这样要做"风动试验"。市科委的王世雄副主任立刻表示支持，并拨了50万元的科研专款用于实验。经北京大学做的实验结果证明，北京植物园这个地区三面环山，夏天疾风暴雨的时候可产生涡流，瞬间可达12级风。根据这个报告，设计院立刻修改了结构设计，增加了结构承受力，保证了温室的安全性。

同志们忘我的贡献

魏广智局长说过，兵马未动，粮草先行，展览温室展览的是植物，这是我们园林的本行，必须我们自己做好。当时温室建设工程已被列入 1998 年迎接建国 50 周年北京市重点建设工程之一，但收集植物的工作必须要先行。而 1997 年北京市政府财政早已经安排完毕，在贾庆林书记的支持下，从时任王府井开发办主任刘小晨那里先拆借 2000 万元，用于温室建设的前期工作。

有了前期费用，我们多次开会研究收集植物的方案，得到了顾问陈俊愉院士的多次指导。张树林副局长生病在家，为了不耽误工作进度，她叫我们带方案到她家审阅。我们还聘请了国内著名的热带植物专家做指导，厦门植物园主任陈榕生、西双版纳植物园主任许再富和朱华博士，还有海南热带作物学院植物园的赖齐贤主任，在他们指导下，赵世伟博士负责完善了大温室植物收集名录和具体收集办法。展览温室建设开始后，我把重任交给他，从撰写第一份立项申请、项目建议书，到国内外温室发展趋势、可行性报告、植物收集以及后来的温室技术指标、植物的种植养护、花卉的引进，都充分信任他，他也不负期望，日日夜夜地全身心投入工作。温室从建成，到运行，创造了数不清的奇迹。

植物园集全园技术干部之力，全力以赴投入到植物收集工作中。因为我要全身心投入到大温室建设，就跟我们的党委书记商量工作，我说我带队外出收集植物期间，园里的工作就拜托给您了，咱们会议商定好的事，您就全权负责处理吧，我在中层干部会议上也这样做了交代。

建设大温室一直是我的梦想，早在 20 世纪 90 年代初，我们就曾经派霍毅、王树标、余晓东、杨胜军等同志，在海南岛与合作单位合建过苗圃，以熟悉热带植物，培养技术力量。这我们分了几路在全国收集植物：在云贵川、两广、海南地区，由赵世伟、郭翎、王康、王树标、霍毅、赵建国、杨胜军等同志，深入热带地区，进行了艰苦的植物收集，我负责协调几路人马的工作。我和他们一起，在热带的深山老林里，亲身体验到了高温高湿的难耐，和热带大蚊子、蚂蟥对人的侵袭叮咬。同事们克服了重重困难，不怕苦不

1998年，时任首都绿化委员会办公室副主任陈向远来展览温室工地检查工作。左起：王树标、李炜民、左4张佐双、左5陈向远。

怕累，信心百倍地完成了植物收集任务。在调查植物的过程中，王树标同志与合作单位中央美院的刘铁胜先生还遭遇了交通事故，受了伤，即便是在这样的情况下，王树标同志一点都没有耽误植物的运输工作，至今他的额头上还留有一个小疤痕。在温室的建设中，我们的工作人员不仅流了汗，还流了血。

温室的建设和植物栽植是交叉进行的。在温室的大玻璃幕墙装好后，吊车就无法操作，大型植物就无法就位。而植物必须在上冻前栽完，玻璃幕墙也必须在上冻前封顶，才能保证植物的安全。工作一环扣一环，大型植物到京后，必须当天栽上，支撑好，要立刻浇上水，做好单独的塑料棚，以保证湿度。还要有遮荫设备，防止太阳直晒，同时装好自动温、湿度计，进行实时测试。要完成一棵大树种植的上述程序，从苗木到京，往往要干到凌晨一两点钟。就这样，从1998年5月一直干到当年11月，因为持续作战数月，在一线指挥工作的李炜民副园长和程炜、霍毅等同志都先后累病了，可是他们依然坚持在一线工作。我看见他们在凌晨候苗的时候，站着就睡着了。我也是在栽完最后一棵树才离开现场，第二天早上准点上班。

我们的副总指挥李炜民同志不仅身先士卒，带领大家一起干，而且他还承担联系设计部门和设备筛选工作。供应大温室的锅炉，要求是能电、气、油转换供热的先进锅炉，有一次我们正在和德国的锅炉厂家筛选锅炉，在商谈的过程中他的手机响了，他出去接电话，回来后不动声色继续开会。

第二天早上，他跟我请假，说要到匈牙利去一下。他说我的父亲在匈牙利开国际会议，昨天因车祸去世了。我问他什么时候知道的，他回答就是我们昨天开会时我出去接的那个电话，是我父亲所在的内蒙古大学的领导告诉我的。我听到后受到很大的震动。他的父亲李博是内蒙古自治区唯一的中科院院士，是我国草原生态的学术权威，当时只有67岁。我们在研究"中国生物多样性行动纲领"时，曾经有过一段接触，他在住建部工作的同学李如生告诉我，李博院士是李伟民的父亲，而李炜民自己从来没有讲过。对于李炜民同志来讲，听到父亲突然去世，简直是晴天霹雳一般，而他却镇静自如地继续开完了会。当时李炜民同志从兜里拿出一张纸条，上面写了十几项正在进行的工作及进度，哪些需要我来继续推进、哪些需要其他同志配合，写得清清楚楚。家里出了这么大的事，他却把工作放在了第一位，我扭过脸，感动得掉下了眼泪。他的动人事迹得到了领导和职工们的认可，那一年他被评为全国城建系统的劳动模范。

在大家的共同努力下，我们真的创造了一年半就完成温室建设这个世界奇迹。温室建成后，成为庆祝中华人民共和国建国50周年的全国十大建筑，被评为国家建筑的银奖。这个银奖相当于鲁班奖，在全国第十届优秀工程设计项目评选中，温室工程设计获得金质奖。植物园的大温室，成为亚洲当时第一个单体面积最大、科研设施最完备的展览温室，这对整个中国植物园的建设起到了一个很好的示范和推动作用。随着国内植物园事业的发展，国内其他大型植物园也都先后建成了展览温室。大温室建好后贾庆林请江泽民总书记和吴邦国委员长等国家领导人到大温室视察，北京市的老领导和市园林局老领导来大温室并给予高度评价。

温室的三大旗舰植物

世界上最大的花巨魔芋、最长寿的叶子千岁兰和最大的种子海椰子，被誉为世界大型温室的三大旗舰植物。

巨魔芋原产在印度尼西亚苏门答腊，我和赵世伟在巴厘岛出席国际植物园会议时，在茂物植物园见过，是全世界植物园都渴望收集到的旗舰种。巨魔芋球茎上长有一或多枚叶子，一枚叶片就可以长至五六米高，像一株大树。它拥有世界上最大的不分枝花序，盛放时散发出浓烈的腐尸气味。所以人们又叫它"大臭花"。巨魔芋在温室存活容易，但是开花极为不易。

巨魔芋是历经千百万年进化后非常聪明的"欺骗性"植物，所有欺骗特征都只有一个共同的目的——吸引昆虫授粉，繁殖后代。巨魔芋主要欺骗喜欢腐肉的昆虫，它有很多腐肉特性，比如颜色上佛焰苞深紫色模拟腐烂的肉，气味则是模仿腐烂的肉味，盛花期花序温度是为模仿刚死动物的体温而发热。等到花冠展开后，呈红紫色的花朵将持续开放几天。巨魔芋佛焰苞的顶端温度竟然高达38.1℃，这样可以形成热对流，能把它刺鼻的气味透过林冠散布到更远处，吸引更多昆虫为它授粉。

巨魔芋有400多个雌花，500多个雄花。开花时，第一天它的雄花是不开的，当雌花败了后第二天雄花才开，这样它不能为自己授粉，防止了"近亲结婚"。这是大自然千万年来的进化结果，可以更加优选自己的后代，这也体现了巨魔芋智慧的一方面。

2009年我园的郭翎同志去美国参加北美园艺学会年会，她知道纽约布鲁克林植物园（Brooklyn Botanic Garden and Arboretun）的巨魔芋曾开过花，就到布鲁克林植物园找他们的园艺部副部长马克·费舍打听，哪里能找到巨魔芋的开花球茎。马克是郭翎的老朋友，一年前在2008北京奥运会当天，曾经请在美国的郭翎给他们植物园讲过课。他给了郭翎一个地址和电话号码，告诉她布鲁克林植物园巨魔芋的种源。第二天郭翎就坐飞机到了波士顿，在那里租车前往牙医路易斯（Louis Ricciardiello）在新罕布什尔州（New Hampshire）漂亮的家，他们家有几个设备非常好的温室，里面种有很多巨魔芋和其他珍稀热带植物。第二年，北京植物园通过正常进口渠道从他那里引进了大大小小的巨魔芋球，经过牛夏同志精心养护，2011年5月27日巨魔芋在北京植物园里开了花，这也是巨魔芋在中国第一次开花。这一新闻还上了著名的英文杂志《科学》（Science）网络版。

以后北京植物园又设立了研究巨魔芋的课题，开展了对巨魔芋的开花机理及魔芋属不同植物的花期、花器结构和传粉特点等方面的研究，课题获得了北京市公园管理中心科技进步奖。

2013年，一株4胞胎巨魔芋又在北京植物园绽放，这是世界上第一个开多朵花的巨魔芋。北京植物园通过各种渠道宣传科普巨魔芋知识。我在巨魔芋开花的时候，几乎天天到大温室，给来自世界各地的专业、非专业人士科普巨魔芋。我记得接待了中国植物园年会的名誉主席许智宏院士、贺善安先生和当时来京的国际植物保护联盟（BGCI）主席、英国爱丁堡植物园主任史蒂芬·布莱克摩尔（Stephen Blackmore）。郭翎和牛夏等同志的科研引种成果，受到了专家和社会各界的盛赞。2022年7月，巨魔芋又实现了世界上首次群体开花。

寿命最长的叶子千岁兰，一片叶子能长上千年。北京植物园的千岁兰是我们的成雅京同志2004年从南非科斯坦布什植物园

2013年6月，4胞胎巨魔芋在植物园温室开放。左起：张佐双、刘东燕、牛夏、郭翎。

（Kirstenbosch National Botanical Garden）引进的。为了养护好引种进来的千岁兰，2011年成雅京同志第二次到南非学习时，特意开车往返6000公里从开普敦到纳米比亚，进行了千岁兰原产地气候及植物种类的考察和学习。在她的精心养护下，千岁兰在我们植物园生长得很好。

三大旗舰植物我们已经有了两个，就差一个海椰子了。

海椰子又叫臀型耶和双椰子，只产于赤道附近印度洋上非洲的塞舌尔共和国的普拉斯林岛和克瑞孜岛，全世界每年收获的成熟种子只有1200粒左右。它的种子状似女性的臀部，雄株的花序又酷似男性的生殖器，在原产地被人们奉为神物。海椰子通常20—40年才能开花结果，8年左右果实才能成熟，种子发芽最少也要3个月。

展览温室建好后，时任政治局委员、副总理吴仪同志来视察，她在北京任过副市长，曾多次来园，我们比较熟。她说佐双，有什么需要我帮忙的吗？我说您那么忙，我们哪敢给您再添事儿？她说你还别客气，过时不候。那意思是我现在还能帮你，你等我将来退休了，我就没法帮你了。

我说大型温室里边有三大旗舰植物，一个是世界上最大的种子，叫臀型椰，也叫海椰子，也叫双椰子，只有塞舌尔群岛有，那是人家的国宝，根本不给。一个是世界上最大的花，巨魔芋，还有最长命的叶子千岁兰。我说我们北京植物园需要引进臀型椰，但是缺乏沟通途径。她说好了好了，你写个报告，明天交给我秘书。我们立刻起草了收集塞舌尔群岛上特有植物臀型椰子的报告，送到了她的秘书手里。没有一个礼拜，秘书就通知我们，臀型椰的事情给你联系好了，你们去塞舌尔收集植物吧。

这件事也得到了国家科委的重视。国家科委派了续超前同志，市科委派了王丽水委员，园林局派了科技处处长邓其胜同志和我，再带着一个我们园刚从英国学习回来、英语比较好的朱仁元同志，

2001年1月，前往塞舌尔洽谈引进臀型椰事宜。左起：朱仁元、塞舌尔植物园园长雷蒙德·布依洛维奇（Raymond Brioche）、张佐双、塞舌尔环保部副部长、塞舌尔环保部官员、邓其胜、续超前、王丽水。

逐梦——植物园六十年

一起到非洲去了。我们到了塞舌尔，中国驻塞舌尔的大使馆热情地接待了我们，当天就给我们约好了当地环保部负责植物园的副部长和塞舌尔植物园的主任。

事情进展很顺利。我们与塞舌尔植物园签订了协议，他们提供了 5 个臀形椰的种子。这种椰子树是他们的国宝，塞舌尔群岛由 150 多个小岛组成，只有两个面积不足两平方公里的小岛上有这种树。每个到岛上去的人只准买一个空椰子壳的标本，100 美元一个，活的种子根本不许出境。我们能顺利跟他们签订协议，是吴仪同志给了巨大的帮助。2003 年，曾经接待过我们的塞舌尔环保部副部长升为卫生部长，他到北京来开世界卫生部长会议的时候，还专门点名到北京植物园，来看他们送给我们的臀形椰。那个臀形椰正好都发芽了，长得也很好，他非常高兴，说是代表了我们中国和塞舌尔群岛的友谊，在那儿跟我一起合影留念。

丰富植物种类

在我们建温室的过程中，还有一件事让我记忆犹新。有一次园林局魏广智局长陪着时任北京市副市长的汪光焘同志来检查工作，为第二天贾市长来做准备。我跟汪光焘副市长说，植物园水平的标志之一是它收集、保存植物的种类有多少。他问我哪家植物园收集的多？我回答说，发达国家的植物园，像英国邱园，它收集过 5 万多种，现在展示保存了 3 万多种。全世界高等植物达到 30 多万种，有 1/10 在那儿活着、保存着。汪市长问，你们植物园有多少？我说我们才 4000 多种。他诧异地问，怎么差那么多？我说我们想努力增加，我们园林局在经费很紧张的情况下每年还支持我一定的收集植物的费用，我说魏局长很支持我们了，可是还不够。我说我们小目标是第一期收集到1万个种类，现在还需要一些经费。汪市长问你需要多少钱？我回答说我们收集到1万种，起码还得需要600多万。他说好了。没过一个星期，我们局里的计财处长就电话通知我，市政府给你们拨了600万人民币的引种经费，这个钱不许干别的，只许收集植物用，专款专用。我就知道这是汪光焘副市长给我们拨来了他手里可以掌控的资金。因为我从其他领导那得知，每位副市长手里会有一点机动资金，你要多了他拿不出来，不要超过1000万。所以这600万可想而知，汪光焘副市长当时是把他手里流动资金都支持我们了。我们拿这600万丰富了植物园的植物种类，进行科学实验，并把美好的植物景观呈现给广大市民。

建温室收集植物前，魏广智局长跟我说，有个华侨叫郑文泰，热心致力于生态修复事业，他利用自己在房地产项目挣的钱，在海南兴隆建了一个热带花园，收集了很多热带植物，你们可以去拜访他。我和霍毅、加拿大盆景赏石协会会长阮海淳先生去海南收集植

1997年到海南收集植物，拜访郑文泰。左起：郑文泰儿子、郑文泰、张佐双、阮海淳、霍毅。

　　　　　　　　　　　　逐梦——植物园六十年

物时，拜访了他。当时他正在花园里挥汗如雨地种树。我向他学习了热带植物的收集技术并向他提供了植物园管理的经验，后来他高兴地告诉我，听了我的建议，他的花园不仅生态好了，游客多了，同时有了很好的经济效益。1992 年至今，他先后被海南政府授予"爱琼赤子""赤子模范""赤子楷模"等荣誉称号；2013 年被评为"中国侨界杰出人物"，2015 年被评为敬业奉献的"中国好人"，2018 年入选"感动海南"2017 十大年度人物。先生于 2022 年 3 月 29 日仙逝，是我们中国花园界的重大损失。

水系治理

北京植物园景区建设，形成了从西北向东南贯穿全园的一条水系，这在全世界的植物园中也是比较独特的。大温室建设因为被列入北京市的重点工程，北京市领导经常来检查工作。当时的市长贾庆林同志一年中先后 8 次到过现场，贾庆林同志每次来之前，时任副市长汪光焘同志都预先来踩踩线，做准备。为大温室建设，汪光焘同志先后到植物园 10 多次，具体指导我们的工程。

有一次贾庆林同志来视察，我在月季园跟贾庆林同志汇报，我说您看我们植物园这里三面环山，有 10 平方公里的汇水面积，按北京的降雨量，每年有六七十万方的水白白流掉了。一方面水是我们植物的命脉，另一方面水是我们景观的眼睛。我们这里是有山缺水啊！园林缺水，就跟人没眼睛、没有灵魂一样。贾庆林同志就问我，那怎么办呢？我说北京缺水，如果能在植物园修湖，把下雨白白流走的水存起来，就能解决植物园缺水的问题。不仅完善了生态，还完善了我们的景观。如果安个泵，就能把后山京密运河的水引过来，那就更好了。贾庆林同志当时就跟汪光焘同志说，你帮他

2003年，汪光焘同志到植物园指导工作。左起：程炜、李炜民、汪光焘（时任国家住建部部长）、张佐双。

们解决下这个问题。

很快，汪光焘副市长给贾市长手写了关于解决北京植物园缺水问题的请示，贾庆林同志立刻批示了"同意，请刘淇同志办"，那个时候贾庆林同志改任市委书记，刘淇同志由副市长当市长了。刘淇同志批了"同意，请按基建程序办"。按基建程序办，市计委的领导立刻就来了。市计委的领导说，修这个湖面我们同意，从后山引水过来动静比较大，我们下一步再解决。接着说现在给你们解决修湖面问题，你们想过没有，如果不下雨的时候怎么办？我们再给你们解决打两眼深井，允许打到3000米，这两眼井能够保证你们植物园的用水了。

听到市计委领导的承诺，我们喜出望外。我们知道国家对3000米的深井控制得非常严格，如果3000米深水都没了，那就得迁都了。我们请勘察部门在植物园东部和西部确定了位置，打了两眼深井，补充我们的水源。

开始，有一位副局长怕把钱都花在植物园，就说佐双，一修水系你械树蔷薇区那边的草地就给毁了，陈主任和孟先生那边过得了关吗？

我就去请示陈向远主任，他时任北京市绿委副主任。我向他汇报了改造水系的计划，陈主任说，中国园林是山水园林，你那儿缺水不缺草，在你那儿是一片草好还是一片水好呢？我支持你们修水。请示完陈主任，我和刘红滨同志带着方案接着去请示孟兆祯院士，一汇报，孟先生坚决支持。他说中国园林是山水园林，光有山没有水是缺憾。有了水以后，不仅植物园的树长得更好，对人也好。所以从生态上讲，从景观上讲，你们修水，我坚决支持，我给你写支持的意见书。回来我就跟当时那位领导汇报，我说我已经请示过陈主任了，陈主任支持修水，我也请示过了孟兆祯院士，孟院士也同意。但是，最后还是把水面缩小了。按照我的想法，北湖水面可以一直到关帝庙那边，留下小庙和国槐，小庙在水边上。把西侧的碉楼做成一个岛，水面一直延伸到洋灰大王墓园西边的从樱桃沟延伸过来的清代引水河墙那。这里可以形成一个山涧，这样植物园不仅有一个平面的湖，还有一个山涧，用落差做一个瀑布，丰富景观变化。但是我的这个愿望没有能实现。

为了修湖，北京市拨款 6000 万用于打井，王仁凯局长支持把水面尽量修得大一点。我们都去过中南海，去过颐和园，中南海一进门就是水，建筑在水的四周。颐和园也是进去后绕过大殿就是开阔的水面。颐和园的水面要比陆地面积大得多。植物园面积 400 公顷，我是想修 9 公顷的水面，9 公顷和 400 百公顷相比，比例不是很大。但是迫于经费和其他问题，最后我们才修成 6 公顷水面。水系修好后，植物园游客量比修水以前成几倍地上升。原来我们一年几十万的游客，修好水面后，当年仅桃花节的游客售票量就突破了 150 万。

时任北京市委书记贾庆林同志专门请全国人大常委会委员长吴邦国同志来视察植物园水系。邦国同志顺路先看了曹雪芹纪念馆，然后说你看你们老贾，还让我来植物园，我说我以前去过了，他说你再看看吧，他们修了水面。因为吴邦国同志第一次来的时候还没修水，也没有建大温室，所以贾书记请邦国同志再次来看一看。站在咱们那个桥边上照的相，很美。从心里说，植物园完成水系改造后真的是美，因为咱们这是真山真水，后边是青山，前面是绿水，绿水青山生态就完整了。

水系调整后，植物园东部形成了 3 个较大的湖面，分别是南湖、中湖和北湖；植物园西部，樱桃沟往南，连续有 3 个小水面；加上樱桃沟里的 3 个水潭，整个一条水系把它贯穿起来。在中国的数字里 9 是"天数"，为最大，我们遵从了这个传统。水是植物的命脉，水是景观的眼睛，水让整个植物园灵动了起来。

整个水系改造也是我们植物园京华园林设计所的同志们自己做的。当时我印象很深的是刘红滨同志正在怀孕，她挺着个大肚子，来回地在现场指挥把图纸落地。回办公室就画图，到现场就测量，一天反复多次。设计所的肖寒、尹豪（现北京林业大学园林学院教授）同志先后配合她做设计。我们湖区设计获得了北京市优秀设计一等奖。当年，北京市组织市民投票选举最喜欢的公园，我们获得了第一名。金碑、银碑不如老百姓的口碑，政府满意，专家满意，老百姓满意，这让我们感到无比欣慰。

建设永平梅园

梅园位于卧佛寺坡下西侧，北接樱桃沟水库，西至西环路，南抵卧佛寺下坡广场，东临竹园。

梅园是植物园规划中的一个专类园，得到梅花专家陈俊愉院士的高度关注。20 世纪 90 年代，旅日侨胞刘介宙先生和夫人刘萧澄

1998年刘介宙先生来植物园商议捐献梅花事宜。左起：史超雄、刘夫人（刘萧澄子）、刘介宙、陈俊愉、杨乃琴、张佐双、黄亦工。

子捐赠了30余种6000株梅花，栽植在现在梅园所在地，形成了梅花观赏区。

　　梅花为我国传统名花之一，栽培历史极其悠久。1998年，陈俊愉院士被国际园艺学会聘选为梅品种国际登录权威，这也是中国获得的第一个该类荣誉。就在这一年，我去日本访问，除了带回4个桃花品种外，我还一下子带回来将近40个品种、每种2棵的梅花。陈俊愉院士高兴地拍着我的肩膀说，植物园重要的工作之一就是引种驯化。你看我辛辛苦苦做了一辈子，才培育出12个抗寒梅花，你去了一趟日本，一下子就带回来40种。我带的都是真梅系的，真梅系是有香味的。

　　因为每种只能带回两棵小苗，一开始，我们把每种一棵苗栽到了引种驯化地小井沟的室外，另一棵栽到了小井沟室内的冷室里面。结栽在室内、室外的全部成活。当时我到日本，人家邀请的是陈俊愉夫妇、我和梅园的设计师刘红滨。陈院士到北京林业大学党委书记和校长那里去请假，他们都不敢签字，说您这八九十岁的老人了，我们得对您负责，气得陈院士都跟他们争论起来了。领导不批，陈院士也没办法，他说佐双你们自己去吧，你看看他们有没有抗寒的梅花。到了日本我就跟刘介宙先生说，您得帮我们找一个懂得抗寒梅花育种的专家。刘先生就找到一位年长的女性梅花专家。我对这位专家说，我们想引种一些抗寒的梅花，她说日本北海道冬天很冷，那里的梅花比较抗寒。日本人自己也承认，北海道的梅花是唐朝时从中国带过去的，经过1000多年的驯化培育，他们培育出很多抗寒的新品种。所以我带回来将近40个品种的梅花，基本上都活了。

　　跟人家建立联系，抓住机会送人学习；另一个事儿就是引进好植物，收集引种的资料和实体植物。去美国时，带回了90多种国内没有的植物；去日本一下子带回来40个品种的梅和5个品种的桃。

　　刘介宙先生是我们多年的挚友。我曾经陪着胡昭广副市长以中

2002年在日本考察植物。左起：张佐双、刘介宙、刘夫人、王康。

　　　　　　　　　　　　　　　　　逐梦——植物园六十年

国生物多样性保护与绿色发展基金会的名义赴台考察，胡市长说咱们转自己的，不惊动台湾政界。我到了台北，给刘介宙先生的司机小高打了个电话，我问他刘先生在吗？他说刘先生昨天去日本了，我说那就不惊动他了，他说您在哪儿？我说我到台北了。他就立刻给刘先生打电话，很快刘先生就给我回电话，让我把行程发传真给他。

第二天我们到了台中，没想到老人家接到我的传真后，立刻就从日本飞回台北，接着开车到台中，已经在那里和台中市长胡志强来接我们了。他们陪着我们参观，请我们吃饭。最后回台北的时候，刘先生计划安排时任台北市市长的郝龙斌先生会见我们，胡昭广副市长因为有别的安排，就婉辞了。胡市长说没想到刘先生这么热情。我跟他介绍了刘先生为植物园赠送了很多梅花，胡市长也很感动，他说你们一定要把那些梅花养好。

我的恩师们

俞德浚院士

俞德浚 1931 年毕业于北京师范大学。他的老师胡先骕先生很欣赏他，胡先骕先生被誉为中国植物学之父。1912—1916 年就到美国加州大学伯克莱分校读植物学，读完回国后感觉知识还不够，1923—1925 年又回去在哈佛大学读完植物学博士，回国就想建庐山植物园。俞德浚大学毕业后就留在了胡先骕先生身边做助教，在"静生所"即植物研究所的前身做研究工作。静生所后来搬到了昆明，胡先骕又带着俞德浚到了昆明。俞德浚在昆明做了多年研究工作，经常上山采集植物。他拥有很多植物标本，被誉为中国四大采集家之一。他收集的植物标本后来拿到英国的爱丁堡植物园去做

上：1984 年与俞德浚院士合影。

下：1985 年 10 月 18 日，北京植物园建园 30 周年合影。
前排左 23 俞德浚、左 30 张佐双。

逐梦——植物园六十年

过鉴定，又到英国的邱园去做过鉴定。经鉴定，他带去的很多都是模式标本，一经过鉴定就是新种。邱园（Royal Botanic Gardens, Kew）是世界上最有名的皇家植物园，建园历史可以追溯到1759年，200多年来培养了很多优秀的植物学家。俞德浚先生以其优秀的植物分类学成就被英国皇家园艺学会吸收为会员。他先后在英国皇家爱丁堡植物园、英国皇家邱园都做过客籍研究员，是在英国皇家植物园享受研究员待遇的中国专家。有研究者到过爱丁堡植物园查档案，在爱丁堡植物园领过工资的中国籍研究员，只有俞德浚先生，那是一份非常优厚的薪水。

新中国一成立，俞德浚就立刻到英国外交部去办签证，要求回国。英国政府不给他签，因为他是著名的学者，他们设了障碍。俞先生不放弃，一直坚持，签证等了半年多，英国外交部没理由不让人家回来，才无奈放行。俞先生于1950年从英国回到了祖国，回来后就到了中科院植物分类所。

俞德浚院士，是1956年国务院批准成立的北京植物园首届主任，曾任《中国植物志》主编。这部巨著，荣获了国家最高科学进步奖。

俞德浚先生在我成长过程中给过我很大的帮助，是我的贵人。此生有幸结识他是我的幸运，是他推荐我上了大学，后来我才可能进入植物园的领导班子。他上个世纪五十年代出版的《植物园工作手册》，成为我从事植物园事业的终身教材。

俞先生去世后，他的夫人把先生一生收藏的书籍，捐献给了我们植物园。他的爱国情怀和严谨的治学精神，永远激励着我。中国植物园的终生成就奖就是以他的名字冠名的，叫"德浚中国植物园终生成就奖"，我也获得了这项殊荣，这是我一生最看重的荣誉，因为他激励着我，终身为植物园的事业奋斗。

陈俊愉院士

陈俊愉院士是由北京市园林局聘任的北京植物园的顾问，从80年代一直到2012年他96岁去世。这么多年，植物园所有大的研究课题，从立项到验收，都有陈院士的指导，特别是温室建设这样的大项目。我们举行的全国性的和国际性的展览，也都请陈院士来给剪彩。他是梅花专家，对我们梅园的建设倾注了全部心血。

陈院士给我留下了这样一句话：千方百计，百折不挠，持之以恒地把事情做好。我这些年在植物园做了一些事，我感觉都离不开陈院士这句话。首先是千方百计想尽办法，然后要百折不挠去推进。

要办成一件事情，很重要的还要重视宣传，使决策者认识到这事的重要性。无论我们建设哪个项目，都要先争取领导的支持，树立信心，这是最重要的。我们常说老大难老大难，老大重视就不难，只要是决定政策的人重视就不存在难事。如何争取决策人的重视，这是很重要的，这就离不开宣传。每次有领导来视察植物园的时候，我都抓住一切机会，从不同的角度来宣传植物园的重要性：植物是人类赖以生存的基础，植物园是保护植物的诺亚方舟。保护

上：1986年，北京植物园顾问陈俊愉带他的研究生来园指导工作。左起：张启翔、张佐双、陈俊愉、杨乃琴、崔纪如、李树华。

下：2007年，陈俊愉院士在北京植物园梅花蜡梅展上科普梅花知识。左起：张佐双、陈俊愉院士。

植物就是保护我们人类自己，植物园是一个地区科技、艺术、文化水平的标志，植物园是人与自然和谐的窗口，这些最基本的道理。我反复地跟不同的来园视察工作的领导宣传汇报。我还会用最简洁的语言把植物园建设的来龙去脉讲清楚，从解放初期，建设植物园得到了毛主席的重视，曾经有 10 个植物学工作者联名给毛主席写信，请毛主席批准给一块植物园的永久园址等等，跟一茬一茬的领导汇报。我在践行陈先生的嘱托。陈先生每年在北京植物园梅花开的时候都来园为市民科普，是全国风景园林行业里为民服务的典范。

国际植物园协会主席贺善安先生

贺善安先生曾任国际植物园协会主席，中国人在国际组织中做主席是屈指可数的。贺善安先生对中国植物园的建设发展，有很多自己独到的建树。1954 年他从南京农学院（现南京农业大学）毕业后分配到南京中山植物园工作，做了很多年植物园的主任和植物所的所长。贺善安先生提出，植物园学是植物学的一个分支学科，因为植物园不仅有收集植物、植物的引种驯化的功能，还有植物的迁地保护、植物的配置、植物园艺等功能。把植物以最美的形式展示出来，同时要做植物的育种工作和植物优良品种的推广工作。也因此，植物园被誉为一个活植物的博物馆，是一个地区科学、文化、艺术的综合体。所以比较发达的国家，在他们的大城市都会有植物园。

贺善安先生研究了一辈子植物园，也是在中国植物园界在一个植物园做负责人时间较长者之一。作为业界翘楚，他也做过全国的人大代表，多次被当地政府推荐评选工程院的院士。20 世纪 80 年代初，他就联合上海植物园和杭州植物园，三个单位共同发起和倡导恢复植物园的学术活动。我记得很清楚，1985 年的 12 月 10 日，他牵头在南京召开了全国植物园学术会议的筹备会，国内几个主要植物园的领导都参加了。我作为北京植物园的代表，也非常荣幸地出席了这次会议。这次会议的主要议题是恢复全国植物园的学术会议，把组织活动再恢复起来。经过贺善安老师的努力，成立了"中国环境科学学会植物园保护专业委员会"，过去中国植物学会有一个引种驯化专业委员会，后来改成了植物园分会。

贺善安老师积极地推动全国的几个学术组织一起开全国的学术年会。2004年，借庐山植物园建园的纪念活动，全国的几个植物园组织联合起来，从那以后，先后在长沙、石家庄、贵州等地召开年会，很多城市每年一届，一直到2020年。因为年事已高，单位劝他太远的地方就不要去了。2020年沈阳的全国植物园年会和2021年太原植物园学术年会，他以视频形式给大会做了报告，效果很好。

贺善安时任世界植物园协会的主席，也是中国环境科学学会的植物园保护专业委员会主任，是我们中国植物园学术方面的领军人物。2005年我们一起合著了《植物园学》，这是世界上第一部关于植物园方面的专著，得到了吴征镒院士的高度赞扬，写了书评。他在书评中写道："植物园的主要任务和目的，是要把任何地区（乃至全球）、任何类群（乃至尽可能多的类群）的活植物集中起来，把'植口'科学登记起来，有效地保存下来，尽可能美妙地展示出来。首先让它们在特定的环境中活下来，繁衍下去，进而从中发展和利用这些物种资源，乃至种质资源，保存下来，发展出去。这是一个无穷大的事业。……"

皮特·雷文（Peter Raven）先生也写了书评，他高度评价此书：这本书为中国乃至世界植物园的发展都奠定了坚实的基础……并提出了新的理论和途径，对植物园进入21世纪非常有用。更深刻地说，这本书强调了植物园在未来植物迁地保护方面的重要作用，会对世界产生很强的影响。

上：2005 年《植物园学》出版后，与作者贺善安合影。

下：2012 年张佐双与贺善安去昆明看望吴征镒先生。
左起：张佐双、吴征镒、贺善安。

2007 年，与贺善安先生去密苏里植物园拜访皮特·雷文。左起：张佐双、皮特·雷文、贺善安。

2010 年，棕榈园林集团资助再版了《植物园学》，2015 年出版了英文版。从 2006 到 2018 年，贺先生与我每年都在《中国植物园》年刊上，联合署名发表一篇论文。论文均排在刊物的第一篇，作为导向性的文章。2022 年，由居里夫人创立的法国 EDP Sciences 出版社再次出版了英文版的《植物园学》（PHYTOHORTOLOGY）并向全球公开发行，由此这本学术著作走向了国际舞台。

还有一些专家不能忘记。20 世纪 80 年代准备建温室的时候，中科院植物研究所的温室专家孙可群先生给予了我们大力支持。孙可群先生去世以后，我们又聘请了余树勋先生，余树勋先生是我们国家著名的园林专家，现在余先生也故去了。北京植物园就是在一代代专家支持帮助下，在一代代植物园人的不懈奋斗下，落实世界眼光国际标准，中国特色高点定位，才取得了今天的成绩。

2011年贺善安先生贺词。

举社会之力

植物园的建设除了我们自己上下一心、努力奋斗外，更得到了社会各界的大力支持。从国家领导人，到不同渠道的各级主管部门，再到普通的群众；从国内的院士、专家，再到国际上享有盛誉的学者，大家对植物园的建设都给予了无私的帮助，倾注了心血。

雕塑家史超雄教授

　　20世纪80年代檀馨同志在为植物园设计牡丹园时，为我们推荐了史超雄教授，完成了牡丹仙子的雕塑设计。史超雄教授是中央美院雕塑研究室主任，他是从意大利留学回来的，他的专业造诣受到很高赞誉。

　　牡丹园内有一个为游客避风雨和休憩而建的仿古建筑群芳阁，阁西侧有个琉璃画壁，琉璃壁画的内容出自《聊斋志异》的一个凄美的牡丹故事。阁的西南侧，在牡丹园的中央位置的雕塑小品《牡丹仙子》，即是史超雄教授的作品。我要感谢史超雄教授，当时他只收了买那块石头的3000块原料钱。那是一块很大的汉白玉石头，雕出来的塑像比真人还要大一些。雕塑很生动，一个洁白美貌的仙子栩栩如生半卧于牡丹花丛，很多国内外的专家和老百姓看了以后，都交口称赞。按现在价格来说，3000块钱根本买不下来那么

1998年，张佐双与雕塑牡丹仙子的雕塑家史超雄。

大的一块汉白玉，他没有收植物园任何的其他费用，就给我们雕出了一个艺术水平非常高的牡丹仙子。英国邱园主任参观植物园时，看到这尊雕塑说太美了，这是东方美女的头，我们欧洲人的身材。

乐善好施的刘介宙先生

有一位台湾的朋友想在北京捐献梅花，找到了著名的梅花权威陈俊愉院士，问这些梅花栽在哪里比较合适。作为北京植物园的顾问，陈院士非常高兴地说，北京植物园要建梅园，你们把梅花捐到北京植物园最好不过了。捐献梅花的台湾朋友叫刘介宙，他的父亲叫刘天禄，是台湾在日本的华侨领袖。刘天禄一生愿意做两件事：建高尔夫球场和到处栽种梅花。

刘天禄是日本著名的华裔商业巨贾，除了在台湾，他在法国、

2007 年，著名歌唱家郭淑珍 80 寿辰合影。左起：胡松华、张佐双、刘夫人、郭淑珍、刘介宙等。

德国、英国都建有高尔夫球场，日本著名的筑波高尔夫球场就是他建的。梅花是中国十大名花之首，梅花香自苦寒来，梅花的这种精神让刘天禄先生一生爱梅花。所以他就到中国各地去种梅花。除了热爱，刘天禄先生也确实有这个经济实力。刘天禄先生去世以后，他的儿子刘介宙为了完成他父亲的夙愿，产生了想给大陆捐献梅花的愿望，经史超雄教授介绍，于是我们有了这个机缘。

我们梅园的面积 100 多亩，不是很大，大约需要 6000 棵左右梅花就足够了。刘介宙先生捐助的同时还邀请我们到日本去考察梅花，同时他也答应了还要赠送一些日本的梅花品种给我们。刘介宙先生本来是邀请我和陈俊愉院士及夫人杨乃琴，设计师刘红滨同志、中央美院的史超雄教授一同去日本考察，因为陈俊愉院士年事已高，学校没能批准他去日本。于是 1998 年的春天，我和刘红滨同志、史超雄教授一起到日本去进行考察。我们参观了日本筑波的高尔夫球场，也考察了日本的梅花。刘先生为我们找到了日本的梅花专家，我说北京四季分明，冬天寒冷，我们想引一些能够在北京成活的抗寒梅花。那位专家是位年龄比较高的女士，她说好吧。于是她从日本北海道的品种里给我们选择了将近 40 个品种的梅花，她说那里的梅花是应该抗寒的。回来经过我们的实验，这些梅花在北京能够平安越冬，而且大部分都是真梅系的，有香味。

刘介宙先生多次往返于日本和中国大陆。他支持国家统一，认同一个中国的原则。他在台湾有很多老朋友，童年时他家和连战先生家是邻居，从小一起长大，按咱们说叫"发小"。刘先生赠送给北京植物园梅花，也跟连战先生说过，连战先生也非常支持。所以 2005 年 4 月 15 日连战先生来北京访问的时候，他提出要看看刘介宙先生赠给北京植物园的梅花长得如何，而且还非常高兴地给梅园题写了"永平梅园"，即永远和平的梅园。题好了以后，我们选了一块精美的石头，把题字刻好了放在那里，恭候着连战先生来揭幕。

连战先生来北京的时间安排非常紧张，其中之一是要到碧云寺的孙中山纪念堂去拜谒衣冠冢，拜谒完了以后路过植物园，为梅园揭幕，接着下午胡锦涛总书记还要会见他。陈俊愉院士听说连战来，想跟他见一面。见面时，陈俊愉院士送给连战先生一本自己的著作《梅花图谱》。因为没有充分的交流时间，连战先生就主动提出来晚上欢迎你们到我下榻的北京饭店，继续交流，他的秘书留下了联系电话。晚上我们陪着陈俊愉院士和夫人，刘介宙先生和他的夫人，和一位画梅花的画家李英葆一块到连战先生下榻的北京饭店，和连战先生进行了两个多小时的交流，并赠送给连战先生一幅梅花画作。

刘介宙先生的社会交往能力很强。他还喜欢音乐，中央音乐学院的郭淑珍教授 80 岁的生日那天，他去看了在中央音乐学院的纪念演出。看完演出就接郭教授来到北京植物园，陪同来的还有著名歌唱家胡松华老师。走到我们丁香园的时候，他们被美景打动，在我们的丁香园放声高歌，非常开心。

刘介宙先生去世的时候，他的后人们给我发来了讣告，告诉我刘先生的公祭安排。刘介宙先生送给我们梅花，表达了两岸和平统一的友好夙愿，我也是本着两岸友好的夙愿，以中国生物多样性保护与绿色发展基金会副理事长的身份，参加了他的公祭仪式。我有一个军旅书法家的朋友叫彭江，刘介宙先生来北京时见过他，非常喜欢他。彭江不仅字写得好，他雕刻的《老子问天》被刘先生连连称赞。刘先生对彭江说，你既然能够在全国政协礼堂的常委厅办书画展，我欢迎你到台湾办个书画展，我给你创造一切条件。因为彭江是现役军人，他到外面办书法展得有严格的审批，所以一直没能够成行。彭江也很尊重刘介宙先生，听说刘先生去世了，写了副挽联，由我带过去。彭江写的挽联，我带到了台湾以后，正好与公祭的礼堂挂挽联的柱子尺寸相合，不长不短，不大不小。这种巧合，也许就是天意。那个挽联是彭江自己创作的，上联是"雨中莲叶舍珠泪"，下联是"雪里梅花戴素冠"。刘介宙先生信佛，雨中含泪的莲叶是上天的悲悯，而他在地球上四面八方种下的梅花都因他的离世而戴上了"素冠"。

公祭那天，规格很高。连战先生主持公祭仪式，马英九出席了公祭，他宣读了刘介宙先生褒扬状，肯定他的一生的功绩。郝柏村、吴伯雄、王金平等人给他扶棺，这个规格是相当高的。

在公祭仪式中，郝柏村去得比较早，我也去得比较早。他看到挽联就问刘介宙先生的公子，这副挽联是谁写的？他说这个字写得好，内容也非常贴切。刘介宙先生的孩子亚洲商会会长刘东光指着我说，这是大陆张佐双园长带来的，郝柏村连连称赞。那天正好台北下小雨，台湾的山上下雪了，梅花就长在台湾高山上。四月份在山上下雪，天气预报中说是几十年不遇的奇观。彭江十几天前写的挽联正好与公祭那天的天象相吻合，这也许真的是刘介宙先生在天有灵吧！我把这些都给录下来发给彭江老师，我说你看，你写的挽联，老天都呼应了。

刘介宙先生好善乐施，经常帮助朋友。2016年我们曹雪芹纪念馆的馆长李明新、刘颖、王靖和张晓欣同志去台湾考察的时候，他也是热情接待，给予方方面面的支持。

北京植物园还先后聘请了陈有民、龙雅宜、董保华、卢思聪等先生为植物园的专项顾问，他们为植物园的建设作出了很大贡献。

红学专家胡文彬

我们植物园内有曹雪芹纪念馆，曹雪芹纪念馆的建设得到了很多红学专家的支持，其中就有胡文彬先生。胡先生曾经到台湾办过《红楼梦》的展览，展览办完了，有些展品他就带不回来了。精心布置的展览，拆了可惜，带又带不回来。刘介宙先生就对胡文彬先生说，你们把这些都留给我，我付给你们费用。这样解决了难题。

1998 年 10 月，参观大陆在台湾举办的红楼梦文化艺术展。左起：张佐双、刘介宙、胡文彬。

回来以后，胡文彬老师每次见到我，都表示要感谢刘介宙先生。

胡文彬先生从 20 世纪 80 年代曹雪芹纪念馆创建时候起，就给予我们指导和支持。30 多年来，一直作为曹雪芹纪念馆的顾问指导工作。曹雪芹纪念馆建馆至今，已经完成了的 6 次布展和改陈，每一次胡先生都是亲自帮助我们审方案，甚至连黄叶村的环境改造都给出了具体意见。现在曹雪芹纪念馆前石碑的《曹雪芹赋》，也是胡先生亲笔书写的。曹雪芹纪念馆的红学讲座、各种纪念活动、专题展览等等活动，都有胡先生的身影。他在学界享有很高声誉，他性格坦率，敢作敢为，因为他的助力，黄叶村的曹雪芹纪念馆广为社会所知，成为国际上研究红楼梦的学者、国内红学家和广大红学爱好者心仪的地方。

胡先生于 2021 年故去，曹雪芹纪念馆永远铭记着像胡先生一样曾经帮助过我们的学界朋友。

外聘专家和国际友人

北京植物园有两名国际指导，其中一名是美国密苏里植物园的皮特·雷文先生。他于 1936 年 6 月出生在中国上海，是美国著名植物学家和环保学家，担任密苏里植物园（Missouri Botanical Garden）园长 40 年，他将该园建设成世界级的植物研究、科普教育和园艺展示中心。现任该园名誉园长。被《时代》杂志称为"地球英雄"。

皮特·雷文是个传奇人物。他从小就热爱植物，14 岁时的第一份植物报告就总结了 506 个他收藏的植物标本，涵盖 337 个物种。他一生著作等身，发表了 700 多篇 / 部文章、书籍和专著，内容涵盖植物进化、分类和系统学、生物地理学、协同进化、植物保护、民族植物学和公共政策等主题。他最出名的著作是与保尔·额雷克（Paul R. Ehrlich）合著的《蝴蝶与植物：共同进化研

2000 年，皮特·雷文来北京植物园指导工作。

究》，于1964年发表在《进化》杂志上。皮特·雷文与别人合著的《植物生物学》（Biology of Plants）教科书在世界上被广为使用，该书现已出版第八版。他发起并主持了撰写《中国植物志》英文版（Flora of China）项目

皮特·雷文一生获得了很多奖项，包括美国科学成就最高奖项"国家科学奖章"，以及日本政府颁发的著名国际生物学奖。他是比尔·克林顿（Bill Clinton）总统科学技术顾问委员会的成员，并且是中国、阿根廷、巴西、丹麦、印度、意大利、墨西哥、俄罗斯、瑞典、英国等多国的科学院外籍院士，伦敦林奈学会（Linnaean Society）外籍会员。为表彰他对植物分类学做出杰出贡献，2000年美国植物分类学家协会（American Society of Plant Taxonomists）设立了以他命名的Peter Raven奖。他是1986年国际生物学奖得主，2000年获得了美国国家科学奖章。他还是美国科学研究荣誉协会前主席，恩格勒奖章获得者。

雷文先生是国际植物园方面的领军人物，也是中国科学院第一批六名外籍院士之一。我们植物园聘请他为顾问，他非常高兴地接受了，我们也很荣幸。他每次到中国来，都到我们北京植物认真地考察，给我们提出过很多非常好的建议。他答应我们派人到密苏里他的植物园去学习。因为他在业界内的突出贡献，2017年7月在深圳召开的第19届国际植物学大会上，我们中国的洪德元院士获得国际植物学界的最高奖——恩格勒金奖（The Engler Gold Medal of the International Association for Plant Taxonomy）。而雷文获得首届深圳国际植物科学奖，实至名归。

我记得在验收华南植物园建设成果的鉴定会期间，午餐时皮特·雷文主动起身到我们这桌来给我敬酒。他举着酒杯对我说，张先生，你是世界上宣传植物园的天才；你是建设植物园方面的天才；你也是管理植物园方面的天才。当时我听了真是忐忑不安，我感觉自己距离他的称赞还差得很远很远，很惭愧，我感到无地自

容。可是我心里也明白，他作为我们的外籍顾问，是在鼓励我们向世界一流的植物园进军。当时坐在我们一个桌上的，有世界植物园协会的主席、南京中山植物园的老主任贺善安教授，贺教授在全国植物学大会上，说了皮特·雷文给我敬酒以及他的一番夸奖，我感到贺先生也是对我的一个鼓励，希望我们北京植物园在全国带个好头，把植物园事业做好。

皮特·雷文指导、支持我们出版了《中国植物志》的英文版。每次他到中国来，都是中科院的领导接待，有一次来中国他跟我说有个心愿，想登上天安门城楼，看看毛泽东说出"新中国成立了"的地方。我们协助他实现了这个心愿，他非常开心。

北京植物园聘请的另一位外籍顾问是美国佐治亚大学的张冬林教授。经我的建议，他热心地与北京林业大学的张启翔教授一起做

2005年，皮特·雷文夫妇登上天安门城楼。左起：张佐双、皮特·雷文、雷文夫人、朱光华、赵世伟、程炜。

2018年，时任北京植物园党委书记齐志坚为张冬林颁发外籍顾问聘书。左起：齐志坚书记、张冬林、张佐双。

北京植物园胡东燕博士的博导，他的学生可以免费在哈佛大学做实验。胡东燕就是在他的帮助下，在哈佛大学完成了观赏桃的基因图谱。该论文在国际园艺学会发表时，引起了学界轰动。

　　张冬林博士现任美国佐治亚大学终身讲席教授，曾任缅因大学终身教授，北美园艺学会东北分会主席，北美园艺学会亚洲园艺学者工作组创始人和主席。他也在国内多所大学任客座教授，获湖南省芙蓉学者、武汉市楚天学者称号。张冬林教授在国际园艺学会授权下，分别于2002年在加拿大多伦多、2006年在韩国首尔和2016年在美国亚特兰大三次召集和主持了"亚洲园艺植物资源研讨会"。他与时任国际园艺学会主席、副主席联系很多，从2002年开始就同他们讨论如何规避敏感政治问题，让中国加入国际园艺学会。他在回国时，我热情地接待了他。我帮助他联系了中国园艺学会主要成员，尤其是联系上了原会长方智远院士。同时张教授还去武汉与当时华中农大邓秀新（后任中国工程院任副院长）校长讨论此事，在邓校长努力下解决了每年的会费问题。

张教授为我国加入国际园艺学会作出了巨大的贡献。经过 8 年的努力，2010 年 8 月在葡萄牙的里斯本举行第 28 届国际园艺学会年会上，中国正式加入国际园艺学会，从此中国园艺大规模走上了世界舞台。

月季界的白求恩——劳瑞·纽曼

中国月季专家李洪权有一个朋友在海关工作，他给我们介绍了一位澳大利亚的月季专家劳瑞·纽曼（Laurie Newman）到北京植物园来参观。劳瑞看到北京植物园的月季园有一百多亩，上千

2001 年在澳大利亚墨尔本劳瑞月季圃。左起：劳瑞·纽曼、张佐双。

个品种、数万株月季，很是开心。劳瑞住在墨尔本，是澳大利亚的月季育种专家，有很多的古老月季品种资源，他主动提出愿意送一些月季品种给北京植物园。月季属于蔷薇科蔷薇属，世界蔷薇属有200多个种，中国有将近一半。劳瑞收集了大洋洲、欧洲、美洲的月季原始种和古老品种，这些东西是植物园育种的原始资料，被他称为"宝贝"，他说要把这些宝贝送给中国。

劳瑞先后到过北京植物园十几次。种月季的土地他要亲自翻土，亲自栽种他带来的月季砧木小苗，亲自嫁接带来的接穗。他先后送给我们300多个品种。每次路费都是他自付。我跟他说飞机的费用我们给你出，他说不要，要是让你们出费用了，就不算我送给你们了。一开始他来北京住在其他饭店，后来我们把他接到北京植物园的卧佛寺饭店。他也是坚持要交费用，住宿要交住宿费，吃饭要交饭费。我说这样吧，你送给我们这些植物是千金难买的，我们花多少钱也买不来，你住在我们这儿，吃个饭，你就别交费了，这样他才同意，可是往返澳洲的费用他还是坚持自己出。

我们多次邀请他出席中国的月季展览。2005年秋天我们在郑州举办了第一届全国月季展，劳瑞正好在北京。澳大利亚在南半球，北京的春天正好是他们的秋天。他在秋天落叶后，把月季小苗给我们送了过来。我告诉他我们在河南郑州要办月季展，问他愿意去吗，他说很愿意跟我一块儿去看看中国其他城市月季种植情况。在那次大会上，他很开心地了解到更多的中国月季发展情况，并热情地在学术交流会上发言。

他多次到中国来，为了交流方便还学习了中文。有一次我在现场观摩他给北京林业大学学生讲课，他的教学方法令我非常惊讶。他让助理把中文念出来，他再用音标标出来。他在英文稿上翻译成中文的拼音，用拼音给学生们读出来。虽然拼出来以后中文四声丢失了，听起来很怪，但是这位澳大利亚老人讲的"南腔北调"，学生们听明白了。他的真诚和用心，这让学生们和在场的我非常感动。

"张佐双"月季

　　劳瑞往返中澳十几次，跟我们建立了深厚的友谊。我们北京植物园建立了一个中澳友谊月季园，2003年5月中澳月季园开幕剪彩的时候，我们邀请了澳大利亚大使馆的外交官，邀请时任文化部常务副部长、中国文联党组书记高占祥同志，还邀请了植物园的顾问龙雅宜先生、董保华先生等很多文化界和植物界的领导、学者共同参加了剪彩仪式。

　　劳瑞对我说，"中澳友谊园里有我一个获奖的月季，一定要以你名字命名"。我说不行，不要以我的名字命名。他坚持说，你是中国月季协会的会长，所以一定要以你的名字命名，品种就叫"张佐双"，象征着我们中澳的月季交流和中澳人民的友谊。他说："你如果拒绝这个，就是不愿意让我和你友谊下去。"考虑到这个问题比较严重，我也只能同意了。这个月季品种长得很壮，像初升的太阳，所以品种的商品名又叫日出（SUNRISE），表达了我们的友谊。

　　2016年在北京大兴区召开月季洲际大会的时候，劳瑞已经80多岁了，大兴区政府邀请他去做了报告。

2007年，张佐双与"张佐双"月季在北京植物园月季园。

2012 年 12 月，劳瑞·纽曼（英）在三亚国际玫瑰节获奖。

为了表彰劳瑞（英）在中国月季发展中作出的贡献，中国花卉协会（月季分会）在三亚国际月季节上给他颁发了杰出贡献奖，成就了外国专家对中国月季的友谊和贡献的一段佳话。

日本著名雕塑家空充秋

经刘介宙先生推荐，在中日邦交 30 年之际，日本著名雕塑家空充秋先生为植物园设计创作了三柱一组"苗生"的石头雕塑。在2008 年奥运会前夕，结合"五环连五洲"的主题，在这个三柱一组的基础上，又进行了再创作，形成了更为壮观的五柱的"苗生"雕塑。

空充秋先生来植物园创作时，我们园里没有精通日文的同志，就请了中科院植物园曾在日本留学的沈世华、王亮生、刘政安博士来帮忙做翻译。

2008 年，空充秋先生完成雕塑"茁生"。左起：张佐双、空充秋、刘介宙。

社会各界的支持

北京植物园的建设得到了社会方方面面的支持。有一次我在园子里检查植物养护情况，遇到几位老同志在那指手画脚地说，当初我们在这挖过坑，种过树。我好奇地走过去问这些老同志，当初是什么时间呢？老同志说是三年自然灾害的时候，1960 年。我问 1960 年你们在这儿种过树？老同志说是，当时北京植物园是我们中科院系统与北京市共建的重点建设单位，当时中科院在京的很多单位，都轮流上这来植树，我们也在这儿植过树。他们回忆说，当初这是一片荒滩，土质不好，没有什么植物。用铁锹挖树坑，根本挖不动。我们都是年轻的男同志用镐刨，女同志用铁锹铲土。当时挖的树坑很大，直径得有一米多。我听了以后就问您是哪个单位的？他说我们是中科院机关的。我说感谢你们，我是北京植物园的工作人员，感谢老前辈当初在这流过汗，为我们种过树。老同志们一听也非常高兴，说你是植物园工作人员？我说是的。他们说植物园现在建设得这么美，你们对国家有贡献。我说要说贡献，你们当初在那么艰苦的条件下帮我们种树，你们贡献更大，你们不仅是从物质上帮了我们，你们这种精神更鼓舞我们，我要把这些事情跟植物园的员工们去宣传。

　　建园初期，科学院系统在京的单位都轮流来种过树，我们北京植物园的首届主任俞德浚先生，在汇报方案的时候，曾经谈起过这些事。当时组织会战，俞德浚院士是总指挥，董保华是副总指挥。后来我问董先生，你作为副总指挥干什么？他说我这个副总指挥负责定点放线，哪个地方照图该种什么植物，要挖什么样规格的坑儿，我得告诉大伙儿。大乔木挖 1.5 米直径、1.2 米深的坑，这是带土坨的。像大油松，小的乔木，落叶的要挖 1.2 米直径，1 米深就行了，一般灌木挖 0.8 米就可以了。因为西山这一带土质很不好，挖着很费劲，有的同志就问挖那么大坑干什么？董先生说，树的胸径决定了根部土坨的直径，胸径 0.13 米的树，根部土坨就得 1.3 米，这是施工的规范要求，有利于树木的存活和生长。还有更大的坑，大的油松要用箱板打坨，箱板的直径是 2.2 米，所以那个坑就得挖 2.5 米，因为栽进去的时候，得把拆箱板的空隙留下来。他一解释，同志们都明白了道理，于是干活更卖力气了。很多同志手上都磨出了水泡，包括俞德浚主任，他可是中国著名的植物分类学家呀！在植物园的初期建设中，大专家与群众打成一片，和工人一样挖树坑，手上都磨出了水泡。那个时候同志们亲切地称他为"老俞头"。大伙儿心疼他，说老俞头您别挖树坑了，您帮着推水去吧。就这样，我们在三年自然灾害那几年栽了 36000 棵树。这 36000 棵树都是中科院在京的各个所和院部轮流来园里栽的，因为1956年成立北京植物园筹备处只有林庆义等3人，到了1959年连工人带干部只有二三十个。这二三十个人只能为来栽树的中科院系统大军，解决浇水和保障他们的后勤工作。当然北京市园林局也非常重视植物园的建设，也先后抽调了各个单位的人到植物园来，从刚开始的20几个人到1962年我到植物园工作时的100多人。

1961年绿化处在天坛有个苗圃，后来天坛公园建设，园林局就把苗木都移到东北旺、小汤山苗圃了。所以北京植物园有相当的骨干力量是从绿化处天坛苗圃调来的，如赵洪均、于进昌、马振川、刘林启、姚秀荣、连海服、马永茂等，还有一个叫杨景全的老班长，他们在苗圃里边受过专门的训练，后来都成了北京植物园的骨干。上级还从颐和园、北京动物园调了一些同志充实植物园的队伍。这些同志调来后，为植物园的建设发挥了巨大作用。

1989年春社会各界来植物园种树。图中拄拐而立者是北京市园林局副局长、老红军李禄章。

植物园后山林的树是建国初期抗美援朝停战后的志愿军上山栽的。志愿军回国休整，当时国家正在号召绿化荒山，绿化西山，朱德总司令亲自来西山种树，所以很多回国的志愿军战士都来香山这儿种过树。

北京植物园在 20 世纪 80 年代中期大建设的时候，还得到了解放军的大力支持，当时总政群工部和卫戍区的群众部负责分配到西山种树。北京卫戍区群工处的李辉处长把装甲兵司令部所属的单位分给了北京植物园。黄新廷司令员亲自带领部队干部战士一起到北京植物园劳动。黄将军亲自挥锹挖树坑，同行的还有位赵副司令员是位老红军，还有一位年轻一点的副司令员叫麻志浩。我一听麻司令是河北口音，在挖坑中间休息喝水时就跟他聊起来了。我问麻副司令，听您口音是河北人？他说是，我河北遵化的。我说咱们隔一

1984 年 3 月，中国人民解放军装甲兵司令黄新廷来北京植物园植树。左起：张佐双、黄新廷、孙锦。

逐梦——植物园六十年

条铁路，我是河北乐亭人。铁路南边是乐亭，铁路北边是遵化。他说对，你们乐亭有个很有名的人李大钊。我说李大钊是我们乐亭人的骄傲，我的长辈杨扶青还支持过李大钊去日本读书。后来麻副司令跟我讲，他曾经在苏联留过学，1957年毛主席访问苏联时接见了中国留学生代表，他亲耳听到毛主席说的，世界是你们的，也是我们的，归根结底是你们的，你们年轻人朝气蓬勃，像早晨七八点钟的太阳，希望寄托在你们身上。麻副司令看着我说，你们都还年轻，要好好努力。解放军不仅帮我们种了树，还留给我们革命传统教育。

解放军装甲兵系统来帮我们种树的部门很多，有装甲兵司令部的，装甲兵技术研究所的，装甲兵技术学院的，集中支持我们种树的主力是装甲兵教练团。这个团都是年轻人，所以比较重的活都是

1984年3月，中国人民解放军装甲兵司令部来植物园植树。前排左2麻志浩，左3张佐双，其余为装甲兵司令部的干部。

由他们来干。当时教练团的团长许延滨是装甲兵部队许光达司令的儿子，许团长跟战士们干一样的累活儿。在很艰苦的条件下，他们连续几年来植物园，给我们帮了很多的忙。

20世纪80年代，除了部队来支援栽树外，国家机关也有主动来联系的。1984年在历史博物馆来的支援人员中，有个人挖树坑非常卖劲儿。历史博物馆的人告诉我，他是我们历史博物馆的负责人胡德平。胡德平同志是北京大学历史系毕业的，后来我们跟他也很有缘分。为了调研曹雪芹在西山的情况，胡德平同志在北京植物园住了一年多。他和群众打成一片，平易近人，就住在樱桃沟的班部里边，到我们职工食堂打饭，和职工吃一样的饭。他从城里到植物园，往返都是骑自行车。在西山做田野调查时，他穿着塑料凉鞋，挽着裤脚管，戴顶大草帽，大夏天的走来走去，像一个普通劳动者。有一回他到我们果树班旁边的碉楼去调查，路过我们职

1995年，四季青乡党委书记王德贵和其他乡领导来园参加活动。左4为王德贵，左5为张佐双。

工的休息点。工人们干活的时候先把打来的开水晾上，歇歇的时候好喝。职工每人有自己的杯子，都放在那儿。我那个时候是副园长，那天去果树班检查工作，正好碰上胡德平同志。他走到那儿，跟班里负责打水的职工说，我能不能先喝一碗？职工杯子不是很讲究的，有茶垢。他得到同意后，拿起来就喝，喝完了以后还给把水续上。他说我先喝了，我再给你们晾上，谢谢你们！很亲切，很随和。后来职工问我他是谁，也不嫌咱们的水碗脏，就喝咱们的水。当时为了保证胡德平同志的安全，不能跟职工说那是总书记的儿子，我只是说人家是一个学者，来调查曹雪芹在西山情况的。德平同志朴素的优良作风，后来一直被职工们传为佳话。

北京植物园的重大活动

北京植物园承担着为北京市民提供植物科学普及、营造休闲娱乐场所的功能，利用我们的植物资源，我们从 1989 年开始，开创性举办了桃花节，至今已经成功举办了 34 届。每值桃花盛开之际，到北京植物园观赏桃花并在游览中感受桃花文化，已经成为北京市民的传统节日。

随着植物园的建设发展，植物园陆续举办了亚太地区第八届盆景赏石展，世界名花展、国际兰花展、国际仙人掌展，中国月季展，北京菊花展，以上展览都得到了住建部有关领导和国内外盆景专家的指导和支持。"京华名树——阿南史代摄影展"，参加了1995 年天安门国庆节花展。

除了以植物观赏为主题的花卉节和展览外，我们还曾举办过与植物园有关的著名风景园林专家孙筱祥先生的画展和著名油画家王石之先生的油画展，著名音乐家吕远先生的"第八届长城之春吕远作

1985年，为张海迪加入中国作家协会事宜在卧佛寺龙王堂会议室会面。左起：魏巍、张海迪、杨沫、张佐双。

品音乐会"等。我们支持社会公益事业，呼吁社会关爱救助白血病患者的公益活动。同时有些文化名流的交流活动，也选择在植物园。

1984年，北京市副市长张百发同志指示，杨沫同志不仅是作家，还是北京市委的第一任妇女部长，她在你这里写了《青春之歌》；现在房主不续租了，杨沫同志说她在香山有写作的灵感，希望北京植物园租她几间房以供写作。按市里领导同志的意见，我们租给她几间房，她在北京植物园创作了多部文学作品，并且赠予了我们。在她逝世以后，房屋按合同被收回了。

一二·九运动纪念亭

1980年6月，北京市植物园工人在清除樱桃沟旁杂草时，发现一块大青石上刻有"保卫华北"字迹。时逢北京市政协主席刘导生到樱桃沟视察，经他证实，这4字是一二·九运动时爱国学生留下的。

"保卫华北"石刻对面的石壁上还刻有"收复故土"四字，被杂草掩映，亦为当时所刻。

1935年12月9日，北平学生掀起了轰轰烈烈的"一二·九爱国运动"，要求政府抗日。为了迎接日益高涨的抗日形势，培养革命力量，在中国共产党的领导下，中华民族解放先锋队和北平学联一起组织了北平各大学校在樱桃沟举办夏令营，讲解当前形势，进行军事训练。清华大学赵德尊与北京大学陆平二位学生，一起在石头上雕刻了"保卫华北"四个大字。

纪念一二·九运动50周年前夕，中宣部部长邓力群等人倡议在樱桃沟建立一二·九运动纪念亭，缅怀革命先烈并启教后人。

纪念亭由共青团北京市委和北京市学生联合会募捐建造，北京工业大学建筑系宋晓松、李长生设计，占地0.1公顷，由三座三角形小亭组成。北面山坡处，矗立着长28米、高3.3米的纪念碑。黑色大理石碑身，全国人大常委会委员长彭真为"一二·九

1985年12月9日，党员在一二·九纪念亭揭幕仪式上宣誓。

运动纪念亭"题写碑名，碑文由刘炳森书写。1984年12月8日下午，一二·九运动纪念亭奠基典礼隆重举行，国务委员、一二·九运动老战士康士恩和北京市政协主席刘导生为纪念亭破土奠基。

在建设过程中，时任北京市团市委副书记的蒋效愚同志，在植物园举办了多次会议。北京市委书记李锡铭同志，亲临现场视察。北京市园林局党委书记张光汉同志参加了开幕仪式。彭真同志后来视察过纪念亭。现在，"一二·九运动纪念亭"已经成为爱国主义教育基地。

节约粮食展

1985年，在胡乔木同志的倡议下，我们举办过一次节约粮食展，这个展览当时很轰动，北京市的中小学生乃至大学生都由学校组织前来参观。

胡乔木同志先后四次到植物园视察，他非常关心植物园的建设和发展。我向他汇报我的老师陈延熙和他是同乡，都是江苏盐城人，他说我们一起参加过一二·九运动，后来我去了延安，他去搞科技救国了。胡乔木同志过问了植物园的经济情况，他说你们办个节约粮食展览吧，现在学校里有浪费粮食的现象。一个礼拜后，他又来过问展览的事。我答复我们正在向上级申请立项和布展的经费，他说我知道了。不久，北京市园林局领导，拿着北京市常委、市委宣传部部长李志坚同志的批示，要在北京植物园举办"节约粮食"的展览，经费由北京粮食局提供。经过认真的规划和精心的布展，展览开幕时，北京市张福森、强卫、袁立本，北京市园林局郭晓梅等领导同志参加了开幕式。中顾委委员李运昌同志也参加了开幕式。北京市的大中小学，都组织学生参观节约粮食展，起到了节约粮食的教育作用。

1985年"节约粮食展"展览开幕式。前排左2为李运昌。

树木的社会认养

为了动员全社会关爱植物，从2004年开始，我们对社会开放植物认养，普通树每年每株200元人民币、古树每年500元人民币养护费用，认养年限不限。有人一次认缴了50年的养护费用。我们请著名歌手周艳泓（周彦宏）作为认养树木的形象大使。先后社会共认养了古树142株，普通树木774株。

保护植物就是保护生物多样性，保护植物就是保护人类自己，这个活动促进了全社会对保护植物的认识。

2005 年 4 月 11 日，歌手周彦宏担任北京植物园第 17 届桃花节形象大使。图为周彦宏为北京植物园游园文明礼仪小课堂的学生们现场教授文明礼仪时，与张佐双合影。

服务社会

植物园利用自己的优势，为社会服务，承担过多次为社会单位和社会名流做园林绿化美化的任务。我记忆很深刻的一次，是1998 年 5 月，市政府通知我们，世界著名建筑学家贝聿铭先生在北京设计中国人民银行大厦时，由于在室内设计了竹景，提出希望与北京的竹类专家进行交流。市园林局规划处处长张济和同志，我，以及北京植物园的程炜、夏咏梅等同志，一起到施工现场和贝先生就竹类在北京室内景观的应用与养护进行了交流。

我们很坦率地跟贝先生说，竹子在北京室内，不能满足它的自然生长条件，长期种植肯定是不行，但用盆栽方式进行展示，并备有一定量的储备，定期更换，可以保障观赏效果。贝先生听后对业主方说，我就是想用竹子的景观，他们很有这方面的经验，这个项目就交给植物园办吧。

1994 年，我们利用枯枝，在植物园内的绚秋园进行了花卉的立体装饰"花树"的实验展示，受到好评。1995 年天安门国庆布展时，园林局领导让我们承担了天安门广场立体花卉的布置任务，受到市民的欢迎。这个科研项目获得了市政府的科技进步奖。

上：1998年5月，与贝聿铭交流。前排左1贝聿铭，左2张济和，左3张佐双。

下：1995年9月，北京植物园职工在天安门布置花展。前排左5张佐双，左6为花卉队队长汪兆林。

上：2006 年，北京植物园领导班子合影。左起：许海（副园长）、车启升（工会主席）、刘海英（党委副书记）、张元成（党委书记）、张佐双（园长）、程炜（副园长）、赵世伟（副园长、总工）、黄亦工（副园长）、李文海（副园长）。

下：2007 年，北京植物园部分中层干部培训合影。

第六章

培养人才

第一序列的重要工作

1993 年 5 月，北京市园林局局长魏广智同志找我谈话。他说佐双，你们园长杨松龄同志下海了，组织决定由你来主持植物园的工作。我忐忑不安，既感谢组织上的信任，同时又感到很大压力。压力在于不仅我本人各方面的能力需要提高，更重要的是当时整个植物园职工队伍的状况与植物园的发展不相称。一座植物园的发展建设需要一支技术队伍，当时全园学园林绿化专业的本科生却只有几位。我就跟魏局长说，现在植物园需要技术力量，希望局里每年分给我们一些学这个专业的大学生和中专生。魏局长当即表示支持。

魏广智局长在宣布我主持植物园工作的干部会上，当着全体干部的面嘱咐我说，佐双，你的主要任务是设舞台、搭梯子、培养人才，植物园建设需要又红又专的人，你要尽最大的力量培养园林事业的接班人。

他走后我们立即召开党委会，研究了政策，制定了规划。政策之一就是所有在植物园工作的员工，只要所在部门没有反对意见，都有一次提高学历的机会。成绩优秀者次数不限。我们还制定了这样一个奖励规定，年轻人自己报名提高学历的学习，拿到相应文凭，单位给予报销学费。同时根据不同的学历，单位给予不同级别的奖励。我们相信，植物园要建设成一个学习型的单位，有这样一个鼓励学习的政策，几年即可见成效。

果然很多园林学校毕业分来的中专生，都积极到北京林业大学去续专科，大专毕业的续读本科，本科毕业的去读硕士，一时形成了浓郁的学习氛围。我的想法是，植物园的每个植物研究专项、每一个专类园，各培养一个在世界植物园领域里的学术带头人，要在专业领域内，站在世界学术前沿。

人才是社会的，我们为植物园培养人才，就是在为国家的园林绿化事业培养人才，也是为世界为培养人才。而对人才的培养，的确需要世界的眼光和胸怀，这与我多次出席国际会议，考察世界先进的植物园有着很大关系。

世界的眼光和胸怀

目前世界上 3000 多座植物园中，只有 3 个被列为世界文化遗产：意大利的帕多瓦植物园（Orto Botanico dell' Universitvà di Padova）、英国皇家植物园邱园（1759 年）和新加坡植物园（Singapore Botanical Garden）（1859 年）。为了丰富北京植物园的植物种类和学习国外植物园的先进理念、管理经验和标准，我曾先后多次出席过国际植物园界的学术会议，考察过多个国家著名的植物园。这种考察和学术交流，不仅开阔了我们的视野，促进植物的引种和交换、科学技术的交流，以及专业科技人员的互访交流，还让我为北京植物园培养具有国际水平的人才，有了更多的机会。

意大利的帕多瓦植物园始建于 1545 年，是世界上最早建立的植物园，属于帕多瓦大学，是世界文化遗产。在帕多瓦植物园我见到了原产于中国的银杏和月季，该园主任对这些植物能在欧洲生长得很好，深表欣慰。他们曾经引种过原产于中国的世界著名观赏植物珙桐，树的胸径已经长到十几厘米，树冠已经达五六米。后因生态不适而死掉了。

英国皇家植物园邱园收集了 30000 多种活植物，是世界上收集植物种类最多的植物园。它有一个世界闻名的园艺学校，专门培养植物园的管理和技术人才。1997 年我第一次考察了这座世界上最著名的英国皇家植物园。他们有一个四年制的国际园艺学校，成为世界植物园界年轻人的向往。在这次访问中我以北京植物园园长的身份，找到邱园的主任，提出北京植物园希望派人到他们的园艺学校学习，得到了他的同意。后来我园陈进勇得到了这个学习机会。

2001 年考察意大利帕多瓦植物园，与帕多瓦植物园主任合影。

邱园的设计人员跟我说，当初邱园的设计，是借鉴了中国自然式园林的手法，他们在邱园内，还建了一座中式的塔，成为标志性的建筑。有意思的是，我们中国的塔一般层数为单数，而他们的塔则是 10 层。

英国皇家爱丁堡植物园（1670 年建）也是世界著名的。他们的园长史帝芬·布莱克摩尔教授（后来任 BGCI 主席），非常热心于植物的迁地保育，他曾多次来到中国，到北京植物园与我们交流，对我们的迁地保护给予了专业的指导。他也是中国植物园联盟的咨询委员之一。

1986 年，我随国家科委组团到建于 1810 年的柏林洪堡大学考察，见到他们的植物园规模虽然不大，但却保存了 26000 多种植物，很是震惊。我们的翻译是吕瑞兰，是美国著名环保著作《寂静的春天》的中文翻译。我此次考察的任务，是保护树木的医生鸟

上：1997 年，张佐双考察英国皇家植物园邱园。

下：2013 年，在新西兰但尼丁参加国际植物园会议。左起：布莱克·摩尔、张佐双。

类，因而这次考察环境保护工作是我们的重点。我看到了大学植物园里树上悬挂着鸟巢，这对我们做的"红叶招鸟工程"有很多启发和借鉴作用。

　　美国的密苏里植物园是美国科学性很强、影响力很大的植物园，该园主任皮特·雷文博士是北京植物园的外籍顾问，他也是中国植物园联盟的咨询委员之一。他曾多次访问中国，来到北京植物园，对北京植物园的发展提出过很多建设性的意见，给予了很多指导。

　　美国纽约植物园建于1895年，它的温室被誉为"白宫"。它有一个世界著名的月季园，其科学性和艺术性都很强。我曾经在那里

1986年在德国洪堡大学考察。左3段洪德，左4付立勋，左7李瑞兰，左8张佐双。

2007年访问密苏里植物园。左起：於虹、雷文夫人、奉宇星（朱光华夫人）、贺善安、皮特·雷文，前排中朱光华博士的儿子，左6张佐双，左7王康。

出席过美国月季协会举办的世界月季名人堂——"蒋恩钿月季公园"发奖大会，美国月季协会会长香丽颁奖，蒋恩钿先生的外孙女高宇任翻译。

美国的布鲁克林植物园，其科学性和艺术性也非常强，令我难忘的是他们退休多年的老主任，还经常上班，继续她的植物研究工作。

长木植物园是美国杜邦基金会支持的植物园，被誉为美国最美的植物园。他们有一个"国际园艺师培训项目"（International Gardener Training Program），我们访问后，与他们建立了联系，先后派出王康和魏钰同志到那里去学习，取得了很好的成绩。

加拿大的蒙特利尔植物园有一个规模很大、设备先进的温室。该园的主任皮埃尔·布克（Pierre Borque），后任蒙特利尔市的市

上：2014 年出席纽约世界月季名人堂——"蒋恩钿月季公园"发奖大会。左起：香丽（Pat Shanley）、张佐双、高宇。

下：2007 年考察美国布鲁克林植物园。左起：张佐双、布鲁克林植物园老主任伊丽莎白·司考兹（Elizabeth Scholtz）、布鲁克林植物园主任斯考特·麦德立白（Scot Medbery）。

2007年参观长木植物园。左起：胡东燕、吉姆·哈贝（Jim Harbage）
（长木植物园园艺部部长）、魏钰、张佐双、托马斯·阿尼司考（Tomasz Anisko）（长木植物园活植物收集部主任）。

长，与中国有友好的关系。在访问我园时，为我们做过水平很高的学术报告，并支持我们先后派了朱仁元、刘东燕到该园温室学习。

澳大利亚的悉尼皇家植物园（The Royal Botanical Garden, Sydney）和墨尔本皇家植物园（Royal Botanica Gardens Victoria, Melburne），堪培拉国家植物园（National Arboretum Canberra），新西兰的奥克兰植物园（Auckland Botanic Gardens）和基督城植物园（Chrischurch Botanic Gardens），也各有一个非常漂亮的月季园，其科学性和艺术性也都给我留下了非常深刻的印象。时任园林局局长王仁凯带队考察基督城植物园时，北京市政协的外籍专家邱明春先生帮我们结识了该园主任。我们再次访问基督城植物园时老主任已经退休，给我留下深刻印象的是他作为志愿者给月季运肥，他对植物园的热爱，让我很感动。

2000年蒙特利尔市市长带团访问北京植物园。前排左起：朱仁元、翻译、皮埃尔·布克、张佐双、蒙特利尔植物园董事长、蒙特利尔植物园工作人员、赵世伟。其余人员为蒙特利尔代表团成员。

　　有些出访，是为完成市委、市政府的任务。2001年，贾庆林书记的秘书告诉我，贾书记在访问巴西时，在里约热内卢为你们与巴西植物园签订了友好协议，对方希望你们近期去。我们立即向园林局领导做了汇报，后由北京市园林局党委书记王振江带队，北京植物园党委书记王宪宾、副园长程炜、陈进勇博士同行考察，建立了友好的关系。

　　我还参加过多次国际会议，参会考察的过程在客观上促进了中

上：2001 年访问新西兰基督城植物园。左起：张佐双、基督城植物园工作人员、王仁凯、邱明春。

下：2019 年访问基督城植物园。图为张佐双与新西兰基督城植物园（Chris-church Botanic Gardens）老主任。

国园林行业与国际同行的交流，同时也促成了国内一些地区园林项目的建成和保持国际水准。

1991年，韩国造景协会张泰贤教授到北京植物园访问，为我们送来了国际造景师大会（IFLA）的邀请函。IFLA是International Federation of Landscape Architects 的英文简称，中文名称译为"国际景观设计师联盟"。国际景观设计师联盟（IFLA）于1948年在英国剑桥成立，是一个非营利、非政治、非政府性质的民主性国际组织。它的工作目标是：促进景观设计学专业和学科及其与之相关的整个世界的艺术和科学的发展；建立景观设计职业，使之成为获取美学成就并促进社会变化的公共福利工具；为确定并保持那些未来的文明所依赖的生态系统的复杂平衡贡献力量；在景观的规划设计，景观的管理、保护和发展方面设立高水平的职业机构，并规定人为改变的相应职责；促进景观设计学领域中知识、技能和经验，以及景观教育和职业方面的国际交流。

1992年8月31日至9月4日，国际风景建造师联合会（IFL）第29届会议在韩国首尔及庆州举行，我与老师余树勋先生、北京植物园主任杨松岭应邀参加了大会。由于当时中韩尚未建交，入境手续是由贸易公司办理的。会上我们见到了韩国造景协会会长吴辉泳，得到了韩国同行的热情接待。这是中国园林界首次与韩国同行进行交流，开创了中韩园林学术交流的先河，并与各国的造景同行进行了切磋。

回国前，韩国的姜泰浩先生单腿下跪对我们说，东方园林起源于中国，从中国的西安传到韩国的庆州，从韩国的庆州又传到日本的奈良。我是韩国的硕士，我希望到中国找一个好学校、好老师读博士，深入研究这个课题。我们答应了他。

当时中国只有清华大学的两院院士吴良镛教授具有带古典园林博士的资质。回国后，我找到教我花卉的姚同玉老师，她是吴良镛先生夫人姚同珍的姐姐。经姚同玉老师的帮助和余树勋先生的举荐，吴良镛教授回复说，我还没带过韩国的博士，如果他要读我的博士，必须前来面试。于是姜泰浩来到清华大学，接受了面试。吴教授很严谨，答应他要先读中文，然后再进行博士课程。姜泰浩从1991年开始学中文，经过几年刻苦的学习，直到2003年才圆满完成了博士学业。这期间，姜泰浩在韩国已经从副教授晋升为教授，而且做了韩国庆州大学的学科长（系主任），被选为韩国造景协会的副会长。至今，我们和姜泰浩教授保持着密切的联系。

我们在韩国出席会议时，结识了韩宅植物园的李宅周主任，他提出要与我们建立友好关系。经请示市科委有关部门，上级同意我们进行友好交往。以后我们每年互访一次，交换了很多植物。这种交流从1991年一直持续到2003年。给我留下深刻的印象是，李宅周每次来中国都穿着工作服和登山鞋，进行野外植物考察。他们植

2009年访问韩国汉宅植物园。左起：张佐双、李宅周、李铁成（时任北京植物园园长）。

物园建好后，他们才穿着西服来访，才肯拿出时间参观了颐和园和长城。我每次去韩国访问，都是李园长亲自到机场接我，2008 年，我应邀前去为大学讲课，李园长没有到场，他的秘书告诉我，我们李园长到政府签协议去了，他要把自己建立的韩宅植物园无偿捐献给国家，让国家保证这里永远是植物园，我被他这种为社会奉献的精神深深感动。

1995 年，我和我园京华设计所的设计师刘红滨同志应邀参加了在泰国曼谷举办的第 32 届国际造景师大会。出席这次国际会议的还有孙筱祥教授、南京大学的姚亦峰老师。因为接到邀请函比较晚，我们没能安排进大会的学术报告。到会后，大会秘书长见到刘红滨设计的北京植物园月季园的精彩幻灯片，临时在茶歇时间安排我们做了报告。刘红滨同志是位优秀的园林设计师，她设计的月季园、黄叶村曾先后获得首都绿化委员会颁发的首都绿化美化优秀设计一等奖，她在北京植物园展览温室项目中获得优秀设计特等奖，她的植物园水系工程设计获得北京园林优秀设计一等奖，她本人获得过全国绿化奖章、北京市优秀青年知识分子和北京市园林局十大杰出青年的荣誉称号。刘红滨用娴熟的英语生动地介绍了中国园林要素在植物专类园设计中的应用，令与会的各国造景师对中国的造景艺术有了感性的认识。报告结束后，他们纷纷与刘红滨建立了电子邮件联系。后来，澳大利亚等国的造景师先后专程来中国参观我们的月季园。刘红滨的报告，得到了孙筱祥先生的赞扬。

孙筱祥教授特邀在本次大会上做了英语学术报告，题目是《现代中国发展旅游业对自然环境、历史与文化环境改变的影响之得与失——我们应如何从这些经验与教训中学习》。这篇论文发表在 IFLA 第 32 届曼谷国际大会会刊上。孙先生还担任此次会议小组学术讨论会主席及大会国际专家总结小组首席发言人，并在此会议上获得 3 个奖杯。

中国风景园林学会 2005 年才正式加入"国际景观设计师联盟"

1995 年与孙筱祥教授在泰国 IFLA 会议期间合影。

（IFLA），之前我们都是以个人名义参加会议的。

1995 年春季，我们参加了香港花展，带队的团长是北京市花卉协会的秘书长张文佑同志，我被任命为北京代表团的副团长。我参与了花展的布置工作，了解了当时国际花展的趋势，开阔了视野。

1997 年，时任北京植物园副园长的李炜民同志和我们京华设计所的负责人刘红滨同志，出席了在意大利举办的国际造景师大会，结识了更多的国际上的园林同行，他们在会上宣传了中国园林的新成就，为中国园林界争了光。后来国际 IFLA 的主席特意到访北京植物园，使我们之间有了更深的学术交流和交往。

1996 年赴加拿大、美国考察。首都绿化委员会办公室副主任陈向远、北京市园林局局长助理童瑞荣、北京市园林局科技处处长邓其胜、我和赵世伟同行。我们第一次考察了世界上著名的加拿大布察特花园（The Butchart Gardens），它是用矿坑改造成花园的成功范例，每年吸引着世界各国的大量游客前往参观。当地的园林工作者介绍说，这个花园是学习中国自然式园林模式，借势建园，经过多年的努力而营造出来的下沉式花园。这次考察正好是红叶最美的季节，我们看到了很多彩叶植物，其中艳红色的密冠卫矛给我们留下了深刻印象，之后我们植物园引种成功，在植物园大温室前做了成功展示，并向社会做了推广，为丰富北京的彩叶植物做了贡献。

为建设、管理好植物园的大温室，1999年春天，我们重点考察了巴西的热带植物，巴西的玛瑙斯热带雨林，见到了热带雨林的生态景观。到秘鲁、墨西哥重点考察了仙人掌植物，与有关专家建立了联系，为我们大温室仙人掌多肉植物的收集奠定了基础。

2000年，园林局副局长郭晓梅带队，国家科委国际合作司的秦璋参赞、市科委的郑俊处长、我和赵世伟赴马来西亚、新加坡、中国香港考察。新加坡植物园是世界文化遗产，这里的植物都有来历、有标本、有详细的活植物跟踪记载，这是植物园重要的科学内涵。该园的兰花在收集、保存和展示上是世界一流的。我在那里见到了原产塞舌尔群岛的臀型椰，这是除塞舌尔之外的，我在世界众多的植物园里，唯一见到的活体臀型椰。

在马来西亚与我们考察了槟城植物园（Penang Botanical Garden）的蝴蝶馆，这个馆吸引了很多国家的政要和游客前往参观。他们漂亮的人工琥珀昆虫，成为参观者喜爱的热销商品。后来我们也在北京植物园的低温展览温室里举办过蝴蝶展，受到人们的喜爱。很多家长带着孩子开心地在这里与蝴蝶嬉戏。

我曾是中国植物病理学会常务理事，也是北京植物病理学会的常务理事。2011年8月我应邀出席了在美国夏威夷举办的"2011年度国际植物病理学大会"，了解到了世界上植物病理学的前沿学术成果，对环境保护和植物病害的生物防治有了进一步的理解。

2002年，我和赵世伟参加了在加拿大汉密尔顿植物园（Royal Botanical Gardens, Hamilton）举办的国际丁香学术会议，该园是世界上收集丁香种类最多的植物园。会后访问了美国的密苏里植物

2002 年 8 月，在美国密苏里植物园（Missouri Botanical Garden）参观。左起：杨勇、朱光华、付得志、张佐双。

园，巧遇正在造访的中国科学院植物研究所副所长付得志和他的博士杨勇。我们结识了《中国植物志》英文版办公室主任朱光华博士，在他带领下参观了名不虚传的美丽的密苏里植物园，也是因为他的带领，我们有幸见到了密苏里植物园珍藏的古老植物史料。密苏里植物园是美国科学性最强的植物园，该园主任皮特·雷文博士是世界著名的植物学家，中国科学院首批的外籍院士，他也是北京植物园的外籍顾问。

2009 年 6 月 19 日至 24 日，以"景观中的月季"为主题的第 15 届世界月季大会在加拿大温哥华举行。大会共有 41 个国家的月季协会参加。我以中国花卉协会月季分会会长的身份为团长，秘书长赵世伟为副团长，率中国月季代表团一行 15 人参加了这次盛会。会上深圳市人民公园一举获得世界月季名园称号。

2009 年 10 月，为了办好三亚国际玫瑰展，三亚市委副书记黄明荣带队赴欧洲荷兰，考察了荷兰的花卉生产，重点考察了月季产业。花卉拍卖市场给我们留下了深刻印象。荷兰国土面积很小，花卉成为他们的支柱产业，产值很高。他们的国花郁金香原产中国和西亚，经过他们多年的培育，成为荷兰享誉全球的花卉产品。

2010年6月13日至18日，第4届世界植物园大会（4th Global Botanic Garden Congress）在位于爱尔兰首都都柏林的爱尔兰国家植物园（National Botanical Garden of Ireland）召开。中国驻爱尔兰大使馆非常重视大会，刘大使带使馆一秘亲临会场。会后，我和郭翎考察了芬兰、丹麦、瑞典、冰岛、挪威。

2010年8月，在葡萄牙的里斯本举行第28届国际园艺学会年会上，中国正式加入国际园艺学会，从此中国园艺大规模走上了世

2010年6月，参加第四届世界植物园大会。左起：都柏林植物园主任皮特·杰克逊（Peter Jackson）、中国驻爱尔兰特命全权大使刘碧伟、中国驻爱尔兰大使馆一秘、张佐双。

2010 年 8 月，参加第 28 届国际园艺学会年会。左起：胡东燕、张佐双、张启翔、戴思兰。

界舞台。我与胡东燕博士应邀参加了此次大会。这是当时中国园艺界出席国际园艺学大会人数最多的一次。中国农科院的吴明珠院士、屈冬玉研究员，北京林业大学的张启翔副校长、戴思兰教授、高亦珂教授、潘会堂教授等，以及美国的张冬林教授，都先后在大会上作了精彩的演讲，博得了世界同行的赞许。与会的中国专家在胡东燕的安排下，在葡萄牙里斯本市中心的一个中餐馆共同举杯庆祝。

2012 年 6 月，为了办好在海南三亚举办的国际玫瑰节，动员国际知名月季企业参加三亚展，由三亚市副市长周高明同志带队，三亚的杨莹、作为中国花卉协会月季分会理事长的我、副理事长孟庆海、副秘书长王康共同考察了保加利亚的国际玫瑰节。每年六月的第一个星期天，保加利亚的卡赞勒克都要举办国际玫瑰节，那天他们全城举行盛大游行，吸引了世界各地的观光客。我们与当地的花农和玫瑰香精的厂商进行了交流。王康任考察团的翻译。此行还考察了法国的月季产业，同时还观赏了法国尼斯的私人月季园，因为环境美丽，那里被作为举办电影节的地方。

2012年10月17日，在南非约翰内斯堡召开第16届世界月季大会，北京大兴为申办2016国际月季洲际大会，由大兴区区长李长友率团，出席了在南非举办的世界月季大会。赵世伟代表北京大兴在会上做了申办报告，取得了成功。大兴区承诺，积极参与世界月季联合会举办的活动。会中，我们参观了时任世界月季联合会主席西娜（Harris Sheenagh）女士精美的月季园。

这次大会上，中国常州的紫荆公园月季园，以独特的中国古老月季文化、众多的月季品种、丰富的月季花展、优美的园林景观，获得了"世界月季名园"荣誉称号。

2013年11月，大兴区副区长的沈洁带队，出席了在新西兰举

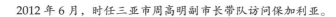

2012年6月，时任三亚市周高明副市长带队访问保加利亚。

2012 年 10 月，在南非参加第 16 届世界月季大会。左起：赵鹏、郭翎、张佐双、赵世伟、崔娇鹏、李辉。

办的世界月季洲际大会，考察了美丽的奥克兰植物园。该园有一个功能完善的月季专类园，给我留下深刻印象的是，月季园的旁边有一个卫生间，开满鲜花的藤本月季覆盖了整个建筑，有两位老人在那里认真地写生。如果不是卫生间的指路标识告诉人们这里是卫生间，人们会以为这是一个用月季花装饰的景点。卫生间里，也是布满了鲜花，给人以愉快美好的享受。

2014 年，在印度举办了世界月季洲际大会。招待会是在印度月季协会会长家里举办的。会长是印度的皇室成员，他的庭院本身就是个大的月季园，且养护精细。我们去时正值鲜花盛开，让与会

2013 年 11 月，在新西兰奥克兰植物园（Auckland Botanical Gardens）。左1 赵鹏，左 4 张佐双，左 5 沈洁，左 9 赵世伟，其余为大兴区代表团成员。

者见识了私人月季园的高水准，同时也让我看到了印度巨大的贫富差距。

　　2014 年，为办好大兴区 2016 年世界月季洲际大会，由大兴区委常委、宣传部长姜泽廷带队，出席了在德国桑格豪森举办的世界古老月季大会。他们展示了 8500 多个品种的月季，这是我第一次参观这座有着 100 多年建园史，且是世界上收集月季种类最多、被国际同行公认的月季展示艺术水平很高的月季园。在那里，我想起了陈俊愉院士的谆谆教导，月季原产在中国，传播到海外，深受世界各国人民的喜爱，他们培育出了丰富品种，这些品种，都是我们"姥姥家的外甥女"，有条件时，让她回娘家，为祖国服务。我向他们的负责人提出了引种的要求，他们答复我可以商量，但需要向政府请示。为了从那里引种，我后来又去了 4 次，终于在 2020 年引种回来几千个我们没有的月季品种。

2015 年，5 月 25 日—6 月 1 日，第 17 届月季大会在法国里昂举办。由大兴区区长谈绪祥带队，北京市园林绿化局副巡视员奔权民同志也出席了大会。会上，北京植物园月季园被评为世界优秀月季园。国际月季联合会主席斯蒂文·琼斯（Steve Jones）为我和赵世伟颁奖。在这次会议上，北京植物园园长、中国花卉协会月季分会秘书长赵世伟同志当选为世界月季联合会副主席，这是世界月季联合会成立以来的首位中国籍官员。

2018 年，南阳市政府为举办好 2019 年世界月季洲际大会，由谢副市长带队，南阳林业局局长赵鹏、北京植物园园长赵世伟、北京林业大学的罗乐老师、北京园林科学研究院的副院长丛日晨和作为中国花卉协会月季分会会长的我，共同出席了在丹麦哥本哈根市

2015 年 5 月，在第 17 届月季大会上。左 2 奔权民，左 3 谈绪祥，左 4 外宾，左 5 张佐双，其余为代表团成员。

举行第 18 届世界月季大会。

　　每次世界月季大会都会选出"世界月季名人堂"（世界最受喜欢的月季），这次选出的是"绝代佳人"，育种人叫威廉·拉德勒（Will Radler）。这个品种具有抗寒、抗旱、抗病、维护成本低的特性，符合生态文明、绿色发展的趋势。会上，世界月季联合会主席艾瑞安·德布理和会议委员会主席海格·布里切特（Helga Brichet）将会旗交给南阳，祝愿南阳成功举办 2019 年世界月季洲际大会。

　　2019 年，银谷集团在德阳建设月季园，成功举办全国月季展。他们按照收集月季品种的承诺，集团派副总裁刘建中带队，在世界月季联合会前任主席海格女士的大力支持下，我们先到欧洲的意大利菲内斯基月季园（Roseto Botanico Carla Fineschi）考察。这是世界上私人收集月季品种最多的月季园，它的品种目录记载有 7500 个。银谷集团为了实现承诺，先后考察了三次。2020 年 1 月，我们得到了"红梅园艺"德国分公司负责人刘红梅女士和她德国员工的大力支持，最后终于如愿从德国桑格豪森月季园（Europa-Rosarium Sangerhausen）引种回来 3000 多个月季品种。

　　我曾经考察过的国家及地区有：巴基斯坦、南斯拉夫、罗马尼亚、匈牙利、民主德国、俄罗斯、英国、法国、卢森堡、比利时、荷兰、瑞士、奥地利、意大利、斯洛文尼亚、保加利亚、爱尔兰、芬兰、瑞典、丹麦、冰岛、挪威、南非、加纳、塞舌尔、肯尼亚、阿联酋、埃及、巴西、秘鲁、墨西哥、阿根廷、乌拉圭、加拿大、美国、日本、韩国、新加坡、马来西亚、泰国、菲律宾、印度尼西亚、越南、缅甸、印度、尼泊尔、澳大利亚、新西兰以及中国香港、澳门、台湾地区等。

　　这些经历，使我在北京植物园的建设及发展方向上有了比较明确的认知和标准，那就是，要向世界上先进的植物园看齐，学习他们的引种技术、造园艺术、管理经验，让北京植物园早日列入世界一流植物园的行列。

园林博士郑西平

　　人才是发现和培养出来的。北京植物园领导班子一直把建设人才队伍放在第一序列的重要位置。百年树人，经过十几年、几十年的努力，植物园已经形成了一支技术队伍，这让我深感欣慰。

　　1992 年，北京园林设计院院长檀馨同志为北京燕莎中心凯宾斯基饭店设计了一个反季节施工的景观工程。施工工期很短，夏天还不能完全腾出工地来，可是必须保证当年 10 月 1 日开张。设计中还要有落叶的大乔木，落叶的树如果春天不能栽上，我们称为反季节施工，要做特殊的技术处理，否则就保证不了良好的绿化成果。檀馨找到我们，说这活儿交给别人她不放心。她知道北京植物园在多年的建园中过程中锻炼了一支信得过的绿化施工队伍，因为之前她曾经交给我们一个难度非常大的首都宾馆的屋顶绿化工程，是在 20 多层的饭店上做屋顶绿化，我们以优异的成果得到了她的信任。这次凯宾斯基饭店的景观工程是个德国人监理的，德国人做事认真是全世界有名的。所以檀馨院长跟我们商量，让我们来做。

　　郑西平同志是北京农学院本科毕业的，他在英国学习一年，刚从英国回来，正好赶上这个工程。当时胡东燕同志是刚刚专科毕业来到园里工作，我派她做郑西平同志的助手，让两个年轻人担纲这个工程。虽然我相信他们的能力和工作热情，但是还是要有老同志掌舵把关，我就给他们找一个好的顾问——董保华先生。董先生是1953 年给毛主席写信请求解决植物园永久园址问题的 10 名专业技术人员之一，早年参与中国科学院北京植物园筹建工作，长期从事树木引种及栽培技术研究，是有着几十年园艺经验的老先生。因为

1993年郑西平与老同志合影。左起：郑西平、于玉、张佐双。

植物园工作繁忙，我只给他们派了一个骨干班长孙鹏，施工队和其他力量，我放手让他们从社会上去招。

这两位年轻人工作起来很认真，我到那工地检查过几次工作，事先也不通知他们，去了以后远远地看着。胡东燕这个女孩子，脸晒得黝黑，像个非洲女孩。她像在篮球场打篮球一样跑来跑去，东边安排安排，到西边安排安排，检查完了以后又到南边，接着跑到北边，在工地上满场飞。

郑西平同志的英语能与德国的工程总监无障碍交流。工地刚刚完成施工，德国人说要重新铺电缆、铺水管，该段绿化工程等于全部要作废重新来过。反复施工的原因是德方施工组织考虑不周造成的，双方责任必须分清。郑西平同志就认真地跟德方说，反复施工必须重新洽商，总监得签字，要确认重复施工费用由对方承担。几次出现这种情况，都是郑西平同志找德方监理洽商并让德方签字认同后再做执行的。反季节施工的树栽上以后，整个树冠呈现的状态非常好，没有黄叶现象。就这样，我们不仅保证了工程如期完成，并且交给甲方一个获了北京市奖项的优秀工程。

德国的总监找到我说，你们的年轻人郑西平能不能到我公司来？当时德国在北京有很多工程，这个总监需要一个既懂中文又懂英文的人做他的绿化监理。我听了以后一惊，我说这是关于个人的事情，我不能做主，还要和他本人商量。事后我找到西平同志，我说德国总监想让你到他那去，而且还跟我说不亏待你，每个月给你3000美元。在20世纪90年代初，美元正是值钱的时候，兑换率是8.7，3000美元就是3万人民币，一年就是36万人民币，这36万人民币在当时能买好几套房子。我问西平，他跟你说了吗？西平回答说了。我说你怎么答复他的？西平说，我跟他说了，我生是植物园的人，死是植物园的鬼，给多少钱我也不去。听完西平同志这番话我非常感动。西平同志在工程验收后，立刻与胡东燕等同志回到了植物园。

我们准备要给郑西平同志提绿化室副主任的时候，正赶上国家要求培养提拔年轻干部的政策。有一天北京市园林局魏局长来植物园，他问我你们单位有没有四化型的大学毕业生，学园林专业、年龄不超过30岁的？我就推荐了郑西平同志。我跟魏局长说，郑西平同志从英国学习归国后就入党了，业务能力强，肯干能吃苦，在凯宾斯基饭店的绿化工程中，他以专业能力和职业态度，得到了多方的肯定。德国人想高薪挖走他，他不为金钱所动，态度坚定地留了下来。接着我就到北京植物园在海南的基地去签一个重要的业务协议了。一星期后我回来，同志们说西平已经是咱们园里的主任工程师了。那个时候植物园没设总工程师，设主任工程师。

真是时代造英雄，西平同志没当过科队的负责人，一下就做我们单位的副职了。他的努力得到了组织上的认可，所以在他28岁的时候，他就被提拔为北京市园林局的副局长了。这是他自己政治上要求进步，在国外学习刻苦，回来工作表现优秀的必然结果。我记得在建月季园的时候，他跟职工一起干活，早晨有露水，他穿双布鞋老在露水里蹚，鞋总湿着脚被泡感染了。我看他一瘸一拐地走路就问你怎么了？他说没事没事，坚持跟职工一起种月季，带领大家一起干活。

2008 年奥运会之前，郑西平同志从北京市园林局副局长的岗位调任"北京市 08 办副主任"，为成功举办奥运会做出了贡献。奥运结束后，郑西平同志升任北京市公园管理中心的主任，后来又任党委书记。

桃花专家胡东燕

胡东燕同志是国际著名的桃花专家。她刚到植物园就参加了凯宾斯基饭店工程，表现很优秀。那时园里在举办桃花节，这是北京春天一个重要的花卉节日。我们有个在市科委立项的"桃花引种和花期控制"课题，课题组有五个人，其中有胡东燕同志。当时科研经费很紧张，三年完成的课题，总共费用只有 15000 块钱。课题组要用这 15000 块钱，把南从湖南的桃花源，北到黑龙江，西边从甘肃兰州附近，东边一直到沿海，南京、上海、杭州等全国原产桃的主要产区，都调查一遍并引种回来。跑这些地方要春天去看花，鉴定，拍下资料，做好标记，夏天采条，秋天再去采回种子。当时东北闹"二王"，就是两个作案手段非常残忍的刑事犯，正在流窜作案，影响也很大。课题费限制，跑这么多地方，只够一个人的差旅费。我就问胡东燕，你敢一个人出差吗？她说我敢。我说长时间坐长途火车还是硬座行吗？她说行，没问题。就这样在春天她把国内主要原产桃的地区都调查了一遍。

夏天，胡东燕要根据春天的标记去各地采条。采条需要对方单位的配合，那次她是到南京植物园采条，我事先跟南京植物园的贺善安主任打了招呼。国内植物园之间都非常友好，工作上相互支持。贺主任说我派人等着，你们来吧。从北京到南京有夕发朝至的火车，胡东燕在火车上坐了一宿硬座，到了南京没有片刻休息，与南京植物园接她的人汇合后，直接就去桃地里采接穗。

　　夏天采条赶上三伏天，用芽嫁接，我们俗称"热贴皮"。那时候的实验条件很差，为了保证接穗不被高温损坏，就利用过去卖冰棍的那种广口冷藏瓶保存。胡冬燕先跟宾馆里面联系冰块，把冰块拿毛巾裹上，搁在冷藏瓶里边，再把采来的接穗做好标记后，放入冷藏瓶。如果宾馆里没有冰块，她就拿塑料袋买几根冰棍以代替冰块。为了保证接穗的成活，她当天晚上必须乘从南京夕发朝至的火车赶回北京。就这样，她头一天晚上坐一宿火车到南京，采了接穗

2005 年胡东燕被评为北京市劳模后，植物园党委书记的张元成为她献花。左起：张元成、胡东燕、张佐双。

以后，下午在火车站待一下午，晚上提溜着装着接穗的冷藏瓶再坐一宿的夜车硬座回到北京。到了北京，从北京站坐公共汽车到单位的苗圃时，已经中午了。为了保证接穗的成活，她不辞辛劳苦，当天下午就跟苗圃的工人一块把接穗条嫁接上。那个季节很热，到了苗圃地里即使什么都不干，蹲上几分钟，浑身都湿透了，还不要说把这么多的条子一根一根地嫁接上。老工人们看到年轻的孩子这么不辞劳苦地坐了两个晚上的夜车，还认真地在地里干活，非常心疼，也很佩服。

胡东燕一直忙到把牌拴好，把定制图画好，才回去休息。就这样，经过几年的连续奋战，我们这个课题取得了丰硕的成果。从调查到收集，到繁殖，短短几年，我们的桃花的品种从过去十几个发展到了 70 多个，我们的碧桃园成为中国乃至世界上收集观赏桃种类最多的专类园。

1998 年，我去日本调查收集植物时，正好胡东燕有个机会也到日本去调查。我们在东京农业大学见到了国际上研究桃花的权威，东京农业大学的吉田雅夫教授。他看到我们标着桃花品种的相册非常惊讶，说没想到你们有这么多的种类，明年春天我要到你们植物园去看看。第二年春天，在桃花盛开的时候他果真来了。看到了我们这么丰富的桃花种类，他称赞这里是世界上桃花种类最多的专类园。我们这个课题也获得了北京市的科学进步奖。

胡东燕获得了省部级的科技成果奖，这对于技术人员来说是无比光荣的。在植物园人才培养规定的支持下，胡东燕从一个专科生，先在北京林业大学续完本科，又在北京林业大学攻读了硕士，接着继续攻读了北京林业大学园林学院院长张启翔教授的博士。

我们在国外考察的时候，我结识了美国园艺协会的一个华裔教授张冬林博士。我问他愿不愿意和北京林业大学的教授合带博士？他说我愿意给祖国做贡献。后来我又找到张启翔教授，问他你愿意不愿意和美国大学教授合带博士？张启翔说现在国家倡导对外开放，倡导与国外的教授合带博士。我告诉他美国缅因州立大学的张冬林教授也有这个意愿，您如果同意，能不能与张冬林教授合带胡东燕。张冬林教授给我的优惠条件是他的博士生可以免费到哈佛大学做实验，因为缅因州立大学跟哈佛大学有这样的协定。张启翔教授一听，非常高兴。所以胡东燕在北京林业大学修完了博士必修课以后，就到了美国哈佛大学做实验，完成了桃花的基因图谱工作。这是世界上第一个做桃花基因图谱研究的，她的研究论文发表后，影响非常大。在国际会议上，她用娴熟的英文宣读了她的论文，宣读完以后，国际上很多同行纷纷和她建立电子邮件，愿意和她合作。东燕同志一方面做了桃花分子生物学研究，同时为我们的课题培育了一些新品种，做了育种，有了创新。

在东燕写博士论文的时候，我跟她说，你这个实验是在美国完成的，我要求你论文一定是中英文对照的，不仅我们中国人能看得懂，世界上懂英文的人都能看得懂。在北京林业大学博士论文答辩的前夕，她把论文送到了陈俊愉院士那里，请陈院士审阅。陈院士看完后把我和胡冬燕叫到他家，用英文给胡冬燕提出了论文中的一些问题。胡冬燕听得非常明白，英文回答也非常贴切。陈院士高兴地对胡冬燕说，你可以走了，佐双留一下。

陈院士激动地跟我说，园长，这是改革开放以来，北京林业大学观赏植物方面，我所见到的博士论文里内容最翔实、水平最高的一篇。我听了也很开心，回来后跟胡东燕说，你要在这篇博士论文基础上出本书，在原来桃花引种的课题基础上，完成一本观赏桃花的书。我说这本书也一定是中英对照的，发表以后让中国人能参考学习，让外国人也能看到我们在这方面的科研水平。很快这本书就出版了。陈俊愉院士为这本书写了序。后来胡东燕被任命为北京植物园的副总工程师。

胡东燕同志工作表现和学习成绩优秀，得到了国际上的肯定。她在政治上也积极要求进步，被评为北京市劳动模范。在她入党前夕，组织上到她的家乡山西汶水去调查，这才知道小胡家有着红色的基因。她的姥爷和爷爷都是老红军，她姥爷全家十几口子都被反动派杀了，现在她姥爷家是当地一个著名的红色教育基地。她的爸爸妈妈都是在延安的保育院长大的，她自己从来没有说过。

胡东燕因为优异的科研成果，为我们的观赏植物做出了贡献，她获得了博士学位，她是北京植物园获得正高职教授职称人员中最年轻的。美国留她做了一年研究，加拿大又请她去进行研究，她是我们北京植物园培养出的优秀的科技人才。

赵世伟博士

1995 年，整个园林局就分配来一位博士，园林局就把这位赵世伟博士分给了我们北京植物园。因为稀有，整个植物园的人都管他叫博士。当时植物园正在做本底调查，他就领着技术人员们做植物的登记系统。

这时候植物园正好有一个建大温室机遇，于是整个温室的立项报告和设计条件都放在了赵世伟的肩上。他带领其他同志们一起商量，拿出了植物收集的种类清单，率先参加植物的收集工作。北京市决定建大温室是 1997 年，要求 1999 年就必须建完。接到任务以后，北京市园林局给予了高度重视。兵马未动，粮草先行。尽管大温室的建筑外壳盖还没盖好，我们必须把里边的植物准备好。

整个筹建工作需要争分夺秒，我们派了几路人到全国各地，特别是到南方去调查、收集。正好赶上 1998 年的春节，为了到热带地区收集植物，他那年春节没能陪在老人身边。

当时温室的基本建设还没有做完，玻璃还没装上，从南方运来的植物，要求当天必须栽上。如果是乔木，必须先单搭一个塑料薄膜的小棚子，把树一棵一棵地罩起来，安上遮阳网，放上温度计测温，还要做好支柱，浇上水，人才能离开。赵世伟跟大家伙儿一起不分昼夜地干活，不完成当天的工作程序不能撤人。有一天赶上他爱人预产期，但他跟谁也不说。已经干到晚上 11 点多了，他的手机响了，是医院打来的，他爱人要临产，让他去签字。他才开始着急起来，脸色都变了。我们立刻派人把他送到了医院。我说你为什么不早说？他说没事，园长，大家都来了，我不能不来，反正我爱人在医院有医生照料。

作为技术总管，他在现场要做具体的操作记录。他工作认真，也很正直。一次他看见当地农民在拿温室里边的种植土和肥料，就

2021 年秋，老中青三代北京植物园园长在植物园合影。左起：贺然、张佐双、赵世伟。

上去制止。他说这是国家的财产，你兜一点，他兜一点，都兜走了那可不行。有个农民不讲理，撸胳膊卷袖子要跟他打架。幸好我路过，我跟当地农民比较熟，我说你们可千万不许动我们这个博士一根毫毛，我们全局1万多职工，就这么一个博士，你敢动他一下，打人犯法，派出所就拘留你。

赵世伟的业务能力非常强。我是当时中国植物学会植物园分会的理事长，他一开始做秘书长，后来做常务副会长，再后来是会长了。我做了两届，要换届时我推荐他。所以在全国的植物园界，大家都知道赵世伟，而且各地建植物园也都请他去做评审，帮助各地去提很好的建议。

我是中国花卉协会的月季分会理事长，也是请他做秘书长，后来做常务副会长，兼秘书长，一直做到有话语权的国际月季联合会副主席。中国花卉协会的江泽慧会长曾问我，你们的月季分会在世界上有话语权吗？那意思说你们有没有参加国际组织的领导机构的。我回答说我们的赵世伟同志就是国际月季联合会的副主席，他也是您扬州老乡。江会长听了，很是开心。

赵世伟因为工作积极努力，获得了北京市科技成果的二等奖，被评为北京市劳动模范，是我们系统里最年轻的国务院政府特殊津贴的获得者。后来赵世伟做了植物园的园长。

海棠专家郭翎

植物园还有一位著名的学者郭翎同志。郭翎于1984年北京林业大学本科毕业后分配到北京植物园，在植物园的引种室做植物的引种驯化工作。她工作踏实，积极努力。筹备亚运会的时候，首都绿化委员会办公室副主任陈向远同志对北京植物园的引种工作非常

2020 年 9 月，郭翎在第 22 届中国国际花卉园艺展览会上。

重视，专门拨给我们一笔资金，让我们引进国外一些新优的植物种类。我们成功地从美国引来了近百种的植物，经过实验，这批植物表现不错。这个引种课题获得了北京市科技成果二等奖，郭翎是获奖者之一。

她获了奖之后，我们给她创造机会，支持她再深造学习。余树勋教授在美国最大的明尼苏达的贝蕾苗圃做访问学者的时候，与那里建立了联系，我们就推荐郭翎到那里学习。

余树勋教授认识一位美国的许大姐（Doris Ekblad），她是一位传教士，对中国人很友好，在那留学的一些中国学生就住在她家里面。许大姐回国来植物园时跟我说，很想念原来住她家里的一个留学生，可不知道他回国后到了哪个单位。我问他学什么？她说学化学的。我问她那个学生后来在哪里工作？她说只知道在化学的研究部门。我又详细地问了姓名后，立刻给中科院化学所人事部门打了个电话，问他们有没有这个同志。他们说有，是我们科研处处长。我接着把电话打到了科研处。这个处长接了电话，我告诉他说有个美国的许大姐想见你。他说那是我的房东，对我可好了。我问他，是你到植物园来还是我把许大姐送你那去？那位科研处长说你们方便的话，就请把许大姐送到我们化学所来。于是我们就把许大姐送到了中科院化学所，让他们老朋友相见了。许大姐回来以后特别高兴，说谢谢你，你满足了我多年的心愿。我借机跟许大姐说，我们有个郭翎女士想到美国去学习，美国大使馆老是以需要补充材料为由头，不给签证，能否请您给帮下忙。她很诧异说怎么还有这样的事情？第二天她就带着郭翎去办理签证，当场签证就办成了。

郭翎做了十几年的引种工作了，先在美国最大的贝蕾苗圃（Beilay Nurseris, Inc.）学习了一年，又到美国佐治亚州立植物园去学习，回来后英文水平已经很好了。我说植物园引种方面还需要你读一个博士，我帮你找一个院士导师。郭翎研究的主要方向是海棠，当时国内研究苹果属植物的院士只有一个，就是山东农业大学的束怀瑞院士。我曾和束院士在一起开过会，比较熟，于是我就推荐郭翎到束院士那去学习。我说如果你考得上，你可以带着职务去学，单位支持你。她一考就考过了，在束院士那完成了博士学业。她的海棠研究论文在世界园艺学会大会上公布，在国际同行产生了很大影响，同行们对她也赞不绝口。

郭翎收集的海棠品种在世界专业园里边名列前茅。国际海棠品种登录人原来是美国俄亥俄州立大学的吉姆卡特菲尔德（Jim Chatfield）教授，他年龄大了，干不动了，就推荐郭翎做国际海棠品种的登录专家，得到了国际园艺学会的批准。继陈俊愉院士第一位拿到梅花国际登录权后，郭翎成为很少的具有国际登录权的海棠品种登陆专家。郭翎以她卓越的成就，得到了世界园艺界的认可，2021年非常光荣地被选为世界海棠学会的主席。

植物专家陈进勇

世界植物园界公认邱园的水平比较高。我去邱园考察学习时，跟邱园的主任提出，希望他们能接纳我们一个年轻人来上他们学制四年的园艺学校。他说，好，让他来试试吧。

进入他们的园艺学校，要先通过一个考试。陈进勇是北京林业大学分来的硕士，他出身江西农民家庭，很能吃苦，一考就考过了，开始了他英国邱园4年的学习生活。因为我是让他拿着因公护照去英国学习的，我们园林局负责外事的办公室副主任杜雪玲同志就跟我说，园长，陈进勇学完可必须回来，如果不回来，咱们两人都要负责任。我说我相信他会回来的。我到英国交换植物，到他学习的地方去看望他，他跟我表示说园长你放心，我一毕业第二天就回国。他是这么说的，也是这么做的。邱园是允许带着家属的，他的夫人在英国有工作，孩子在当地上了幼儿园，一家三口人都去了。对于他来讲，拿到了英国邱园艺学校证书这个金字招牌，在全世界所有英属国家和著名的植物园，找工作都很容易。但是他一毕业，果真第二天就踏上了回国的旅途。这让我很感动，也更坚定了送人才到国外学习深造的信心。

回来以后我跟他说，你在邱园的学习只是一个经历，北京植物园需要你进一步提高，希望你找一个院士再读一个博士，我也积极为他寻找机会。有一次洪德元院士陪着一个外宾来植物园，那天我正好在市园林局开会，我就跟洪院士说，先让我们小陈陪着您和外宾看看我们植物园，中午我回来陪您吃饭。中午我返回来时，洪院士称赞小陈的英语不错，我说他在英国学习了4年，如果英语不好那还行？我说我想让他读您的博士，洪院士说好，你让他考，考过了我就收。陈进勇一考就考过了，做了洪德元院士的博士生。他的博士论文是丁香属植物的研究，申请了国家自然科学基金，正好基金有经费，要去调查全世界的丁香，就把莫斯科总植物园调查的任务交给了他。

后来莫斯科总植物园的主任到北京植物园访问，他跟我说，你们的年轻人陈进勇很能吃苦。他去调查丁香的时候，正赶上莫斯科下大雪，他是穿着到脚脖子的棉鞋去的。莫斯科的雪很深，能没到腿肚子，完成调查任务的时候他的棉鞋都湿透了。在莫斯科寒冷的冬天里，他不辞辛苦、克服困难，完成了当地丁香的研究工作。

2003 年闹 SARS，他正好在太原进行调研。他给我打电话，说人家旅馆不接受北京人，不让住。我说火车站晚上让过夜吗？他说可以。我说你买两件军大衣，铺一个盖一个，第二天把军大衣存在火车站，能不能完成调查？他说可以。他就住在火车站完成了山西

2006年陈进勇博士答辩后与导师合影。左起：张佐双、洪德元院士、陈进勇。

的丁香属植物调查。后来他高水平完成了这篇论文，在国际期刊上发表后，得到了国际同行的认可，也得到了洪德元院士的认可。洪院士说这个学生真不错，能吃苦，论文水平也很好。陈进勇在植物园的园艺部做部长，后来做植物园的园长助理。

花境专家魏钰

　　魏钰毕业于中国农业大学观赏园艺专业，现任北京植物园副园长、教授级高级工程师，北京市花卉园艺工程技术研究中心主任，中国野生植物保护协会常务理事、迁地保护工作委员会副主任委员、秘书长；中国园艺学会球宿根花卉分会理事、花境专家委员会副主任委员。她于 2007—2008 在美国长木公园（Longwood Gardens）做访问学者。魏钰 2001 年开始从事球宿根花卉以及花境设计的研究与应用工作，在收集国内外花境应用技术和成果的基础上，摸索出了我国北方地区花境设计、配置、种植和养护相关技术，出版了国内首部关于花境的专著——《花境设计与应用大全》。2008 年她开始关注园艺疗法方面的研究，主持完成市科委"园艺疗法与康复景观在养老服务中关键技术研究与示范"项目，获得中国风景园林学会科技进步二等奖。先后主持及参与"特色花卉品种规模化生产技术示范推广""郁金香花期调控及种球繁育技术研究""百合属球根花卉的收集与展示研究"等多项课题研究并发表相关学术论文数篇。先后访问过美国、英国、法国等 10 余个国家的植物园及公园，在推进大百合等珍稀濒危植物迁地保育工作方面取得一定成果。

2008 年，魏钰在长木植物园。

植物科普博士王康

在建立植物科普队伍上，我重点抓住了"领头羊"的培养。我非常感谢时任首都绿化委员会办公室副主任的陈向远同志。陈向远同志跟我说，佐双，植物园要建好了，每个专类园都应该培养一个博士水平的人管理专类园，你的科普馆馆长必须是个博士水平的人。但是哪来那么多博士呢？全局第一个博士赵世伟已经让我给要来了，要解决人才问题，就得自个儿培养。在这一点上，我认识得很清楚，一个单位想干好了，就得有接班人，就必须提高素质。

科普馆方面，我选中的培养对象是王康。王康是我特意从北京林业大学要的电脑好的毕业生。随着科技的发展，世界上的植物园肯定要实现数字植物园，北京植物园要想在这方面与世界同步，必须要先做好人才的储备。王康的导师吴涤新教授说，我的硕士王康是我的学生里边电脑最精通的，同学们买电脑都是他帮着买零件给攒起来的。作为植物园的园长，为了植物园的发展，我想把他培养成博士，我想让他开阔眼界，了解国外的情况。

　　我跟着陈向远主任去美洲考察红叶时，同时考察了被誉为美国最美的长木植物园，那是杜邦家族的杜邦基金会支持的一个植物园。我送给那个植物园一本书，外包装很精美。那天他们植物园主任不巧外出了，办公室人员说，我们不接受任何的赞助。我说这不是赞助，是我送给你们主任一本书。他说书是可以的，我就把书放在那儿了。我刚一回国，就见到办公桌上有一个长木植物园主任发过来的明信片，他说我非常高兴地收到了你给我们的书，我也非常愿意与你们建立友好的关系，有哪些可以帮到你们的，请不要客

2012 年 7 月 21 日，参加克利山植物园（Quarryhill BG）月季园落成典礼。左起：王康、克利山植物园长比尔·马克拉马拉（Bill McNamara）、张佐双。

气。并附他的名片。我在考察时知道他们有一个很好的国际植物园培训班，时间是一年，由他们提供食宿，而且这一年能够在他的植物园不同的专业进行培训。于是我回信说，希望你们能接受我们一名学生。他回信同意，说你们写封推荐信就可以了。

我和当时《中国园林》的主编、中国科学院植物研究所植物园原副主任、我的老师余树勋教授共同给他回了一封信，我们俩都签了名，推荐了王康同志。

王康完成一年学习后跟我汇报，我说你看哪个植物园的数字科普最好，你可以再学一段时间。于是他又到电脑植物登录系统先进的纽约植物园和亚特兰大植物园学了一段时间。

王康同志学习完回来以后，我跟他说，从植物园的发展看要做植物登录，需要你继续学习。你如果能够考取王文彩院士的博士生，植物园会继续支持你。于是王康同志成功地被录取了，跟着王文彩院士攻读了几年博士。王文彩院士对他也非常肯定，说王康学得很好，英语也很好。后来王康还参加了国际植物园的野外调查合作，组织国内外植物资源考察和采集活动，是国际自然保护联盟物种生存委员会委员。

在科研、科普方面的建树，在全国也是很有影响的。作为北京植物园科普馆的馆长，他参加了全国科普宣讲团。宣讲团的团长是中科院的党委书记，团员都是国内著名的专家。一开始他是陪着著名的环保专家金鉴明院士参加宣讲团，后来王康一试讲，他口齿清楚，电脑课件有新理念和新内容，受到全国各地的欢迎。

王康出版过《植物园的四季》等科普读物，创办了"王康聊植物"科普微信公众号。2015年荣获国家林业局和中国林学会共同颁发的"梁希科普人物奖"。王康同志是生物多样性保护与绿色发展基金会专家委员会的副秘书长。

兰花专家张毓

　　张毓是我们定向培养的兰花专家。她是张启翔教授的博士，教授级高工，是我们北京植物园珍稀濒危保育研究室负责人，也是北京市花卉园艺工程技术研究中心学术带头人、中国植物学会兰花分会副理事长、世界自然保护联盟（IUCN）兰花专家组亚洲委员会中国委员。2000 年她获得 Eric Young Orchid Foundation 国际奖学金，前往英国皇家园艺学会学习一年。2001 年至今一直在北京植物园从事兰科植物相关专业工作，先后负责北京植物园兰科活植物收集和相关兰科植物保育研究工作。2003—2018 年担任中国植

2018 年，张毓在北京植物园。

物学会兰花分会秘书长。2014年获得国家留学基金委资助前往美国史密森尼学会（Smithsonian institute）环境研究中心北美兰花保育研究中心访学一年。

张毓多年来一直从事兰科植物资源的保育和可持续利用研究。重点专注于温带地生兰科植物和药用兰科植物为代表的珍稀濒危植物保育繁育研究。主持北京市基金、北京市公园管理中心科技项目、北京市园林绿化局科技项目等课题多项。先后主编出版了辽宁科技出版社《世界观赏兰花》和中国农业大学出版社《世界栽培兰花百科图鉴》。张毓教授发表兰科植物相关论文20余篇，国家授权发明专利2项，是一位在世界上有一定影响力的兰花专家。

多肉植物专家成雅京

成雅京于1998年大学毕业来到北京植物园，一直从事仙人掌多浆植物的引种、栽培、研究工作，现为北京植物园温室中心副主任，高级工程师，北京市公园绿地协会仙人掌多浆植物专业委员会副秘书长。为北京植物园管理着2000种（品种）仙人掌多浆植物，致力于仙人掌多浆植物在中国的应用、推广、研究。

让植物园温室多浆植物达到5000种，是我的目标和理想，为此我联系到南非国家生物多样性研究所（SANBI）的首席执行官布莱恩·亨特利（Brian Huntley），提出要派成雅京同志到南非科斯坦布什植物园进行多浆植物研究。在他的帮助下，雅京先后4次赴南非考察多浆植物原产地的气候、植被。

雅京同志很珍惜在南非科斯坦布什植物园学习的机会，别人放假的时间，她一如既往地扎在工作间里工作学习，表现很优秀。科斯坦布什植物园的主任对我说，你们的这位女士，工作非常勤奋，几十天都没出实验室，所以她提出要引进一些植物，我们给予了支持。

她先后两次去非洲为植物园引种多肉植物近2000种，这些植物全部原产南非，其中很多植物是第一次出现在北京，同时也是第一次引种进入中国。这批植物不仅丰富了植物园的多浆植物品种，更是北京植物园同南非科斯坦布什以及卡鲁（Karoo Desert National Botanical Garden）植物园进一步交流的开始。

北京植物园的千岁兰也是她于2011年从南非植物园引进的。在科斯坦布什植物园多肉植物专家恩斯特·亚尔斯福尔德（Ernst Jaarsveld）的带领下，她特意驱车往返6000公里，从开普敦到纳米比亚去看千岁兰，进行了原产地气候及植物种类的考察和学习。

2003年北京市公园绿地协在北京植物园成立了会仙人掌多浆植物专业委员会，我担任专委会第一届主任。仙人掌多浆植物专业

2015年塞舌尔植物园主任园长访问北京植物园。左起：张佐双、塞舌尔植物园主任、成雅京。

委员会汇集了北京市的多肉爱好者，从 2003 年至今举办了五届国际仙人掌展。仙人掌专业委员会还出版了自己的会刊《多肉植物》，为仙人掌多肉植物在国内的推广增加了文化和学术基础。他们组织的"国际仙人掌及多浆植物展"是国内最具影响力、最权威的展览，每次展览国内各大植物园、仙人掌协会、国外协会都会踊跃参展。

派到国外学习的同志

为了把植物园建好，需要提高职工方方面面的素质。我们先后派到英国学习的有 5 位同志，第一位是郑西平，第二位是黄亦工，第三位是朱仁元，第四位是陈进勇，第五位是王苗苗。这五位同志完成学习任务归来，在植物园不同的岗位上都发挥了非常重要的作用。郑西平由于杰出的成绩，从我们植物园的技术岗位上被选为局级干部。黄亦工从英国回来以后，政治上积极要求进步，加入党组织，后来做了植物园的副园长，他参与的科研项目也先后都获得了科研成果奖，后来调任中国园林博物馆任副馆长。朱仁元在英国学习期间，我们给他的任务，是要他学习花卉的立体装饰和花境。回国以后，也先后做了植物园温室的副主任，参与科研题目，获得过省部级的三等奖两次。

我们先后派到美国长木公园学习的有王康和魏钰。魏钰同志在长木学习的时候，现在北京植物园聘任的首席科学家、外籍顾问马金双教授，曾亲自开车与我一同从纽约赶到费城，驱车 200 多公里去看望她。我们看到学生们住在一个别墅里，楼上三间房子，三个学生各住一间，楼下是共享空间，有厨房、储藏室。门口柱子上挂着一把车钥匙，三个学生用车自己商量，用完了回来时把油加满，生活条件很好。

2000年加纳园林局局长访问北京植物园。左起：张佐双、加纳园林局局长、朱仁元。

我们派到加拿大蒙特利尔植物园学习有朱仁元和刘东燕，学习回来后业务水平都有了很大提高，都成为植物园建设的骨干。

我们还有一部分同志有机会到欧洲其他国家学习。有这么一个渊源，波兰有一位波兹南农业大学的赫洛曼（Roman Holubowicz）教授，从他大学毕业后我们就认识了。赫洛曼先生对中国非常友好，经常到中国来，我们以礼相待，从生活、学习方面都给予他帮助、支持。有一年他来植物园的时候对我说，我了解你到过到欧洲许多国家，波兰周边的国家如匈牙利、罗马尼亚、保加利亚、苏联、德国等你都去过，你为什么不到我们波兰来？我说我是跟着考察团走的，不能自己选择。他开玩笑地说，不，是你看不起我们波兰。

后来他曾给我发过几次邀请，而我正好因为时间或者是工作上的问题没能够如愿。我连忙解释说不是，波兰的农业大学闻名世界。他说我现在已经当了系主任了，有支配奖学金的权利了。你没有时间来，我可以帮你们北京植物园培养几名研究生，我给出奖学金。我说你光给奖学金不行，我的人到你那学习，你得管我的住宿，不能让我的职工住在马路上。他乐了，说解决住宿，我这系主任说了不算，得我们主管的校长说了才行。不久他陪他们校长到中国访问，我们也是以礼相待，提供便利，协助他们完成与北京有关科研院校的合作事宜。在他们即将回国前，我跟这位校长说，我说赫洛曼教授愿意帮我们培养人才，我们非常感谢他。可是他说自己没有权利解决留学生的住宿问题，他说这个权力在校长您这里，我们恳请校长支持一下，给我们两个学生提供住宿的方便。校长立刻就同意了。校长说波兰和中国是非常友好的国家，我们波兹南农业大学和你们北京植物园有多年友好的关系，我们现在就答应你们派人来，我们解决住处。这样赫洛曼解决奖学金，校长解决住宿，我们先后派了熊融（2006 年）、刘洋（2007 年）、孟欣（2008 年）、

2008 年赫洛曼教授访问北京植物园。左起：赵鹏、张佐双、熊融、赫洛曼教授。

赵鹏（2009 年）到波兹南农业大学，取得了硕士学位。他们回国后先后去了不同部门，都有不错的表现。

为了加强我们大温室的管理，2001 年，我们先后派遣两位同志到加拿大蒙特利尔植物园学习，一位是朱仁元，另一位是刘东燕。蒙特利尔植物园的主任皮埃尔布克，后来做了蒙特利尔市的市长，他来北京开会时访问了北京植物园，我们向他提出派遣两同志去蒙特利尔植物园学习管理，他很高兴地答应了，很快发来了邀请函。通过学习，两位同志的业务管理水平有很大提高。后来刘东燕同志在任大温室负责人的时候，巨魔芋在我们大温室开花，这是巨魔芋首次在中国开花，也是震动国内植物园界的一件大事。

2006—2007 年，我们曾派李燕赴日本岛根大学研修生命系统科学，导师是青木宣明。李燕于 2007—2009 年在日本县立广岛大学大学院学习，取得硕士学位后毕业。回园后，先后在养护队、树木园和牡丹园工作，为高级工程师。

2013 年我们展览温室的王苗苗同志被推荐到英国皇家园林学会威斯利花园（RHS Garden Wisley）进行为期一年的培训，因为各方面表现优秀，被授予杰出奖。回国后，她作为兰花室的负责人，带动大家将新技术、新理念运用到工作中，不断提高植物园的兰花栽培管理、展览展示和保育水平，2019 年再次赴英国深造，取得了优异成绩。2021 年她荣获了"北京青年榜样"的光荣称号。2015 年至今，她带队参加行业内各大展览，共赢得 100 多个奖项，在 2019 年世园会上收获了 45 个奖项，成功地将中国特有的珍稀兰花展示在世界舞台上。

我们接收的第一位从国外回来的留学生，是在我们温室中心工作的牛夏。2003 年，从法国留学回来的牛夏错过了分配时间，因为对温室工作有一份执着的热爱，她来到植物园大温室做了一名临时工。就在一年临时工工期将满之时，时任北京植物园副园长兼任

2014年，王苗苗与英国皇家园艺学会执行主席吉姆·加金纳（Jim Gargine）在英国皇家园艺学会威斯理花园展览温室。

温室中心主任的赵世伟同志跟我说，牛夏工作踏实，热爱温室，技术能力强，能否把她留下来。在北京市园林局的帮助下，我们通过引进特殊人才的途径，解决了牛夏的入职问题。这位同志在巨魔芋培育、开花过程中付出了艰辛的努力。2011年巨魔芋在中国首次开花，2013年巨魔芋多胞胎在我们大温室开花，创造了中国乃至世界巨魔芋开放的奇迹。她主创的热带雨林缸，在一个大的玻璃缸中种植了几百种热带雨林植物，让人们看到了热带雨林植物的多样性和丰富性，得到了广大群众和专家的一致好评。

北京植物园培养了几个在全国植物园界公认的优秀年轻人，不仅是国内，他们以自己的学术造就，在国际同行里也具有一定的影响力，如胡东燕、赵世伟、郭翎、陈进勇、王康、张毓等，我为他们感到骄傲。

外国留学生

　　我们不仅把优秀的人员送出去，还曾把国外优秀的年轻人请进来。有一个德国实习生卡特琳娜（Katharina Jandt）一边在植物园学习园艺，同时自己背着包去四川、云南、新疆、西藏去考察。她是个非常肯学习也很泼辣的女士。

　　在她学习一年将近期满时，我问她，你到中国来学习中国的园艺有没有收获？她说有很大的收获。我说我也想派人到你们德国去学习你们的园艺，你能帮帮忙吗？她在德国一家宿根花卉苗圃工作，她说我愿意，但是我得请示我的老板。随后她就用电话进行了请示，公司的负责人非常高兴和中国建立友好关系，同意我们派人到他那去学习。卡特琳娜非常热情，她说我希望你们派位女士来，她可以方便住在我家，就不用在外面租房了。还可以坐我的车一块上下班，不用再解决交通工具了。我们也深深地为她这种真诚所感动。我们先后派了王雪芹、孟欣、孙宜等几位同志到德国学习，派

2001年王雪琴在德国苗圃实习。左起：卡特琳娜、王雪芹、德国同事。

去学习的同志都有很大的收获，先后在植物园不同的岗位上做出了很多的贡献。比如王雪芹同志到德国学习回来以后，一直踏踏实实地在我们的苗木中心工作，她培养的高山植物绿绒蒿获得了专利，在2018年世界园艺博览会上还了获得金奖。她还出版了一部专著《萱草》，现在已经是教授级高工了。这些同志回国后的表现，让我们尝到了培养人才的甜头。

1996年朱仁元同志在英国博潇园艺学院（Pershore College of Horticulture）学习时，他的同学韦伯（Andrian Webber）仰慕中国园林艺术，希望到北京植物园实习，经朱仁元介绍，他的愿望得以实现。我们植物园在这样的工作中，进行中西方的园艺交流。为了方便他的学习，我们派了一名英语基础比较好的研究生吴姝，配合他的实习，他在植物园实习一年，感觉收获很大。而吴姝同志的英语也得到了提高，再后来的国际学术会议上，用英语做了精彩的演讲，受到了国际植物园协会主席贺善安先生的高度称赞。这一段经历，促成了两个年轻人的异国姻缘，这真是意外的收获。

2005年吴姝夫妇回北京植物园。左起：韦伯、张佐双、吴姝。前排是吴姝的女儿苏珊。

培养工勤岗位职工

　　植物园的建设需要不同层面的人才，不仅要培养技术干部，也要注重培养工勤岗位同志，给他们创造参加各种培训的机会。樊金龙等同志在郭翎管理的植物研究所里从事植物栽培工作，郭翎严格要求，认真培养他们。在北京市第三届职业技术能力大赛上，樊金龙拿到了第一名，并且还获得首都劳动奖章。北京对技能比赛第一名有政策，可以获得了高级技师职称，享受高级工程师待遇，这样他的工资待遇也提高了。这个政策，让在技能岗位上、在工勤岗位上的年轻人很受鼓舞。后来先后又有几个年轻人在各种比赛中拿到了好名次，他们用自己的努力赢得了荣誉和应有的待遇。

　　植物园培养起来的几位年轻人，一方面是组织给了他们机会，一方面也是他们自己的努力。赵世伟、陈进勇、王康同志也都光荣

2018 年北京植物园高级技师樊金龙

地加入共产党，成为国内、国际植物界著名的研究者。由于我们重视人才的培养，尝到了培养人才的甜头，所以植物园被评为了全国建设系统人才培养先进单位，植物园党委书记的张元成同志获得了全国建设系统先进个人。人才队伍的建设，人的素质的提高，是我们建设植物园非常重要的基础。

植物园的建设，说到底就是建园，建人。建园就是植物园本身的建设，要给老百姓提供一个清新优美、具有国际水准的科研科普场所；对老百姓进行喜闻乐见的植物科学知识普及服务。建人就是植物园人才队伍的建设，在某种程度上说，人才的建设比物质的建设还重要，因为人的素质决定着这个单位是否能全方位高水平的发展。因此，抓住人的德与才的教育和培养，应该成为我们第一位的工作。

为了培养温室人才，上世纪 80 年代，我们曾派霍毅同志到南植学习了三年温室养护技术，刘海英同志学习了一年。派祖保国同志向董保华先生学习了一年的育苗技术。回到岗位后，他们均成为植物园的业务骨干。

第七章

人文景观保护

植物园的金饭碗

北京植物园内的人文景观，是我们这座植物园区别于世界上其他植物园的人文标识。拿出哪一个，都是具有"国家级"影响力的。陈向远主任说，卧佛寺、樱桃沟、曹雪芹纪念馆是植物园的三个金饭碗。很多游客是专门为此而来。因此，我对园里的这部分宝贝，给予了十分的重视。

卧佛寺

卧佛寺是唐代古寺，距今已 1300 多年了。它历经宋元明清，是古人留给我们的文化瑰宝。卧佛寺从初建就有皇家寺院的特点，历朝历代的皇帝也都是从国库中出钱予以修缮。清代雍正、乾隆两朝皇帝还在卧佛寺的西路院建了行宫。爱写诗的乾隆皇帝在行宫的每个院落里都留下了他的诗作。

我 16 岁来园里的时候，听老职工说，卧佛寺是从僧人手里接过来的。刚解放的时候成立了西山管理所，当时卧佛寺还有个叫志宽的和尚，是庙里的方丈，还有一个小和尚叫阔天。我们来参加工作的时候，志宽已经去世了。据说志宽是 1960 年三年自然灾害时得了重病，以后就厌世，自我了断了。阔天姓牛，叫牛阔天，他年龄小，还俗做了植物园的职工，负责保存卧佛殿的钥匙和打扫院里的卫生。后来他和一个还俗的尼姑成了家，一直在植物园工作到退休。

听老职工讲，20 世纪 50 年代接收卧佛寺的时候，卧佛殿的后墙已经坍塌了。风吹雨淋，围绕着卧佛的十二圆觉身上的彩绘都褪色了，后来卧佛寺开放前重新做了油饰。

20 世纪 50 年代，卧佛寺做过一次简单的修缮，保持了大殿的完好。1964 年要办园林学校，卧佛寺的僧舍就成了园林学校的学生宿舍。当时我的宿舍就在僧舍里。卧佛寺中轴线上有一座建筑藏经楼，上下两层，因为房子大，楼上楼下都做了教室。

卧佛寺迎来真正的修缮，是在 2006 年夏天。那年连续下了几天的小雨，我们饭店当时的总经理朱国强给我打电话，他说园长，咱5号院塌了一间房。我连忙问伤人没有，他说那天没住人。我立刻赶过去一看，房塌了，落架了。我就通知负责基建的李文海副园长，我说你把塌的那间屋子的柱子都看一看。他们把房子承重的柱子都扒开一看，大伙儿都吓了一跳，柱子都糟了，烂了。我跟朱国强说，其他住着的客人赶快让他们离开，千万不要发生伤人事故。之后我就让李文海他们一个房间一个房间地查，查一个房间倒吸一口凉气，查一个房间倒吸一口凉气。接着再查卧佛大殿，发现几根柱子也全糟了。我立刻给园林局打了报告，先把主管维修的副局长刘秀晨请来，把王仁凯局长也请来了。他同意卧佛寺饭店停业，出

2006 年北京市园林局王仁凯局长检查北京植物园工作。左起：张元成、王仁凯、张佐双。

安全事故对老百姓也没法交代，谁也负不了责任，于是卧佛寺饭店就立即停业了，同时卧佛寺也停止了参观。

当时卧佛寺院里有一个燕京书画社，2006年那时有个口号叫"金碧辉煌迎奥运"，因为卧佛寺的修缮，加上迎奥运，我们想把它搬出去。人家说我们这个房子好好的，就是不搬。我说咱们就把柱子扒开看看，扒开一看，他们也吓了一跳，柱子都糟了。我说真出了事，谁也负不了责任了。最后我们给了他们补偿费用，把店里的东西如鼻烟壶、珐琅盒等小物件都按折扣买了下来。几十块钱不贵，但很高档。我们植物园国际交往比较多，正好作为有中国特色的纪念品，所以后来给来园业务交流的外宾，赠送的都是这些有中国特色的小物件。

我记得很清楚，有一次朝鲜平壤中央植物园主任任绿宰来，陪着来的是朝鲜驻中国大使，大使送到这以后就回去了。大使馆的一秘留下做翻译。他跟我说，任绿宰是我们朝鲜的国宝。我拿名片一看也确实是，他是朝鲜的院士，朝鲜中央植物园的园长，朝鲜农科院的院长，朝鲜林科院的院长。一秘说，他在我们国家享受着副部级的待遇。

送给什么礼物给他呢？一秘说，他送给你们的是书，是他们的植物名录，您别拿你们一本书就把他打发了。我说您说送什么？一秘说你送他一条丝绸的被面就行，他喜欢这玩意。我心里知道，燕京书画社留下的东西里有被面，就说这个好办，就给他们随同前来的好几个人，每个人送了两床被面。我看他们都穿西服，就每人又送了两条领带。在请他吃饭的时候，上一盘菜他们呼噜呼噜都抢着吃了，就跟咱三年自然灾荒那个劲头似的，好像饿肚子饿得不行了。我问你们是怎么来的？他们说坐火车来的，我说你们回朝鲜的时候，能不能给你们带一点火腿肠。一秘说太好了，这对他们来说真是好东西。我就给知青社经理赵洪钧打电话，让他按人数备几箱小火腿肠和方便面，一人一样一箱。方便面桶装的一箱没有多少，我让他们备的是简易塑料包装的。我经历过三年自然灾害，我理解他们，朝鲜是咱们唇齿相依的邻国，是我们的朋友。他们高兴得不得了，一秘走的时候握着我的手，连声说谢谢你们，您真理解我们。

李文海领着园林局基建处严宝亮处长过来看卧佛寺的情况，主管副局长刘秀晨也过来看了。我说，刘局这不修就塌了，谁敢负这责任啊！于是局里拿出专门的文物修缮费，把卧佛寺所有的房间大修了一次。

卧佛寺是国家级文物保护单位，对它的修缮是很规范的，修缮方案要由北京市文物局审定。修旧如旧是一个基本原则，但凡有一块砖能用的我们都把它留下了，不能用的换掉。原来的大石头全留下来。柱子糟到哪儿，墩接到哪儿。绝大部分的柱子都做了墩接处理，顶子全部落顶大修了。

修缮的时候我们分析，所有的柱子上边没事，都烂在根上了。古建柱子有柱础，柱础旁有排水、通风的孔口，按说不应该出现这样的情况。看来应该是 20 世纪 50 年代在修缮的时候没有把排水弄好，几十年风吹雨淋，窝在里边的水把柱子腐蚀了。

卧佛寺修缮工程进行了一年多。我是 1962 年来到卧佛寺的，2008 年退休，守了卧佛寺 46 年。就在我离开植物园之前，完成了卧佛寺的一次比较彻底的落顶大修。50 年是古建的一个大修期，完成这次大修，起码从 2007 年以后再过 50 年是没有问题的。在我们这代人手里，把卧佛寺保护好，让它完好地留给后人，这一点让我很欣慰。

卧佛寺按照文物局的安全要求，不允许在殿内烧香。这次大修完好以后，北京市人大常委会主任于均波同志来视察。他问我你们这能烧香吗？我就迂回地回答说，于主任我们这是国家级文保单位，是名胜风景区的文物。于均波说别忘了，你们这是庙，老百姓要许个愿，你们要行个方便。

北京市园林局要求，凡是有领导来园视察，我们要及时给园林局报信息，我是又行文又给王仁凯局长打电话，把于均波主任的话报告给局长，第二天王仁凯局长就来了。仁凯局长看到我们铁铸的香炉说，要让老百姓烧香，你们这铁香炉不行。你们去颐和园找找耿总，他们最近刚做的香炉。耿刘同先生是我们园林局的副总工，颐和园的总工，我们把他接到植物园，让他指导我们。耿总说，做一个香炉就得要 30 多万，价砍太低了人家就不给做了。后来我们做了三个香炉，园林局拨专款 100 万。这些钱都是从园林局文物修缮费里支出的。

三个香炉在铸名字的时候，有了歧议。卧佛寺的正名是雍正皇帝给起的，叫"十方普觉寺"，后来还是耿总给了个建议，前面就用"卧佛寺"三个字，后面用十方普觉寺。虽然是俗称，但比正名还响亮，老百姓认这三个字。

这三个铜香炉很受人们喜爱，有的地儿被人摸得锃亮。有了香炉，每月初一、十五的时候，老百姓可以上香。但只允许在香炉里烧，不准到大殿里烧。咱们护园队的人手拿着水桶，一边站俩人，做好了随时防范火灾的准备。

2007 年在迎奥运的时候，卧佛寺里边卫生间条件简陋，我就跟局领导说，如果要有外宾看卧佛寺，人家休息一下，或者方便一下，咱得有一个能接待外宾的地儿呀。这样促成了装修西配殿做接待室和修了卧佛寺的厕所。仁凯局长说，庙里边你得做得好一点，接待室要能满足接待国宾的。

我在植物园工作了几十年，也陪伴了卧佛几十年。我是共产党员，是唯物主义者，但是在卧佛寺，也遇到了一些有意思的事。

"紫檀王"陈丽华特别信奉卧佛寺的卧佛，她每年大年初一都来烧头炷香。初一一大早，大殿没开她就来了。她怕卧佛冻着，就做功德，为卧佛披上红绸子被子。她看到寺里的观音塑像，也捐了红绸子的大单子给披上。陈丽华跟我说，她糖尿病怎么看也看不

2005年春节，陈丽华、迟重瑞夫妇来卧佛寺礼佛。左3张佐双，左4陈丽华，左5张元成，左6迟重瑞及陈丽华亲属。

好，她在三世佛殿的药师佛那儿许了个愿，后来糖尿病真好了。所以她每年来烧头炷香来还愿。因为卧佛的保佑，她的身体好了，事业也越做越好。她来的时候，早上还没游客，不管是扫地的，看佛的，只要是庙里哪个岗位的工作人员，她都要亲手送上"心意"。她也不包红包，就从随身的包里往外掏，见人就掏出一张100元的人民币，嘴里还说着辛苦了，辛苦了。走的时候放一些人民币，算是捐给寺里的香钱。

我当园长后，有一次中午在卧佛山庄陪人吃饭。进餐厅前，我看到七叶树下坐着几个僧人。我忙忙叨叨往里走，看服务员正好给他们上菜，我就说咱们卧佛寺是庙，那几位外地的僧人就免单吧，记在管理处的账上，然后我就进去吃饭了。等我吃完饭出来的时候，他们人还没走。有僧人正在问服务员，说是谁给我们免单了？

服务员说他是我们园长。他又问园长跟你饭店有什么关系？服务员说我们饭店属于植物园管，归园长管。正这么聊着，正好我从那处过，其中就有一个僧人站起来说，园长谢谢您！他指着一位大和尚说，这是中国佛教协会的副会长，峨眉山的主持释永寿。释永寿拿了一个玉佛挂件，后面刻有释永寿三个字。他说这个是我的，加持过，送给您。我说真不敢当，说着他就把挂件挂在我脖子上了。

我走到卧佛寺坡下，与正在跟我们谈素菜馆合作的沙利召董事长谈事，沙总特别信佛，我说刚才中国佛教协会副会长释永寿大和尚送给了我一个玉佛，我转赠给您，保佑您的事业平安。正好那时候我有一个朋友是五台山的僧人，叫果青。他来了哪儿都不住，就在卧佛寺住两天，然后就回五台山。那天他正好也在素菜馆，沙总不好意思白收下我的佛礼，看见我和果青在一起，就从兜里掏出几沓钱，怎么也得三五万，给了果青，说就算我去五台山了，这是我的一点香钱，算我和五台山结个缘。

果青有糖尿病，后来在打胰岛素。他跟我说，园长你看，打了胰岛素我想吃什么吃什么，想吃多少吃多少。但这是一个误区，"打胰岛素可以随便吃是不行的"，还是要科学控制。他后来因为这个误区得了"酮中毒"，昏迷不醒，医治无效，圆寂了。

有人问我信不信佛，我信的是善有善报，恶有恶报。从小我妈妈就教育我要做好人，能帮人处且帮人，但行好事，莫问前程。有一次我跟张济和出差到福州鼓山古刹涌泉寺，我正跟张济和说话，寺里僧人一听，说二位是从北京来吧？我说是。他说我是北京云居寺出家的，我现在在这儿修行。看你们二位也像是有文化的人，跟你们探讨，我们佛家有些事跟共产党的理念有相通的地方，你们是说解放全人类，我们说普度众生，你们看是不是有相通之处啊？我跟张济和也没敢跟人家探讨什么，赶忙说谢谢您，我们还有事，我们还有事，赶快就走了。咱也没法跟人家做高深理论探讨，可是想一想共产党说解放全人类，佛要普度众生，确实是有相通的地方。另外佛教说与人为善，还说善有善报恶有恶报，这一点我是认同的。

樱桃沟

樱桃沟被誉为北京公园的掌上明珠，因为它是北京近郊区有泉水的风景区，在历史上，它的泉水曾经很大，也很有名。从明代开始，很多文人墨客都到樱桃沟踏青郊游。因为樱桃沟的生态好，历史上曾经出过三位名人。明末清初的孙承泽、清代中期的曹雪芹、民国时期的周肇祥。这三位名人使得樱桃沟除了美丽的自然景观外，还有了丰富深厚的历史人文气息。

1962 年我来到植物园的时候，樱桃沟泉水的流量很大，在沟里说话声音要很大，小声说就被流水声给盖住了。清代的乾隆皇帝修建了输水的石渠，因为地势低的地方要修石墙把石渠托起来，这条输水道又被称为"河墙"。樱桃沟的泉水通过这条石渠输送到玉泉山，再到清漪园，成为西山皇家园林的重要水源之一。

樱桃沟得天独厚的生态条件，使得这里湿度大，冬暖夏凉，能让一些珍稀濒危的植物拥有好的生长环境。为了让樱桃沟从植物园角度发挥它更好的作用，我们就把它列为植物园珍稀濒危植物的保护区。

樱桃沟的泉水属于自然的裂隙水，随着北京市地下水位的降低，加之后山打了很多井，对地下水过度使用，致使樱桃沟泉水量骤减，近乎枯竭。为解决这个问题，我们就在樱桃沟下面做了一个循环水系统。

在植物园 1956 年建园初期的第一次规划中，就有樱桃沟水库。

1959 年的第一件事，是建了一个大坝，在樱桃沟做了小水库，我们叫它"调节池"。当时泉水流量很大，很快就蓄满了水。水库满了，水就顺着大坝哗哗地流到低处。这样的景象，80 年代还有。后来水少了，我们就用水库里的水做循环水，把蓄水再循环到樱桃沟的水源头，恢复了水景，老百姓非常喜欢。

1972 年，当时一位中央领导来植物园视察，她问你们有中国最宝贵的植物水杉吗？水杉是孑遗植物，与银杏一样，是驰名中外的活化石。水杉的原产地在湖北利川的磨刀溪。我们立即向园林局汇报，园林局给利川水杉保护站写了封信，说我们植物园要种水杉，希望给予支持。首都北京的植物园要种水杉，水杉站非常重视，很快就给我们寄来了种子。种子当时寄到了北京市园林局，园林局把水杉种子分成两份，一份给北京植物园，另一份给了绿化处西南郊苗圃。给植物园这份，是张济和同志骑着自行车到园林局取回来的。西南郊苗圃有丰富的育苗经验，园林局当时的想法是万一北京植物园的苗没长好，西南郊苗圃还可以有备份。没想到当时组建北京植物园时，有一批老工人是从天坛苗圃调过来的，他们有丰富的育苗经验，是植物园的骨干。如赵洪均同志成为植物园绿化方面的负责人，马振川是班长级的，还有于进昌、杨景全、刘林启、姚秀荣、刘淑珍等等。

水杉种子来了以后，我们商量种在哪比较合适，大家一致认为种在樱桃沟最合适。因为水杉需要空气湿度大，在水边会长得好。于进昌、杨景全同志对种子做了处理，苗长得很好，我们分 1974 年和 1975 年两批种到樱桃沟。种的时候全体职工会战，大家伙儿干得热火朝天。1973 年播的种子，1974 年苗子已经长得一人高了，很苗壮。我记得很清楚，1975 年春天，我正在樱桃沟种水杉，领导派我和张济和同志出差去青岛收集雪松，我们就直接从樱桃沟去了火车站。

按照植物园的科学规律，从种子到种子才算完成了引种驯化任务。从引种播种，将来植物在这又结了种子，才叫引种驯化的成功。水杉结种时间比较长，80年代我们才见到它的种子。俞德浚主任几次跟我说，北园在引种驯化上取得成绩最大的就是这批水杉。

中国人发现了水杉，这是20世纪40年代震惊中外的植物学大事。世界上被誉为活化石的植物不多，水杉是胡先骕先生和郑万钧先生命名的。胡先骕先生在美国留过学，当他的美国老师看到胡先骕寄过去的标本时，在地图上找到发现水杉的地方，凝视了10分钟说，如果我见到了水杉，就如同见到了恐龙。因为人们只见过恐龙的化石，没有人见到恐龙。人们以前只见到过水杉的化石，没有见过这个化石的活体植物，这令植物学家非常激动。

胡先骕先生被誉为中国现代植物学之父，他不仅是著名的植物学家，在古典文学和诗词方面也有很深的造诣。樱桃沟水杉亭石壁上雕刻的《水杉歌》就是出自胡先骕之手。1960年闹自然灾害的时候，胡先骕先生写了《水杉歌》寄给了他的好友陈毅，陈毅看了后跟毛主席汇报，说《水杉歌》写得很好，结尾是"看东风压西风"。毛主席看完以后，批准在《人民日报》上发表了。

水杉亭不大，确有来历。在樱桃沟水杉引种种植成功之后，王文采院士领衔，10个科学家上书北京市政府，希望在樱桃沟水杉林中修一个水杉亭，纪念这件事。市政府通过市园林局把这封信转给我们。科学家这个提议让我们感到光荣和自豪。经批准我们做了水杉亭的方案，征求了专家的意见。亭建好后，"水杉亭"的匾是请欧阳中石先生题写的。我到欧阳中石家中求字，欧阳先生给我们题了"问杉""知源"，"杉"就是水杉，"知"就是知道了，"源"是水杉的来源。在开幕式那天，王文采院士、北京市的老市长焦若愚到场，我在那给他们汇报"问杉知源"的意义，焦老连连称赞说好。王文采院士也亲自拿着喇叭表达了一番科学家对水杉的情感，并为大家普及了水杉知识。院士向大众宣传水杉，实际上是在宣传

2003年10月12日，水杉亭剪彩仪式。前排左起：黄亦工、张佐双、焦若恩、王文彩、张元成、刘海英。

爱国主义的情怀。

中国被誉为世界的园林之母，水杉发现以后，中国通过种子交换，给世界各大植物园寄去了水杉种子，现在我每到一个国家，特别是北半球的国家，都要去看看我们的水杉在异国他乡长得怎么样，就像看望嫁出去的女儿一样。我跟郭翎去挪威开国际会的时候，看到挪威植物园的水杉已经长得很粗了。

水杉是珍稀濒危物种，我们保护得很好。国际上植物园的很多专家到北京植物园，看到我们水杉都大加称赞。国际上有个红杉保护组织，红杉与水杉亲缘关系最近，因为我是园长，所以这个组织就给了我一个保护水杉的奖状。

这片水杉已经成为植物园代表性的景观。种植的时候我们把树和树之间留够了让它们自由生长的余地，再过四五十年，会让它长

逐梦——植物园六十年

得更好，一定是像美国那些大红杉一样，会形成令人震撼的景观。这正是我们植物园人留给后人的遗产，是我们感到自豪的。

我有两个欣慰的事。第一个是北京市市民投票选举最喜爱的公园，只评一个，植物园被评上了。这里边很重要的一个因素，就是老百姓喜欢樱桃沟。第二个欣慰，是在北京 100 个网红打卡地评比中，樱桃沟又名列前茅。

2000 年完成的大温室建设后，我们就开始修樱桃沟栈道。栈道一直修到水源头，人们在栈道上可以近距离地观赏水杉，方便了群众游览樱桃沟和科普宣传教育，也保护了植物。

因为樱桃沟栈道受到老百姓的欢迎，有的老百姓就呼吁能不能再往上修一修，后来发改委又拨了一次款，栈道一直修到了山上，并建了观景台。我退休后栈道工程还在持续，几次的论证会我都参加了，我是坚决支持的。

黄叶村曹雪芹纪念馆

北京植物园内留有多处历史遗迹，其中位于植物园东部，被植物园内的三个人工湖面环绕，范围 5 公顷的黄叶村曹雪芹纪念馆经过 40 多年的发现、挖掘、建设，已经成为在全国有着重要影响的主题纪念馆。

曹雪芹纪念馆的创建

位于北京植物园内的曹雪芹纪念馆，创建于 1984 年，是国内第一家以曹雪芹、《红楼梦》为主题的博物馆。在此后的 38 年中，它已经在客观上成为曹雪芹、《红楼梦》传播的一个重要阵地，在

海内外具有一定的影响力。随着时代的发展和人们对传统文化的回归，特别是习近平总书记对中国传统文化的高度重视，曹雪芹纪念馆已经成为人们缅怀曹雪芹的一个圣地。

黄叶村曹雪芹纪念馆最初的雏形是位于绚秋园内的原正白旗39 号院的清代旗营老屋。1971 年 4 月，39 号旗下老屋住户，原来北京第 27 中学退休语文老师舒成勋老两口，无意间发现自己家老房的墙皮脱落后，里边的墙壁上有 8 首清代的"题壁诗"，他马上向当地的街道和派出所做了汇报。当地政府请文物部门来考证这些题壁诗，文物部门按照国家文物保护的要求，把题壁诗原件取走了。在文物部门保存多年后，题壁诗又被我们植物园要了回来。

曹雪芹晚年在北京西山著述生活，这个红学界是一致认可的，那么为什么 39 号院题壁诗的发现会与曹雪芹联系上呢？原来关于曹雪芹到底住在北京西山哪个具体地点，一直是红学界探讨不清的问题。20 世纪 20 年代，胡适先生根据曹雪芹朋友的诗，断定曹雪芹住在"西山"一个可以望见西山晚霞的地方。到了 50 年代，吴恩裕先生到香山一带采风，租住在香山买卖街一个张姓老人的家里，住了4个月，每天到处走访香山百姓，凡是曹雪芹走过的地儿他都记录下来。据吴恩裕先生长子吴季松回忆，他那时在北京大学读书，到香山来看望父亲，一问老百姓，大家都知道有位教授住在这儿采风。那时候人民生活水平低，香山买卖街唯一的肉铺因吴先生常来买点肉，才多进点儿货。

吴先生采用这种田野调查的方法，把能查到的文献资料和收集来的老百姓讲的内容，互相比较着研究，这样他把曹雪芹的居住范围划定在香山、万安山、金山这个山湾里了，其中主要是镶黄旗和正白旗两处。

1963年，吴恩裕先生与吴世昌、周汝昌、陈迩冬、骆静兰等红学家再次到西山采风，他们访问了唱莲花落的张永海老人，得到两个非常重要的口碑资料。一个是关于曹雪芹西山居所的，说他住在四王府西边，地藏沟口的左边靠近河滩的地方，"门前古槐歪脖树，小桥溪水野芹麻"。另外一个就是百姓传说，曹雪芹有一个叫鄂比的朋友，曾经送给他一副对联：远富近贫，以礼相交天下有；疏亲慢友，因财绝义世间多。

1971年的时候，这里还是个自然村，叫正白旗村。房子是清代留下来的老房子。住在这里的是北京27中的语文老师舒成勋。他无意间发现自家西墙皮上有好几首毛笔写上去的诗，其中一首是菱形的，内容与1963年专家采风收集的鄂比送给曹雪芹的相近，只是题壁上的对联与口碑中的有三字之差，还多了"真不错"三字。墙壁上的对联为："远富近贫，以礼相交天下少；疏亲慢友，因财而散世间多。真不错。"对联呈"菱形"书写。题在墙壁上的对联较之口碑中的对联，对仗得更为工整。"真不错"是菱形书写形式的需要，也是对前边内容的感叹。

这个发现引起了社会的轰动。很多红学家和《红楼梦》的爱好者都来到这里一探究竟。来的红学家都很有名，他们的意见也不一致。北京大学的吴世昌先生在看完题壁诗后说，墙上文字应是清代

1984 年曹雪芹纪念馆对社会开放。此为纪念馆复制的题壁诗墙壁和原正白旗 39 号院旗下老屋场景。

嘉庆年间所题，那时候曹雪芹早就死了，所以题壁诗"一看即知与曹雪芹无关"。

1975 年 10 月 4 日，张伯驹、夏承焘、钟敬文、周汝昌这几位一块到正白旗 39 号老屋访问了舒成勋。舒成勋拿出当年"题壁诗"的照片给张伯驹看。张伯驹有"民国四公子之首"的美誉，在书画、戏曲、诗词方面都有很深的造诣，尤其在文物鉴赏方面更是一代大家。张伯驹说，从题壁诗的书写方式来看，应为乾隆年间的东西，这个时间无可怀疑，虽不能据此断定这儿与曹雪芹的关系，但也断不可否定这里与曹雪芹的关系。从正白旗舒家回到家，张伯驹填了一首《浣溪沙》，记下当天的事儿。这首词是后来李明新同志做馆长时，从周汝昌先生的公子周建临那里得来的。词的内容是：

逐梦——植物园六十年

秋气萧森黄叶村，疏亲慢友处长贫，后人来为觅前尘。

刻凤雕龙门尚在，望蟾卧兔砚犹存，疑真疑幻废评论。

张伯驹在词的注中说："按发现之书体、诗格及所存兔砚，断为乾隆时代无疑。"

1977年，39号院来了一位叫张行的年轻人，他说家里有对黄松木书箱子，家里长辈跟他说过，是朋友寄存在他家的。看到墙上一首扇形诗的落款有"拙笔"两字儿，他想起自己祖上传下来的那对儿老黄松木书箱上也有"拙笔"两字，他就把这事跟舒老师说了。后经专家比对，两个"拙笔"是一个人写的。

红学家们对39号院是不是曹雪芹故居意见不一，但是他们对卧佛寺、樱桃沟给曹雪芹写作《红楼梦》很多灵感是一致赞同的。

1983年，张行先生在中国曹雪芹学会成立大会之际，展示"曹雪芹书箱"。左起：张行、胡德平、张佐双、李强、霍毅、肖军、刘宝珍、党德润、刘海英。

1984 年 4 月，曹雪芹纪念馆开馆时部分工作人员与领导合影。

他们对在我们这里建一座曹雪芹纪念馆也是全力支持的。

胡德平同志在 20 世纪 80 年代初，来到香山地区进行田野调研，在他的建议和直接推动下，北京市园林局、北京市植物园和海淀区共同努力，建立了国内第一家曹雪芹纪念馆。1984 年 4 月 22 日，由北京市委宣传部和北京市市政管理委员会正式批准对外开放。"曹雪芹纪念馆"匾额为溥杰先生题写。

溥杰老在写这几个字的时候，还有个插曲。去找他写匾的是白明同志，就是后来在瓷器鉴赏界很有名的"片儿白"，那时他大学刚毕业。他是带着让溥杰写"曹雪芹故居"的任务去的。溥杰老在写完"曹雪芹"三个字后，放下笔抽了一根烟，接着提笔写了"纪念馆"三个字。可见，他是了解红学界的争议的。

1984 年 4 月 22 日上午，曹雪芹纪念馆举行了开馆典礼。出席开幕式的有十世班禅额尔德尼·确吉坚赞、田纪云、杨敬仁、王昆

1984年，87版《红楼梦》拍摄期间，演职人员参观曹雪芹纪念馆。二排左8于玉，左9周雷，左16张佐双。其余为演职人员。

仑、溥杰、肖华等人，还有周汝昌、冯其庸、启功等红学家。叶飞、张爱萍同志为纪念馆剪彩，著名红学家周汝昌揭匾。当代著名红学家、文化界学术界知名人士、中共中央、全国人大常委会、国务院、全国政协领导、北京市领导张百发以及海淀区张宝章、中国残疾人福利基金会邓朴方、王鲁光等负责同志及一些群众团体的负责同志千余人参加了开馆典礼。北京市园林局高明凯副局长担任首任纪念馆馆长，植物园主任邓政一任副馆长。

曹雪芹纪念馆的展览维护和文化活动

北京植物园对曹雪芹纪念馆进行过多次维修和改陈，再现了曹雪芹生活时代的河墙烟柳、小桥古槐的自然环境和曹雪芹茅椽蓬牖、绳床瓦灶著书黄叶村的生活场景，供今人纪念凭吊。

题壁诗文所在的"抗风轩",按曹雪芹写作《红楼梦》时的书斋布展。其他展室系统介绍了曹雪芹的家世生平、红楼梦的影响、红学研究成果以及清代旗人的习俗。

1982年,海淀区政府把正白旗村39号院定为区级文物保护单位。

2003年3月,李明新同志任曹雪芹纪念馆馆长后,重新在北京市文物局注册了博物馆,使它的发展走上了历史文化名人博物馆的道路。在博物馆的研究、收藏、展览、社会教育四大功能上下功夫,在她10余年坚持不懈地努力下,曹雪芹纪念馆成为全国同主题纪念馆的典范。

曹雪芹纪念馆从2003年秋天举办了"红学名家社会讲座",著名红学家李希凡、张庆善、蔡义江、胡文彬、吕启祥、张俊、段启明、刘世德、孙玉明等,与红学爱好者面对面交流,受到欢迎。

2005年,曹雪芹纪念馆开始举办主题展览:红楼梦绘画、书法展,清代服饰展,红楼梦艺术品展,雅士文玩展,《红楼梦》版本展,红楼植物展,等等。每年推出两个主题展览,吸引了众多游客。

北京有"大西山"和"小西山"之别,大西山是指从昌平到门头沟的太行山余脉;小西山是指以香山和北京植物园为中心的金山、寿安山、香山这个山湾。这个地区自古有很多寺观、古建筑,因其风水好还有很多墓园,因朝代更替和年久失修,有的已经无存,本来竖着的石碑躺在了地上。这些碑是古人特意留给后人的信息,上边刻着的内容能够反映小西山这一带的不同历史时期政治、经济、地理、民俗风貌等方面的情况,也是研究西山地区人文环境的重要参考资料。随着时间的推移,很多碑刻风化严重,不少字迹已经漫漶。基于保护资料文献和深入研究的目的,自2006年开始,为了深入研究香山地区与曹雪芹《红楼梦》的关系,曹雪芹纪念馆在李明新同志的带领下,组织工作人员,对植物园内以及香山周边的 30 多通古碑进行了 "拓" 制工作，之后对碑文进行了深入研究，他们把成果，体现在了 2007 年的重新布展中。

2007 年纪念馆做了自 1984 年建馆以来第五次布展。新展最大的特点是结合 200 多年的红学研究成果，将曹雪芹的一生展现了出来。这次布展获得北京市公园管理中心 "十大品牌展览" 的荣誉。中国红学会会长张庆善在专家论证会上说，李村长（李明新同志昵称）主持黄叶村工作后，曹雪芹纪念馆得到了专家的认可、领导的认可和社会的认可。

"曹雪芹与北京" "曹雪芹与北京西山"，是这座乡村纪念馆研究的方向，也是重点研究课题。近十几年，纪念馆在曹雪芹生活时期的北京西山社会背景、西山居所、西山足迹、西山传说等诸多课题上作了深入研究。2007 年北京植物园启动 "曹雪芹西山传说"

2009 年 4 月 22 日，纪念曹雪芹纪念馆建馆 25 周年红学雅集。前排左起李明新、梅节夫人、丁维中、李希凡、梅节、王湜华、周丽侠、张云；二排左起杜春耕、顾智宏、胡文彬、吕启祥、刁秀云；三排左起刘颖、张书才、孙伟科、段江丽、樊志斌；四排左起何焰、孙玉明、任晓辉、沈治钧、王景邦、黄亦工、李强。

申报非物质文化遗产保护工作。纪念馆与海淀区非遗作协合作，在海淀区文联秘书长崔墨卿先生的推动帮助下，完成了"曹雪芹西山传说"主题采风活动，收集到 80 个左右的传说故事，并编辑出版了《曹雪芹西山传说》一书。2009 年 10 月，"曹雪芹西山传说"成功列入"北京市非物质文化遗产名录"，2010 年 10 月成功列入"中华人民共和国非物质文化遗产名录"，2011 年 6 月 10 日在人民政府网正式公布。

对曹雪芹纪念馆的研究工作，我是积极支持的。2007 年，园里拿出资金，支持馆里几位同志到四川阿坝州、大金、小金县进行了碉楼的实地考察，完成了"金川战役与曹雪芹《红楼梦》"的课题；2013 年，完成了"清代西山水系研究"课题，他们的研究向深入和拓宽两个方面发展，为曹雪芹与北京西山的研究作出了贡献。

展览、研究、文化活动的丰富，使得这座小小的乡村纪念馆成为全国曹雪芹《红楼梦》主题博物馆的地标。随着曹雪芹纪念馆

2008 年西山采风。85 岁的许存志从长辈那里听到了许多关于曹雪芹的传说。图为许存志、李明新。

的建设发展，参观者逐年增多，从最初的年游客量 3 万人次，2008年达到 60 万人次，2010 年达到 80 万人次，日高峰游客量达 15000人，建馆近 40 年，总参观人数近千万，接待俄罗斯、西班牙、美国、英国、日本、印尼、罗马尼亚等国外学者代表团多次，成为进行国际文化交流的胜地。西山小小的曹雪芹纪念馆，每年为几十万参观者传播曹雪芹和《红楼梦》的知识，30 年的积累与推动，这种主题影响力不可小看。

植物园投入资金，对纪念馆周边环境进行了提升改造，形成了故居八景。

主题博物馆的主要传播手段是常展、临展和学术讲座。从2010 年开始，北京曹雪芹学会与曹雪芹纪念馆开始采用多种艺术的形式来传播主题。每年秋天举办"曹雪芹文化艺术节"，时间为一个月。艺术节期间举办丰富的、群众参与性强的文化活动：阅读经典、昆曲演出、故事会、走曹雪芹小道、实景演出等。经过 10 年的连续举办，已经形成了一定的文化品牌效应——让人们一想到曹雪芹，就会想到位于北京西山的曹雪芹纪念馆。

到曹雪芹纪念馆参观的人，不仅有广大红学爱好者，还有很多领导。江泽民、吴邦国、吴仪、曾培炎、万国权、张万年、曹刚川等，都来参观过。我记忆最深的，是 2001 年 12 月江泽民同志来纪念馆。那天原定的安排是江总书记视察我们的大温室，在快结束的时候，陪同总书记视察的北京市委书记贾庆林跟总书记说，植物园这里有个曹雪芹故居，您去看看吗？江总书记说，我看过，以前陪着汪道涵同志看过，我们还去了樱桃沟，看过元宝石。贾庆林同志说，曹雪芹纪念馆最近又提升了，您去看看吧。江总书记欣然接受。

因为不在预定路线内，这一下子搞得负责安保的同志和我们植物园很被动。到了纪念馆，天色已经黄昏了，旗下老屋里光线更暗，题壁诗上的字已经看不清了。我说，我们当文物管的，没敢接

2009 年，时任北京市人大常委会副主任刘晓晨等市领导检查曹雪芹纪念馆工作。前排左3李明新、左4韩梓荣、左5刘晓晨、左6郑秉军（北京市公园管理中心党委书记）、左7张佐双。后排左4吴世民（时任北京市民政局党委书记兼局长）。

电。江总书记对贾庆林说，你们支持支持嘛。警卫人员用打火机照亮，我简单介绍了曹雪芹的家世生平，江总书记很感兴趣，说有些事我还真不知道。刘淇同志当场指示，你们整理下，以文字向总书记汇报。随后，纪念馆的李明新、樊志斌等人写出一本《黄叶村曹雪芹纪念馆》（中国旅游出版社2006年版）的书，我转交给了有关领导，算是完成了领导布置的任务。

名人墓园保护

张绍曾墓位于树木园北部的木兰小檗区，面积2.4公顷。

张绍曾字敬舆，中国近代资产阶级政治家。张绍曾1879年10月19日出生于河北省大城县张思河村，早年留学日本，归国后历任北洋督练公所教练处总办、贵胄学堂监督和新军第二十镇统制等职。1911年10月武昌起义后，因其电报奏稿十二条主张君主立宪，影响颇大。继而与吴禄贞、蓝天蔚等密谋起义，进兵丰台推翻清廷，泄漏未果。辛亥革命后，历任北洋军政府绥远将军兼垦务督办、陆军训练总监、陆军总长等职。1923年1月任国务总理。因主张南北统一和欢迎孙中山入京而被迫去职，居天津。1928年3月21日在天津被大军阀张作霖派人暗杀。3月22日身亡，年仅49岁。

张绍曾逝世后，灵柩暂停放在别处。1933年秋，其生前友好及一些知名人士集资，在北京香山卧佛寺旁的东沟村购建陵墓，举行了公葬。

墓地坐北朝南，分西南和东北两部分。西南墓区，有青石牌坊，石碑和宝顶供桌等。宝顶原为青砖水泥砌筑，四周围有石栏杆。"文革"中遭破坏，仅保留下圆形三合土坟丘。其前有张次子张述先的水泥石筑坟冢。墓区前方立一简易青石牌坊，上刻"故国务总理张上将军之墓"，两柱上有周肇祥题行书对联："故垒怆辽东化云莫栖华表柱，玄堂开寺左归禅长护大乘门。"东北部为祠堂区。祠堂建于半山上，面阔三间两耳，正房绿琉璃瓦歇山顶，古朴端庄。祠堂建材购自清代王陵。祠堂前立有两块华表和石狮，皆为清代遗物，周围栽满松柏树。

1990年10月，其后代张继先（张绍曾之三子）、张希贤（张绍曾之孙），张志贤（张绍曾之孙女）、张慧贤（张绍曾之次孙女）、张梦贤（张绍曾之三孙女）将"墓地三十六亩包括地面建筑祠堂五间、南房三间、东房三间，已成材的树木三百株"无偿交付给植物园。

孙传芳墓位于植物园东环路口北侧，卧佛寺东南方约 200 米处。墓园坐北朝南，红墙灰瓦，门额上有"泰安孙馨远先生墓"砖雕字。

　　孙传芳字馨远，山东历城人。生于 1885 年。孙传芳为北洋政府直系军阀，曾任浙、闽、苏、皖、赣五省联军总司令。"九一八事变"后孙传芳隐居天津佛堂，断然拒绝了日本人要他做华北伪政府主席的要求，表现了一定的民族气节。1935 年 11 月 13 日，孙传芳于天津居士林被他杀害的施从滨之女施剑翘刺杀。

　　孙传芳墓，鸟瞰似宝瓶形状。墓地北端海拔高 92.5 米，南端约 90.5 米。墓地南北长 125 米，东西宽瓶顶处 50 米（北端），瓶颈处 35 米。

　　孙传芳的小儿子孙家勤曾多次来扫墓。第一次是他拿着"雷洁

2007 年孙传芳幼子孙家勤先生携夫人、女儿到孙传芳墓园扫墓。左起孙家勤女儿、张佐双、孙家勤、孙家勤夫人南希。

琼副委员长接见巴西圣保罗大学代表团团长孙家勤先生"的《人民日报》报纸来的。他是张大千先生在巴西的关门弟子，著名画家。他的夫人南希（Nancy）是著名的葡文法学翻译家。她一直希望能在北京举办一个孙家勤先生的画展。我与他们一直保持着联系。

墓地分三部分，东边为坟冢，西边为祠堂，北面为松园。正门是一座坐北朝南歇山式的门楼，中间是两扇钢制朱漆大门，门楼两侧是撇山影壁。阴宅墓区有长30米的砖墁神道直通墓冢。石制墓塔建在正方形月台正中。墓区的西部为祠堂院。植物园对孙传芳墓园的房屋进行了修缮，对树木进行了养护。

王锡彤墓位于卧佛寺东南500米处，与张绍曾墓隔路相望，王墓在南，张墓在北，与孙传芳墓、梁启超墓形成鼎足之势。

王锡彤是河南汲县人，享年73岁，1941年葬于此地。因王锡彤与袁世凯有同乡之谊，曾在与袁合股创办的天津启新洋灰公司任协理，成为天津著名的资本家，人称"洋灰大王"

王墓坐北朝南，地势高爽，面积1万平方米，保存基本完好。王锡彤墓建在水泥高台上，四周有须弥座和白石栏板。王的墓穴为混凝土所制，符合他"洋灰大王"的身份。王墓完好未被盗挖。植物园对墓园内的绿化做了养护，对墓园北墙处的古槐做了保护。

高仁山烈士墓在孙传芳祠堂东侧的绿地里。

高仁山，1894年生于江苏省江阴县，第一次国内革命战争时期曾留学日本和美国，获美国哥伦比亚大学硕士学位。1923年回国后任北京大学教育系教授兼副系主任、系主任，同时兼任北平艺文中学校长。1925年6月在北京大学参加革命。曾是国共合作的国民党北京市党部负责人之一。1927年武汉国民政府结束后，党在北京建立了北方最高的统战组织"北方国民党左派大联盟"，高任该联盟主席。

1927 年 9 月 28 日被捕，1928 年 1 月 15 日在北京天桥被奉系军阀张作霖杀害。

高仁山烈士家乡政协和北京大学找到北京植物园，共同将高仁山烈士的墓地整修好，供人们凭吊。

我们对名人墓园的保护，体现了我们对历史的尊重，也为喜爱访古探幽的游客增加了参观的内容。

逐梦

第八章

行业奉献者

为社会工作奔忙

从事植物园工作多年，我有了工作经验的积累，用自己的经验为社会多做些事，这是我们这一代人普遍的想法，用现在的话说，是一种担当。

我有几个社会职务，在外人看来，应该算是行业的带头人了。我感谢领导和同行们对我的信任！如果让我自己来评价我在行业协会的工作，我只能用"尽心"两个字来表达。

担任中国植物学会植物园分会理事长

我在中国植物学会植物园分会做了两任理事长，从 2004 年一直做到了 2012 年，每届是 4 年，做了两届 8 年。

植物园分会的前身是中国植物学会的引种驯化协会，我做理事长之前，俞德浚先生、黎盛臣先生和张治明先生先后主持过。我当理事长以后经过我们的努力，民政部批准了中国植物学会植物园分会的称谓。

联合全国的植物园组织，共同谋求发展，此事对于我来讲是很重要的一个事。当时全国的植物园有大大小小多个组织，但主要有这四个：一个是中国植物学会的植物园分会，我是理事长；一个是中国环境科学学会的植物园保护专业委员会，贺善安先生任主任；一个是中国公园协会植物园工作委员会，我任主任。还有中国生物多样性保护与绿色发展基金会的植物园工作委员会，我也任主任。这几个组织各自为战，单独活动。我做中国植物园学会理事长时，身兼了三个植物园全国组织的领导工作。我就和贺老师商量，能不能每年大家一起开一次学术年会，我的建议得到了贺老师的支持。中国科学院植物园工作委员会主任的是许再富老师，也赞同我们的主张，于是 2004 年我们在庐山联合召开了中国植物园学术年会，同行们笑称这是植物园界的"庐山会议"。

从那时起，我们就把全国植物园的学术组织都统一到了一起，这几个组织领导是联合主席，每年联合召开一次学术年会。后来，我在贺善安先生的文章里，看到这样一段：

"2004 年，在时任 IABG 主席贺善安先生和中国植物学会植物园分会理事长张佐双先生的倡导下，联合全国的科学院系统、公园系统、林业系统、卫生系统、教育系统等各植物园组织，在庐山植物园成功地举办了植物园年会。大会一致同意，以后每年全国植物园组织联合起来召开植物园学术年会。此举意义重大，开创了中国植物园跨世纪的新篇章。这是经过约半个世纪顺风顺水与颠簸曲折的实践，全国各植物园对植物园的功能与任务得到了良好共识和提高的结果。植物园年会还特邀吴征镒院士、国际植物园协会主席贺善安先生为大会名誉主席。吴征镒先生去世后又邀请了许智宏院士与贺善安先生担任植物园学术年会名誉主席。"

在第一次全国植物园年会之后，全国各著名植物园，都踊跃地参加学术年会。我连续 18 年参与组织这个学术年会。

学术年会对全国植物园的发展起到了很大的推动作用，哪个单位有困难，需要我们去支持，大家会全力以赴。比如贵州植物园属于贵州科学院管，一直想要建一座科研楼，报了多少年都没能立项。当时贵州植物园的周天才主任（现在是贵州科学院的处长）找我们，希望我们组织一个学术会议，到他们园里来开。经过研究，我们同意到贵阳开一次学术会。会议邀请了当时植物学会的前理事长洪德元院士。院士出席的会，地方要按副省级的接待标准，所以贵州省的领导就来出席了我们的会。院士说话的分量还是很重的，洪院士对贵州植物园该肯定的地方都肯定了，他代表贵阳植物园向当地政府提出希望建设一座科研楼的要求，希望得到政府的支持。会上大家一起起草了贵阳宣言，宣言发出了以后，贵阳省政府非常重视。我们会议结束不久，就传来了喜讯，贵阳植物园科研楼的项

2004 年 9 月，中国植物园园学术年会在庐山召开。

2011年西安中国植物园年会后，我们向吴征镒院士赠送中国植物园学术年会名誉主席聘书。左起：昆明植物园主任孙卫邦、西安植物园主任李思锋、吴征镒院士、中国植物园分会理事长张佐双。

目，省里已经立项了，第二年经费拨过来，很快就建设起来了。

年会对推进各地植物园发展建设起到的作用，令我们十分兴奋。贵州会议的成功让全国各个植物园都争先恐后地积极申请承办学术年会。每次植物园年会都得到全国植物园主任和专家的响应，更重要的是有院士的参会，洪德元院士就连续几次参加我们的学术年会。我们荣誉主席吴征镒先生过世后，许智宏院士补选为年会荣誉主席。许院士曾经是中国科学院的副院长、北京大学的校长，是著名的植物学家。他也连续几次参加年会，指导我们工作。

中国植物学会植物园分会创立了每年评选一次最佳植物园的"封怀杯"和"德浚植物园终身成就奖"的活动，意在鼓励和推进国内植物园的优质建设，表彰植物园界的精英。

陕西榆林卧云山植物园是农民自己办的植物园，朱序弼先生为建这个植物园做出了巨大的贡献。朱先生是放羊娃出身，在榆林林

2005 年 11 月 14—17 日，第六届中国植物园生物多样性保护研讨会在香港嘉道理植物园举行。前排左 11 为时任国际植物园协会主席贺善安，前排左 9 为哈佛大学胡秀英教授，前排左 12 为中国植物学会植物园分会理事长张佐双。

2017年在重庆召开的全国植物园年会上，洪德元院士（左）向北京植物园副园长魏钰颁发封怀奖。

校做工人，由于勤奋好学，取得了很大成绩，后调到榆林林研所工作，取得了很多科研成果，荣获全国绿化劳动模范和全国先进科技个人。他是山西省林业系统唯一没有学历的高级工程师，很多苗圃高薪聘他做顾问，他都谢绝了。在建设卧云山植物园时，他与农民同吃同住同劳动，不收任何报酬，一年只在过年的时候回家。他把卧云山3000亩地从沙漠变成了绿洲。日本学者为他写了专著《在这里看到了地球的希望》。他的事迹吸引了很多外宾前来考察。当地农民为他塑了一座铜像。当地的一位教授送给他一副拐杖，上面写着"移步生绿"。朱老已经年过八旬，当地农民强烈要求一定在他在世的时候在卧云山植物园开一次学术研讨会。由于植物园会议排得很满，特地给他们加了一次研讨会。会上，国际植物园学会主席贺善安先生代表中国植物学会植物园分会授予他中国植物园杰出贡献奖。

2006 年植物园年会暨北京植物园建园 50 周年合影。

一周年庆典纪念
2006.4 18

2010年8月20日，朱序弼铜像揭幕仪式在榆林市卧云山举行。左2张佐双，左3朱序弼，其他为当地村领导。

迄今为止，中国植物园学会每年举办一次学术年会，已经举办了18次。每次全国同行业都深入研讨一个主题，形成共识，共同发力。现在虽然我不再做植物园理事长，改做顾问了，但作为中国植物园联盟咨询委员会委员和住建部风景园林专家委员会委员，我依旧经常参加各地的植物园项目的论证、新建植物园的评审等工作，尽我最大的力量促进植物园事业的发展，其中包括参加了雄安新区植物园的选址工作。那次是洪德元院士领衔带队去的，中科院植物所的汪小全所长、景新民副所长都参加了。我为参加这项工作感到自豪，感谢雄安政府，同时感谢我们的洪院士和植物所的领导，让我能继续为祖国的园林事业，贡献我个人微薄的力量。

现任中国植物学会植物园分会的理事长是赵世伟博士，他曾任分会的常务副会长兼秘书长，对分会的工作付出了极大的努力，做出了杰出的贡献。现任秘书长是郭翎博士。

　　　　　　　　　　　　　　　逐梦——植物园六十年

从 2005 年开始，每年贺善安先生都与我合写一篇学术文章，连续 15 年在《中国植物园》作为第一篇首发导向性论文发表。2020 年在《中国植物园》第一期发表的"植物园发展的温故与知新"一文，对我国百年来植物园的建设做了回顾，得出了基本的行业共识，成为中国植物园今后发展的一个重要参考。

担任中国花卉协会月季分会理事长

我除了参加植物园行业的组织，还参加了中国花卉协会月季分会的工作。中国花卉协会月季分会受中国花卉协会的领导，会长是江泽慧同志。历史上我们成立协会的时候就叫"中国月季协会"，1993 年中花协把全国冠以中国字头的花卉协会都划为分会，包括

2008 年江泽慧会长出席第三届中国月季展。左起：江泽慧、张佐双、朱秀珍。

1996 年，中国花卉协会月季分会第四届二次会议理事会在北京植物园召开。前排左起：孙柏龄、孙总、朱秀珍、马驰、夏佩荣、程绪珂、姜伟贤、周延江、姜洪涛、许恩珠。二排左 1 为张佐双。

逐梦——植物园六十年

中国牡丹芍药协会、中国梅花协会、中国荷花协会，杜鹃、兰花等都归入了中国花卉协会的分支机构。江泽慧同志说，在学术上各个分会应该是代表这个领域里最高学术水平，作为行业协会，要配合政府促进这个行业的发展。

月季花的历史

月季是蔷薇科蔷薇属植物，原产中国。蔷薇属的植物全世界有200多种，中国占了一半左右，是世界蔷薇属植物的分布中心、发源中心。我们中国的山东临朐曾经出土过化石，经过胡先骕先生鉴定，叫山旺化石。它证明2000多万年前，我们中国辽阔的大地上就有蔷薇出现了。由于长江流域的气候条件适于蔷薇生长，中国古代月季栽培大部分集中在此，已经有着上千年的栽培史。

《花卉鉴赏词典》里记载，中国的朱红、中国粉、香水月季、中国黄色月季四个品种月季于1789年经印度传入欧洲。英法战争期间，交战双方给运送中国古老月季的"护花使者"船，颁发特别通行证，甚至暂时停战，让中国古老月季平安通过交战区，最后由英国海军护送到法国皇帝拿破仑的妻子约瑟芬手中。

关于月季花的衍生进化，有很多故事。中国的月季花运到了欧洲后，欧洲人非常喜欢这个多季开花的蔷薇。当时主要是月月红、月月粉几个古老的品种。他们用我们的月季花当父本或母本，与当地的蔷薇花反复地杂交培育，经过六七十年的努力，终于在1867年把我们多季开花的基因与当地长得比较强壮、只开一季的蔷薇花结合，培育一个长得壮、又抗病、多季花开繁茂的品种，起名"法兰西"（La France），也有叫"新天地"，开创了现代月季的先河。

法国还有个专门培育月季的公司——梅昂（Meilland）家族。这个家族有上百年的历史了。梅昂家族的苗圃在月季杂交繁衍中发挥了重要作用，他们通过与欧洲蔷薇杂交、选种、培育的技术，突破了当时欧洲蔷薇只能开一季、颜色单调、花朵较小、花瓣不多的瓶颈。有的月季品种在夏天高温高湿的时候，常会患上黑斑病、褐斑病、白粉病等，引起叶子腐烂。1939年梅昂家族的弗朗西斯（Francis Meilland），培育出一个长得壮实、漂亮，抗病性强的品种。由于是1935年就开始培育的，这个品种月季的代号就是35-39-40。

　　1939年的时候他想用妈妈的名字命名，还没来得及命名，希特勒对法国发动突然袭击，法国一片混乱。美国驻法国里昂的领事与弗朗西斯是朋友，领事跟他来告别说要回国，问他有什么事没有。弗朗西斯说我有一事相托，我有一个很好的月季品种，刚培养出来一些小苗，希望带给美国月季协会，到你们国家继续做实验，留在这儿我担心战争会毁了它们。这位美国领事就把这些放在柳条包里的小苗，带回了美国，这是1939年的事。带到美国试种的月季苗，当年就开花了，又经过了四五年在美国多地方试种，品种的性状非常稳定。它抗病、花开繁，枝叶也壮实，保留了中国月季多季开花的特点，被命名"和平"，并荣获金奖，深受世人喜爱。

　　从此，现代月季不断演化出更多绚丽多彩、婀娜多姿的品种，成为世界上最常见也最受喜爱的观赏花卉之一。从我们中国传过去

2016年在北京大兴世界月季洲际大会期间，与马蒂亚斯·梅昂（Matthias Meilland，弗朗西斯的长孙，现法国梅昂月季公司的继承人）在和平月季前合影。

的几个四季开花的古老的月季，在世界上已经有 3 万多个品种了，成为花卉培育的一个传奇。

这里我要给大家介绍个常识，多季开花的蔷薇属植物我们叫月季，欧洲人管它叫中国蔷薇。在所有的四季开花的月季里边，都有我们中国月季多季开花的基因，没有这个基因，是培育不出多季开花的新品种来的。

陈俊愉院士在为我和朱秀珍等合著、2005 年出版的《中国月季》写的序中写道："关于月季的中文名称，我国自古称之为月季，月季的最大特点和优点，就是它具有连续开花的习性。西方约在 1800 年前后，将两种中国月季和香水月季的 4 个品种引入欧洲，开展了种间远缘杂交，经过几十年的努力，终于获得了四季开花、各种类型的现代月季，现在已达 2 万余种。我国现在各地普遍栽培的月季，95% 以上多属此类'回姥姥家的外孙女'。西方统称为蔷薇、玫瑰、木香、刺梅等，均为 ROSE。而我国因系蔷薇月季类的古老故乡，故在花名上有所分化，月季就是月季，玫瑰就是玫

2006 年 1 月中国林业出版社出版的《中国月季》。主编张佐双、朱秀珍。

瑰，蔷薇就是蔷薇，不能任意乱叫的。但是，近百年来，尤其是近五六十年来，把月季错称为'玫瑰'的人却越来越多了。甚至连花卉报上也随着以讹传讹。这是一种倒退而欠文明、不科学的错误现象。"于是，陈院士呼吁，要为"月季"正名，决不能再把"月季"喊成"玫瑰"了。

陈院士以北京林业大学园林学院教授、中国园艺学会副理事长、中国工程院资深院士、国际园艺学会梅品种登陆权威的四个身份，提出了上述建议，并认真加盖了名章。

陈院士嘱咐我说，你们也有责任，要把这些姥姥家的外甥女，让它们回娘家，为我们服务，我们也可以利用这些再培育新的月季品种出来。

结缘月季协会——老专家朱秀珍的嘱托

我参加月季协会的领导工作，是因为老专家朱秀珍的嘱托。原来月季协会的老会长叫夏佩荣，她是农业部一个部门的负责人，也是中国花卉协会的副秘书长。因为中国花卉协会曾经挂靠在农业部，上任会长是农业部的部长何康同志。建立中国月季协会的时候，她是月季协会的会长，月季专家朱秀珍同志做副会长，还有当时中国几个重要的月季原产地、基地的负责同志担任副会长。朱秀珍同志是我们北京的，1951 年北京农业大学。20 世纪 50 年代，北京市园林局有四个女工程师被誉为"四大花仙"，朱秀珍同志是其中之一。组建中国月季协会的还有上海园林局许恩珠同志、郑州园林局的局长周延江同志、常州当时的建委副主任马驰同志，孙百龄先生任秘书长。

北京植物园的月季专类园建好后，得到了社会的肯定和赞赏。夏佩荣同志病逝后，朱秀珍同志对我说，佐双你来接中国花卉协会月季分会的理事长吧。当时我跟朱老师说，我现在工作很忙，没有精力做好这个事，也没这水平。朱秀珍老师说你必须要接过来，中国月季协会是北京市园林局局长汪菊渊院士建议成立的，咱们月季协会的老顾问有两个，一个汪菊渊先生，一个陈俊愉陈先生。她说我年龄大了，可你正年富力强，你们植物园的月季园是华北地区最好的月季园，又是你亲手参与建设的，你必须把这个接过来，把我们这个协会继续办下去，否则这个事业怎么办？她说你接也得接，不接也得接。朱秀珍同志是我们老大姐，我是被逼无奈，接受了老同志的嘱托。

换届选举那天我有事没能参加大会，我开玩笑说我是缺席审判。既然选我做了，就不能辜负大家的重托，我就尽量把它做好。国际上有世界月季联合会，我接手的第一件事情就是请示有关部门，中国要积极参加国际月季协会。得到政府的支持后，我们就参加了国际月季联合会的活动，为中国月季走向世界打通道路。

2007 年与朱秀珍先生一起研究中国月季的发展。

历届中国月季展、洲际大会和高峰论坛

那么如何促进月季事业的发展？有的城市提出来，希望中国月季分会举办全国的月季花展和学术研讨会。作为协会，它的职责是要帮助政府协调企业、学校、科研单位和社会资源来开展活动，来促进事业发展。月季是在花卉里边产值最高的，我们国家的领导人也在视察过月季的基地以后，一再说月季是一个强国富民的产业，一定在生态文明、美丽中国、永续发展中发挥它应有的作用。

全国以月季为市花的城市有 80 多个，为促进产业发展，市花城市争先恐后地申办全国月季展和月季高峰论坛。我们协会就根据各地的诉求，每两年办一届。后来根据各地要求，改为一年一届。

从 2005 年开始，我们协助全国不同的城市，举办了 12 届中国月季展和高峰论坛，其中包含月季洲际大会。每一届的举办我们和当地领导及专业人员，都付出了艰辛的努力，每一届，都给我留下了深刻印象。

第一届中国月季展和高峰论坛，是我们协会与郑州市政府于 2005 年在郑州共同主办的。我与当地的市长共同作为组委会的主任，副主任由我们月季协会的副会长兼秘书长赵世伟和当地一名副市长担任。当时国家建设部赵保江副部长正好在郑州检查工作，在建设部城建司园林处处长曹南燕同志的支持下，赵部长出席了第一届月季展，并讲话支持。中国花卉协会副秘书长陈建武陪同中国花卉协会副会长王兆成（铁道部原副部长）同志出席并讲话。澳大利亚育种专家劳瑞·纽曼也出席了这次花展。首届全国月季展圆满成功。

第二届中国月季展和高峰论坛于 2006 年在沈阳举办。原来我们计划两年一届，2006 年沈阳举办世园会，沈阳市政府希望能在沈阳举办全国的月季展。在他们的强烈要求下，我们破例提前一年在沈阳举办了第二届月季展和月季高峰论坛。

2005年4月28日，首届中国月季展开幕式在郑州月季公园举行，住建部副部长赵保江致辞。二排左起张佐双、曹南燕（建设部城建司副司长），左6陈建武副秘书长。

第三届全国月季展暨高峰论坛于2008年在北京植物园举办。那时北京正值举办奥运会，全国的月季同行都希望在北京举办。奥运会期间，就在我们北京植物园的月季园举办了第三届全国月季展览和月季高峰论坛。

世界月季联合会规定，每三年召开一次世界月季大会，选举一次联合会主席。一个主席干三年，那一届正好是梅兰先生做主席。在陈棣先生的帮助下，这一届我们邀请到国际月季协会梅兰主席来北京植物园参观指导，中国花卉协会的会长江泽慧同志也非常高兴地出席了大会并致辞。文化部常务副部长、中国文联党组书记高占祥和我们北京市的老市长焦若愚同志等，也出席了会议。会上梅兰主席把法国梅昂公司选育的新月季品种赠送给了中国。

北京植物园的月季园于2015年获得此"世界优秀月季园"殊荣。

2008 年 5 月 22—28 日，北京植物园、北京月季协会承办的以"和平之花迎奥运"为主题的第三届中国月季展暨第 28 届北京月季展在北京植物园月季园内成功举办。

　　第四届全国月季展暨高峰论坛于 2010 年在常州举行。会前正在中央党校学习的常州市委书记范砚青在当地园林局局长的陪同下来找我，表达了常州想申办一届国际性月季会议的愿望。国际性的月季大会除每三年召开一次外，每年还有一个区域性大会，也叫洲际大会。洲际大会的举办地点由国际月季联合会执行委员会投票产生，执委会的代表们投票超过半数才可以。为争取能在常州举办，我和常州园林局的副局长吴捷同志、园林处处长戚维平一起参加了在加拿大温哥华召开的那届洲际大会。在会议上，吴捷同志和戚维平提出申请，中国月季分会副会长赵世伟同志用英语表达了中国花卉协会月季分会的推荐，最后大会同意在中国常州召开洲际大会。

　　到中国来开会的时候，梅兰先生任期届满，接任的国际月季联合会主席的叫西娜，她是一个南非的月季爱好者，她自己家种了很多月季，而且养护水平很高。西娜女士参加了 2010 年在常州举办的中国月季第四届大会，也是世界月季的区域性大会，同时还是世界的古老月季大会。几个大会合并在一起在常州召开，这对常州是一个盛事。我和常州市王维平市长作为主委会主任，联合签名，向世界业界共同发出了邀请函。那次会议来的外宾也比较多，很多是第一次到中国来。在很多外宾的印象中，中国还是拉洋车、男人留着辫子的概念，可到了常州一看，经济那么发达，会议招待得也很好，常州宾馆的服务也到位，最后颁奖典礼是常州大剧院举办的，规格非常高。这所有的一切都令他们喜出望外，他们才知道中国早已经不是他们印象中落后的中国，中国已经很强大了。

这次会议促成了常州紫荆公园内建了个月季专类园，后来还被评为世界级的优秀月季园。世界月季联合会主席琼斯与中国花卉协会会长江泽慧，莅临常州紫荆公园月季园颁奖。因为我对常州会议做出了贡献，大会给我颁发了一个世界月季联合会的"杰出贡献奖"。这次大会上，授予朱秀珍同志中国月季终身成就奖。

2010 年 4 月，张佐双获世界月季联合会颁发的"杰出贡献奖"。

在这一届我们增加了一个会旗交接仪式。举办城市将会旗交给中国花卉协会月季分会的会长，由会长再传给下一届的承办城市的市长。

第五届全国月季展暨高峰论坛于 2012 年在海南三亚举办。接到海南三亚市申办函后，我们开会进行了研究。会上大家有不同意见，因为在海南特别是三亚没有种月季的记录，能不能种月季是个问号，有的同志表示怀疑。经过认真研究后，我们认为这是一个花展，可以组织全国的资源来支持它，把它办好。月季能不能落地长好需要实验。三亚从纬度上讲进入热带了，是在中国唯一进入热带的地区。虽然三亚没有种月季的记录，但是到底能不能种，实践才是检验真理的唯一标准。

三亚的同行在亚龙湾一块盐碱荒滩上，进行了大胆的实验。这块地种庄稼都很难成活，曾经局部种过菜，效益也不高。三亚的同志就在这里改良土壤，进行了月季种植的实验。在经历一次又一次失败后，终于种出了属于三亚自己的反季节鲜切花。冬天在北国冰封大地的时候，三亚的月季却景色喜人地盛开着，从此改写了海南省没有月季产业的历史，填补了海南岛没有月季鲜切花的空白，创造了"三亚的奇迹"。

中国花卉协会的副会长王兆成（铁道部的副部长）参加了第五届中国月季全国展览会和月季的高峰论坛开幕式，海南省的有关领导和三亚市的党政主要领导都出席了开幕式。我们还邀请了国际月季联合会的主席凯文（Kelvin Trimper）、前两任主席海格和梅兰出席了开幕式。大会授予劳瑞·纽曼和陈棣先生"中国月季杰出贡献奖"。

2013 年 4 月 9 日，习近平总书记视察了三亚玫瑰谷。当地黎族的百姓汇报说，这里过去种菜，我们很辛苦，每年每亩地只能收入两三千块钱。现在我们这里转制升级了，公司教给我们怎么种花，给我们提供花苗，收购我们的花，我们的收入提高到每亩收入两三万块钱。我们生活改善了，我们脱贫致富了。当习总书记知道

6000多黎族老乡通过玫瑰产业已经脱贫致富奔小康后，冲着当地的主要领导说了一个金句："小康不小康，关键看老乡。"这个金句在全国很快传开了。很多人都知道总书记这个金句，却不知道它因为玫瑰谷的奇迹而来，因为月季产业推动了当地的经济发展而来。作为中国月季协会，作为园林工作者，我们感到非常自豪。习总书记鼓励三亚要将月季产业做大、做精、做强，一定要让土地继续增值、农民继续增收。这份沉甸甸的嘱托，不仅仅是对三亚，我们中国月季分会的所有工作者，都将时刻牢记。

这次花展和月季高峰论坛，我们出版了由刘青林同志、连丽娟同志编写的"中国月季发展白皮书"。

第六届中国月季展暨高峰论坛于2014年在山东莱州举办。中国的月季之乡一共有两个，一个是河南的南阳，另一个是山东的莱州。莱州市政府从1990年至今已经成功举办了30多届"莱州市月季展"，早已形成了传统。我会副会长、月季大师孟庆海指导了莱州的月季引种，2010年莱州月季园开园时，被莱州市政府授予荣誉市民。2014年第六届月季展会上，授予陈于化、杨百荔夫妇、黄善武、李洪权、孙百龄中国月季杰出贡献奖。

第七届中国月季展暨高峰论坛于2016年北京的大兴区举办。这次大会是世界月季洲际大会、世界古老月季大会、第七届中国月季展暨高峰论坛，"三会"合一的大会，因而得到了北京市有关领导和大兴区委区政府的高度重视。北京市委常委牛有成同志和中花协副会长、北京市园林绿化局和大兴区委区政府的领导都出席了大会。大兴成功地建设了高水平的月季主题园，在月季园建设过程中，北京的月季大师李文凯、孟庆海、王波都做出了贡献，培养和锻炼了该园的主任连丽娟，同时建成了世界上第一个月季博物馆。它收藏了世界上珍贵的月季艺术品，其展览内容和形式受到了国内外专家和市民的一致好评，被世界月季联合会主席命名为"世界月季博物馆"。这个月季园于2018年被世界月季联合会评为"世界优

2016 年 5 月 19 日，世界月季洲际大会暨第 14 届世界古老月季大会在北京市大兴区魏善庄开幕，来自全球 40 余个国家的 800 余位专家、行业人士共赴此次全球月季界的盛会。前排左起为世界月季联合会主席凯文、张佐双。

秀月季园"。在此之前的 2009 年，深圳月季园成为我国首次获得"世界优秀月季园"殊荣的月季园。

　　第八届中国月季展暨高峰论坛于 2018 年在四川德阳召开。德阳市长亲自到北京来接会旗。四川德阳委托银谷集团做好了一个非常精美的月季园，月季园的设计进行了全国招标，并请中国工程院院士孟兆祯先生、杨赉丽教授、中国风景园林学会副会长张树林女士和我到现场评标并指导。世界月季联合会的三任主席都出席了这次大会，考察了月季园，做出一致好评。

　　银谷集团董事长王文军先生承诺要从国外收集现代月季，2017年他带队出席了在斯洛文尼亚的世界月季洲际大会，并考察了意大利世界月季品种收集最多的菲尼斯基月季园。这个月季园属于意大利一个著名的骨科医生，他用了一生的心血收集了 7500 个现代月

上：2018 年 9 月 28 日—10 月 28 日，第八届中国月季展暨高峰论坛于四川德阳绵竹市中国玫瑰谷·月季产业园举行。前排孟兆祯院士，后排左起张佐双、张树林副会长、杨赛丽老师。

下：2018 年 第 八届中国月季展开幕式。左起：省领导、张佐双、杨淑颜（时任中国花卉协会副秘书长）、赵世勇（德阳市委书记）、凯文（时任世界月季联合会主席）、省领导、王文军（银谷集团董事长）。

季品种；考察了著名"百年老店"法国的梅昂月季公司，和世界上收集月季品种最多的德国桑格豪森月季园。这个月季园归桑格豪森市政府管辖，他们有 8500 个世界第一流的品种。银谷集团派人出资，先后三次组团，成功地从意大利、德国的月季园引回了数千个月季品种。实现了陈俊愉先生"把我们姥姥家的外孙女接回到祖国的大家庭来，为我们的生态文明、美丽中国永续发展服务"的愿望。

第九届中国月季展暨高峰论坛于 2019 年在河南南阳举办。本次大会也是三会合一的大会：国际月季洲际大会、第九届中国月季展、第十届南阳月季花会。南阳曾经举办过多次地区性的月季展。最初在 2010 年，是他们乡里月季集团申请举办的。这个集团的负责人叫赵国有。赵国有给我打电话说，我们乡里想办个月季节、月季展，希望协会给予支持。乡也是一级政府，我们协会的宗旨要支持月季产业的发展，不管你是哪级政府办的，我们都会支持。于是乡政府给我们发了一份邀请函，我就去了。在他们的月季展上，我做了致辞，肯定了他们的成绩，指明他们今后要规范化高质量发展的方向。第二年，区里跟乡里说，要由石桥区政府主办。筹备第三届时，南阳市有关领导说，你们把人家中国花卉协会的月季分会会长都请来了，这个活动得全市办。所以从第三届开始，月季展、月季节就由市政府举办了。

他们市委书记、市长、人大常委会主任、政协主席都出席了大会。国际月季联合会主席德布里代表世界月季联合会对南阳的月季发展和新建的月季博览园，给予高度评价，并授予南阳"国际月季名城"称号。大会的成功举办，影响很大，荣获了"南阳月季甲天下"的盛誉。

南阳是国家命名的月季之乡。近年来，南阳市发展了月季苗木繁育、花卉深加工、文化旅游三大产业。全市月季种植面积 15 万亩，年出产苗木 15 亿株，带动全市超过 15 万人加盟月季产业，亩均收入近万元。月季，不止于被欣赏，而是升级换代成为一项生态富民产业。2021年5月12日，习近平总书记视察了南阳月季博览园，考察了当地依托月季等资源优势发展特色产业、带动群众就业等情况，并作出了重要指示："地方特色产业发展潜力巨大，要善于挖掘和利用本地优势资源，加强地方优质品种保护，推进产学研有机结合，统筹做好产业、科技、文化这篇大文章。"这对全国月季产业是一个振奋。

南阳对月季产业的重视，也是经过几年举办活动认识逐步加深的。2017年，在参加南阳承办的月季展活动时，我跟时任南阳市委书记穆为民（后任河南省委常委、省委秘书长）说，你们现在有了10万亩土地种月季花，10万人从事月季产业，有10个亿人民币的产值，在全国你们月季苗木产值算是第一了。不过你这是一产，一产是月季的种苗或月季的切花，二产是月季的深加工，三产是月季的旅游。按一般发展规律，一产、二产加三产，不是六，而是大于六，是六的十倍甚至几十倍。我说你现在有10个亿的产值了，如果二产和三产融合发展的话，就有百亿甚至几百亿的产值在这里面蕴藏着。当时穆为民书记听了以后非常振奋，问我说我们该怎么办？我说中国是世界月季的故乡，南阳是中国的月季之乡，你要把它办成世界的月季名城，全世界的人都上你这来参观。你现在有这个条件，同时你还可以做月季的二产、月季的深加工。如果把这些都做起来的话，那就是上百亿甚至上千亿的产值。当时他急着去省里开会，我说有一个世界的月季大会，让全世界都知道南阳，你们想不想办？市委书记就说我们想办，他把程世明市长叫过来跟他简单交代了一下，程市长表态说我们愿意积极申办世界性、国际性的月季大会，希望到南阳来开。我们协会就积极地支持他们，帮他们创造条件。

我们邀请了世界月季联合会的前主席、现任主席以及前两任主席到南阳来考察。当他们一看南阳有10万亩的生产基地，而且看到花在南阳开得非常好，都交口称赞。可是当时的主席澳大利亚的凯文跟我说，你们申请2019年的这次国际洲际大会，是需要月季世界联合会的成员国投票的。2016年刚在你们北京的大兴开完，2010年也在你们的常州开过，连续几次在一个国家开洲际大会，成员国投票能不能通过？我们没有把握，这个需要你们再努力。世界月季联合会的前任主席是意大利的海格女士表示愿意为我们做做工作。经过她逐个地和成员国代表们苦口婆心地交流，让他们看到中国改革开放以后在月季产业上的发展，加上前两届在中国成功举办的影响，所以南阳成功获得了举办权。于是2019年的第九届世界月季洲际大会，在海内外朋友的共同努力下，如期在南阳召开了。

2019年4月28日，世界月季洲际大会暨第九届中国月季颁奖和会旗交接仪式在河南南阳举行。二排左3为世界月季联合会前主席凯文，左5为现任主席艾瑞安·德布里（Henrianne de Briey），左6为张佐双。

为了迎接大会，南阳政府做了非常精心的准备，建起一个目前世界上最大也是最高水平的月季园。北京林业大学的李雄校长带领他的博士们一块帮着进行了高水平的规划，在短短两年的时间，1000多亩的月季园从设计到施工，再到呈现出美好的状态，于2019年如期建成，真是神速。世界月季联合会主席德布理说这是名副其实世界月季名城，当时他就用英文写下了：南阳是世界月季名城。

南阳立刻找了一块精美的大石头，连夜刻好了"世界月季名城"。因为正好处于会议期间，会议就安排了一个揭牌仪式，由世界月季联合会主席德布理揭幕，很隆重。世界月季名城，这是一块金字招牌，它为南阳的三产旅游创造了很好的条件。

第十届中国月季展暨高峰论坛于2020年在安徽阜阳举办。月季花展的举办时间一般都是在春天，因为新冠病毒疫情，花展推迟到了秋天，这也只有多季开花的月季才能做到从春天改到秋天。阜阳市领导对花展非常重视，安徽的花卉协会副会长、阜阳花卉协会会长郑萍博士与阜阳的领导一起到北京来申办，立下了很大的功劳。全国月季产业积极参展，使得花展得以成功举办。

阜阳市市长孙正东出席了开幕式并讲话，他表示要把花卉产业、月季产业做大做强，高质量地发展。安徽省委书记李锦斌亲自去郑萍的苗木基地，考察了她的"植物工厂"——组培车间，肯定了她在利用高科技拉动当地的经济上，起到的示范作用。

我们2018年在德阳开了全国的月季展，2019是在南阳开了全国的月季展，2020在阜阳开了全国的月季展，很多同志就说咱们这是中国月季展的"三阳开泰"。

第十一届中国月季展暨高峰论坛于2021年在江苏泗阳举办。在郑萍博士积极推动下，江苏的泗阳终于在2021年春天申办成功了。他们只用了一年的时间，就收集了大量的月季品种建了一个月季园，同时用自己的专业知识，推进了苗木的高质量发展。江苏省委书记娄勤俭到他们泗阳公司去视察，对公司的高质量发展给予了高度的评价。

到目前为止，我们一共举办了十一届全国月季花展，目前还有好几个城市纷纷要求申办全国的月季展，中国花卉协会月季分会以其为抓手，促进各地的产业发展。

全国 80 多个以月季为市花的城市，要一年办一个，得排几十年的队。既然是好事，大家一起做，所以我们可能一年同时搞几个分会场。有的城市已经把月季花节作为他们城市的固定节日，每年都举办。

为中国月季事业做出杰出贡献的老专家

工作中，结识多位为中国月季事业做出杰出贡献的老专家，并与他们结下了深厚情谊。谈到中国月季，我们不能忘记那些为中国月季做出杰出贡献的老专家。

中国现代月季的奠基人吴赉熙。北京月季溯根求源，不能忘记中国现代月季的奠基人吴赉熙。吴先生是旅欧华侨，他在剑桥大学读了 17 念书，取得了医学博士，但他偏偏喜欢月季，并倾毕生精力。至 1948 年，他引种 200 多个月季新品种。他在北京建了吴家花园，每年举办多次赏花会，一时名流云集，很是轰动。吴先生晚年病重无力照顾这些月季花，想给自己的月季花寻找接班人，他提出了"接班人"的几个条件："第一，接班人要年富力强、要把月季当作事业来操办。第二，要懂英文，可以研读吴老一生收集的国外月季文献，继续月季的研究工作。第三，家中需要有足够大的空间，用于移栽吴老家现存的 400 余株月季。"

月季夫人蒋恩钿。得知吴老心愿的林宗扬教授觉得蒋恩钿最适合作为吴老月季的接班人，就这样，蒋恩钿接受了这沉甸甸的嘱托，成为 400 株月季的新主人，在此后的一生中，再也没有离

上：2016 年春，劳瑞来植物园指导工作。左起张佐双、劳瑞·纽曼、吴勤（吴赉熙后人）。

下：1959 年，蒋恩钿与丈夫陈谦受在人民大会堂月季园。

开过月季。她一心扑在月季上，认真研读吴老留下的月季文献，一边向陈俊愉、汪菊渊等教授请教，慢慢地，她成长为月季领域的专家。

20 世纪 50 年代中期，周恩来总理出访印度，他对印度机场路边开放的月季花留下深刻印象。回国后，他询问当时的北京市领导，北京是否也可以种上漂亮的月季花，于是时任国务院礼宾司司长的佘心清找到已经定居在天津的蒋恩钿，请她准备了月季花和介绍，由佘司长转呈了周总理。这件事对后来月季在北京乃至全国的发展起到了深远影响。

1959年十周年国庆之际，蒋恩钿将她精心养育的月季花无偿捐赠给国家，并在首都人民大会堂建起一座月季园。这个月季园成功建起后，北京市园林局诚邀蒋恩钿为顾问，为天坛公园打造全新的月季花园，陶然亭的月季园也是她一手缔造的。

月季杰出贡献奖获得者陈棣。中国月季杰出贡献奖获得者陈棣先生是中国"月季夫人"蒋恩钿先生的后代，为了中国月季融入世界月季大家庭，他多次从美国飞到欧洲，对中国花卉协会月季分会与世界月季联合会的交流互动，发挥了重要作用。

2012年7月，赴美国考察月季。左起：陈棣、张佐双。

中国月季终身成就奖获得者朱秀珍。 朱秀珍是中国月季协会的创会副会长，对协会的发展做出了巨大的贡献。中国月季协会成立后，为搜集中国的古老月季，朱秀珍曾经多次野外考察，收集月季品种。让国人重新认识月季，重视月季，一直是朱秀珍的愿望。1985 年，北京市要选市花，面向社会广泛征求意见，朱秀珍积极推荐将月季作为北京市花之一。经过了民主推选、专家评议、政府提案、人大审议这样一个严肃的程序后，1987 年 3 月，在北京市第八届人民代表大会第六次会议上，审议并通过了确定月季为北京市花之一。

朱秀珍同志与月季结缘数十载，鉴于她在中国月季事业上做出了诸多杰出的贡献，她被社会誉为"月季皇后"。2012 年 11 月，经过中国花卉协会月季分会常务理事扩大会研究决定，授予朱秀珍同志"中国月季终身成就奖"。

2019 年 2 月 3 日看望朱秀珍先生。左起葛红、孙柏龄、朱秀珍、张佐双、刘素华。

2013年赴四川遂宁看望陈于化和杨百荔夫妇。前排杨百荔，后排左起：李文凯、张佐双、陈于化、姜洪涛。

中国月季杰出贡献奖夫妇获得者陈于化和杨百荔。中国花卉协会月季分会有一位名誉会长、中国月季杰出贡献奖获得者陈于化。因为他是位男士，不能称他为"金花"，只能叫他"护花使者"。他是月季专家、画家、陶瓷艺术家。

陈老师毕业于北京工业学院（现北京理工大学），毕业后留校任教。他的作品记入了英国权威专著《玫瑰传统》，先后在北京人民大会堂、联合国教科文组织举办画展。

陈老种花且画花，他独创一种绘画方法，把月季花表现得十分逼真。冰心、季羡林、黄胄、黄苗子、启功、范曾等文化大师，都愿意在他画作上赋诗题字。启功曾经称赞他的月季画："月季花值千金，相投赠见甜心"这一诗句既展现了月季花的象征意义，也表达两个人的友情。赵朴初曾经为他题词说：于化同志善种玫瑰，画亦得花之神。

他曾经在北京建过北方月季花公司。在他公司月季花盛开的时候，邓颖超同志、陈慕华同志都曾看过他的月季花。国务委员、国防部长张爱萍将军特别喜欢月季花，他很支持陈于化的事业，他说月季花象征着和平。在张爱萍将军的追悼会上，来回播放的镜头就是将军在他那儿观赏月季花的镜头。

陈老不仅花种得好，他别出心裁，用高坪陶土捏制和塑造月季花，使月季艺术由平面变为立体的、永不凋零的花。他创作的和平月季陶瓷花瓶，我去台湾时专程送给了连战先生和郝柏村先生，他们非常赞赏陈先生的艺术造诣，并非常认可作品的美好寓意。

陈老的夫人杨百荔，是中国月季杰出贡献奖的获得者，2013年杨百荔去世时，我立刻与副会长赵粱军教授一起飞到遂宁参加她的追悼会。杨莹夫妇和王波也不约而同来到遂宁参加了告别仪式，以慰这位月季老人的在天之灵。

就在我做这本回忆录的时候，2022年1月27日，农历腊月二十八，惊悉陈于化先生与世长辞，我为失去一位毕生热爱月季事业、为月季事业奔走呐喊一生的好朋友、好师长而感到痛心，这是中国月季界的损失，世界月季大家庭也失去了一位月季艺术家。作为中国花卉协会月季分会会长，我必须去送陈老最后一程。我在最短的时间内做了核酸，买了赶往成都的机票。陈于化与夫人杨百荔醉心于月季事业的传奇故事，让每一个月季人由衷感动。他们为中国月季事业的兴起和中国月季文化的传播做出了杰出贡献，在中国月季文化史上留下了浓墨重彩的一笔。我们永远铭记他们、怀念他们。愿他们在天堂里每天有月季环绕，愿月季花永远盛开在他们的另一个世界里。

中国月季杰出贡献奖获得者李洪权先生。李洪权毕业于北京交通大学，他以优异的毕业成绩被选拔到中国铁道研究院。他酷爱月季，用业余时间在自家的阳台培育月季新品种。他培育的月季品种"怡红院"在1994年日本举行的JRC月季新品种竞赛中获铜奖。

1994 年，李洪权培育的品种"怡红院"在 JRC 月季新品种竞赛中获铜奖。

2016 年劳瑞来京。左 4 张佐双、左 7 李洪权。

JRC 是世界上月季新品种竞赛的重要赛事。这也是我国第一个在国外获奖的自育月季品种，为我国月季育种获得了荣誉。因为热爱，也因为业绩突出，他被调到中国农科院专职从事月季育种工作，出版了多部月季专著。

中国月季杰出贡献奖获得者黄善武。黄善武老师于 1941 年 7 月出生在河北省大名县。1964 年毕业于河北农业大学园艺系。中国月季协会、北京月季协会常务理事，农业部第三届全国农作物品种审定委员会花卉专业委员会评审专家，《植物遗传资源学报》编委，《中国农业百科全书·观赏园艺植物育种》副主编。1981年以来，他在中国农业科学院蔬菜花卉研究所从事花卉种质资源收集利用、月季辐射诱变育种工作。

黄善武老师热爱月季育种事业，潜心研究弯刺蔷薇、木香、复伞房蔷薇、刺梨等中国特有蔷薇资源及其在月季育种中的应用。他采用辐射突变和有性杂交相结合方法选育出"金叶弯刺蔷薇"，远缘杂交"天山"系列品种，现代月季自育新品种"绿野""哈雷彗星""南海浪花""燕妮"等30余个。黄善武老师培育出的多个月季新品种曾获得全国花卉博览会奖、昆明世界园艺博览会银奖等。2014年他荣获"中国月季杰出贡献奖"；2017年荣获得第九届全国花卉博览会科技成果类金奖和中国农业科学院杰出科技创新奖。2018年获得华耐园艺科技奖。

2014年黄善武先生获得中国月季杰出贡献奖。左起：张佐双、黄善武、葛红。

中国月季杰出贡献奖获得者孙百龄。孙百龄先生1938年生于山东掖县。1962年毕业于北京农业大学。毕业后曾在北京市林业局、农垦国营农场管理局工作，后调入北京巨山农场任副场长、农场园艺研究所所长。

1986年成立中国月季协会时，他是发起人之一，并担任协会创会秘书长。学会创立之初，没有经费来源，孙百龄同志给予了人力、物力等方面的全力支持。并积极为协会组织的各项工作出谋划策，担任秘书长工作20多年，为月季协会的工作做出了很大的贡献，在中国月季协会第24届莱州会议上获得了中国月季杰出贡献奖，是中国月季协会榜样人物之一。

2019年，南阳世界月季洲际大会，五朵金花与领导合影。左起：周洪英、陈望慧、王波、张佐双、李鹏（时任南阳市副市长）、葛红、杨莹。

中国月季界的五朵金花

在国内月季行业，有五位有着突出贡献的女同志，她们被业内称为"五朵金花"。这几位女同志不仅给予我们协会工作很大的支持，她们的业绩，也成为中国花卉行业的骄傲。

全国人大代表杨莹。 "五朵金花"之一的杨莹同志，是三亚玫瑰谷的创业者。为了打消老百姓在盐碱地种出鲜花的疑虑，她带着员工挨家挨户地跟老乡介绍玫瑰产业，还以现金形式为到玫瑰谷工作的老乡日结工资，"让老乡们站在田埂上就望得到未来"。玫瑰谷的年产值流水将近 5 个亿，成为党的八大到九大期间，农业转质升级的典型。玫瑰谷的董事长杨莹同志，在实现共同富裕这条路上，将玫瑰产业朝现代化、规模化、产业化发展推进，取得了瞩目的成绩。

她的努力获得了各种社会荣誉：2018 年当选第十三届全国人民代表大会代表、中国妇女第十二次全国代表大会代表；2019 全国民族团结进步模范个人荣誉。杨莹现在担任中国花卉协会月季分会副秘书长。

全国扶贫先进个人陈望慧。 陈望慧是四川小金县人，她做的农家乐很成功。她是党员，乡党委派她去做一个贫困村的支部书记，让她带动群众共同致富。那村海拔 2000 多米，都是分散的一块一块的山地。老百姓的传统就是种土豆，山上野猪比较多，因为禁猎了，国家不允许随便打野生动物，土豆成熟的时候，就成了野猪的乐园，它们把土豆破坏得很厉害。

陈望慧想完成上级党组织交给她的任务，她围着老百姓种的土豆地来回地观察，发现地界上长的一朵蔷薇花因为有刺儿，猪不敢拱，另外猪也不吃蔷薇花。看到这个情况，她就产生了一个想法，能不能通过种花让大家致富呢？于是她就外出进行考察学习，她跑遍了全国很多种植蔷薇花的地方，收集了大量一手资料。了解到玫瑰花可以做出多种产品，比如玫瑰花茶、玫瑰酱，能够提炼香精的同时还会有副产品玫瑰露，利用玫瑰露和玫瑰香精可以做很多的衍生品，如化妆品等。

陈望慧同志在考察、学习、分析、研究的基础上，决定在家乡老百姓种土豆的地上，带领大家种大马士革玫瑰。他们地处海拔比较高，昼夜温差大，光照的紫外线强，阳光好，这对于植物的同化作用非常有利。她们种下的大马士革玫瑰在四姑娘山这个地区，比平地长得茁壮，花大，而且花期长，给花农采摘提供了方便。

有一户残疾藏民有 7 亩多山地，过去种土豆。由于野猪的破坏，每年收到的土豆除了自个吃以外，就剩一些换换盐，买点菜什么的，生活在贫困线以下。种了花以后，他这 7 亩地每年收入将近 8 万块钱，生活发生了翻天覆地的变化，拿着分到手的 8 万块钱，他激动得说不出话来。

经过推广，他们县现在已经在原本种土豆的地上种了 13000 亩

左：2021 年底，藏族花农分到钱的喜悦。

右：2019 年与陈望慧合影。

玫瑰，形成了一定规模，让当地百姓脱贫致富了。为了支持他们的产业发展，我们在他们那里开过一次大马士革玫瑰花卉产业高峰论坛，他们县里的领导也都出席了。召开高峰论坛时国内去了很多专家，对小金县的高山玫瑰给予了高度的肯定。有人比较过，小金的玫瑰花提炼出的香精，比世界上最著名的保加利亚玫瑰谷的香精质量还要好。

截至 2021 年 2 月，陈望慧已带动小金县全县 12 个乡镇 38 个村种植玫瑰 12560 亩，带动 2200 户 8000 余人、760 户贫困户近 3000 人、276 户残疾人增收致富。小金县成了脱贫致富的全国典型，陈望慧同志因为带领村民脱贫致富，2020 年 10 月被授予 2019 年度"全国三八红旗手"荣誉称号，2021 年 2 月 25 日，党中央、国务院决定，授予陈望慧"全国脱贫攻坚先进个人"称号，2021 年 6 月，授予"全国优秀共产党员"称号。陈望慧同志是花卉产业里边一棵经风见雨、在高山上绽放的玫瑰花。

国际园艺生产者联合会最高奖获得者王波。王波是北京纳波湾园艺有限公司董事长，中国花卉协会月季分会副会长，北京月季大师。1991 年开始从事月季事业至今已近 30 年。她数十年如一日，兢兢业业、精益求精、追求完美、注重创新，取得了一系列骄人成绩。

王波利用自己丰富的栽培经验，组织科技攻关，先后培育出具有自主知识产权的"约定""纳波湾""妫水女神""海坨之声""夏都之光""长城歌谣""南阳红""初心"等数十个月季新品种。她将名优月季品种嫁接在百年古桩之上，2011 年 5 月在第二届北京月季文化节上一亮相便引起轰动，专家赞誉古桩月季是中国独有的产品，不但会受市场的欢迎，而且还填补了我国盆景门类中古桩月季的空白。

王波还有计划地利用公司优势，采取"公司 + 农户"的方式为农户提供种苗、技术和培训等服务，通过公司的营销网络和渠道，收购农户种植的月季，为农民做到订单生产、全部包销，从而使农户月季生产达到"零风险"，切实让农民得到实惠，为农民增收致富搭建了新平台。

王波对世界月季的发展尤为关注，只要发现国际上的育种公司推出新的系列的品种，王波一定会及时与他们联系，建立合作关系，并力争在比较短的时间内把这些品种引到国内进行推广。

王波于 2009 年获得"中国月季推广大使"，2012 年获得"全国三八红旗手"，2013 年获得"全国十大花木产业年度人物""全国十大绿化女状元""全国妇女创先争优先进个人"等荣誉称号；2016 年获得"国家科学技术进步一等奖"和"全国绿化奖章"；2017 年获得"华夏建设科学技术奖三等奖"。

中国农科院蔬菜花卉研究所首席研究员葛红。葛红研究员是中国农业科学院蔬菜花卉研究所"花卉种质资源与遗传育种创新团队"的首席专家，她从事月季资源收集研究和新品种选育 30 多年。采用远缘杂交、品种间杂交和辐射诱变等技术相结合，选育出抗寒性强、花色新颖、花香馥郁的庭院和切花月季新优品系 100 余个，其中"天香""凤凰之光""粉色回忆"等 17 个品种获得省部级良种审定或农业农村部植物新品种授权。在 2016 和 2019 年的月季洲际大会和 2019 年世界园艺博览会上，王波自育新品种得到了国内外月季研究、育种及从业人员的高度评价，深受消费者喜爱，获得展品类金奖和月季国际竞赛新品种金奖，她本人获得"优秀月季育种奖"。

在月季资源评价、育种技术集成方面取得突破性进展，葛红以第一完成人先后获得 2017 年中国农业科学院杰出科技创新奖、2017 年全国花卉博览会科技成果类金奖，2018 年中国园艺学会华耐园艺科技奖，中国观赏园艺 2020 年度特别荣誉奖，2020—2021 年度农业农村部神农中华农业科技一等奖（这是 2006 年该奖励设立以来的第一个花卉领域的一等奖）。

全国五一巾帼标兵，侗族月季专家周洪英。周洪英是贵州省植物园的副主任、三级研究员。她是侗族人，从2016年至今，她在好花红镇示范栽种了近300亩月季，打造出贵州山地月季花卉产业科技示范园区，并逐渐建立起集花卉观赏、休闲娱乐等为一体的贵州省最大的月季产业园。

从1988年到贵州省植物园工作，周洪英就与月季花结下不解之缘。后来，她几十年如一日地观察研究，和同事一起建立起"蔷薇属种质资源圃"，引种保育了20种野生蔷薇种质资源、528个月季品种以及40种玫瑰，并从中筛选出适应贵州高湿、少日照气候的38个月季观赏品种。近5年来周洪英带领她的"山地玫瑰科技创新人才团队"，在好花红镇不断探索科研成果转化，也同时带动贵州多地掀起月季、玫瑰种植热潮，为促进全省花卉产业发展，提供了有力的科技支撑。近几年，她多次在月季方面荣获过省部级科研成果奖，出版了《贵州蔷薇属植物与月季产业化》的专著。

2018年，好花红镇依托园区举办了"贵州首届月季花展"，为当地带来不少旅游收入。如今，这里乡村旅游正持续升温。除了种鲜花，他们还与一些企业合作研发玫瑰花甜酒、玫瑰花酵素等，在政府支持下探索出"科技＋企业＋园区＋农户"的产业融合发展之路。她主持的"山地玫瑰和月季种质资源挖掘利用高效栽培及产业化"荣获2021年贵州省科技进步三等奖。

继"五朵金花"之后，月季界又涌现出了一朵金花郑萍博士，在她的努力下，促成了2021年在安徽阜阳的第八届全国月季展和2021年江苏泗阳的第九届全国月季展。她在安徽的农之源农业发展有限公司、在江苏的新境界农业发展有限公司，被誉为农业高科技的示范单位。她一个人带动了两个省所在地区的农民脱贫致富，年产值达到1.2亿，受到了两个省的重视。她在"农行杯"第四届全国农村创新创业项目创意大赛中获得成长组三等奖。她所在的公司是我们中国花卉协会月季分会的副会长单位。

为中国月季事业做出贡献的优秀人物

荣登美国 21 世纪玫瑰名人堂的林彬。台大园艺系毕业，在美国玫瑰研发领域奋斗，成绩优异。他培育的月季品种"爱与和平"等，风行世界，有口皆碑。2022 年 3 月，他本人被美国月季协会列入国际殊荣的"玫瑰名人堂"。他多次来到中国，出席中国月季高峰论坛，并发表演讲，受到国内业内同行的盛赞。

国家科技进步二等奖获得者杨玉勇。杨玉勇是中国花卉协会月季分会副理事长。他是改革开放后的第一批大学生，是位痴情于花的东北汉子。他专注于自主研发新品种，在云南创建了鲜切花基地，把月季鲜切花卖到了全世界。经过多年的研究培育，2004 年他的"冰清"月季填补了我国鲜切花领域自主育种的空白，之后他在研发上不断突破，获得 50 多个专利品种。

2020 年林彬先生来植物园。

2018 年在昆明杨玉勇花卉基地。左起：杨玉勇、张佐双。

  《中国古老月季》的作者，中国花卉协会月季分会副理事长王国良。王国良，博士，研究员，南京农业大学兼职教授，"世界玫瑰大师奖"华人唯一获得者。他长期从事月季、玫瑰和蔷薇的起源与演化、收集与鉴定、流散与文化、栽培与保护、育种与利用、月季园设计与文化营造等方面的研究，在国内外享有盛誉。2015 年出版专著《中国古老月季》，2021 年出版《玫瑰圣经图谱解读》，应邀审订奥斯汀《英国月季》、御巫由纪《时间的玫瑰》等英、日、中文版多部，发表中英文核心刊物论文 60 余篇，获得国家级、部省级、南京市科技进步奖多项。

  全国先进工作者、全国绿化奖章获得者、北京月季大师李文凯。他是中国花卉协会月季分会常务理事，北京市突出贡献高技能人才，荣获了北京市特殊技师津贴。他于 1975 年北京市园林学校花卉班毕业后，一直在天坛公园从事月季栽培养殖工作。师从蒋恩

2016年王国良于美国。美国月季协会会长香丽（左）为王国良颁奖。

钿先生的弟子刘好勤。他的盆栽月季获得世界月季联合会主席和专家们的一致好评，被誉为世界上盆栽月季栽植养护最好的。2015年，他被推荐出席了在法国里昂的世界月季大会。他指导了数届中国月季展的布展工作，并被选为评委。他是廊坊等城市的月季顾问，为很多城市的月季发展做出了贡献。他重视技艺传承，他的徒弟、天坛月季班班长付迎辉获得北京市大师工作室荣誉。

北京月季大师孟庆海。他是中国花卉协会月季分会副理事长。他的父亲叫孟宪章，家里有个小月季园，是20世纪60年代北京著名的"月季孟"。孟庆海在他父亲的小月季园里长大，受家庭和环境影响，酷爱月季，是业内同行公认的识别月季品种的能手。他指导了国内多个月季园的建设和品种的收集栽培工作，并被多地聘为顾问。他也是数次全国月季展的评委。为举办德阳全国月季展，他多次到国外考察，并成功地从世界上月季品种最多的德豪森桑格月季园引种回几千个月季品种，为中国月季品种收集做出了突出

上：2015 年，李文凯（前排左 5）与张佐双（前排左 3）在法国出席国际
会议。

下：2010 年 出席山东莱州月季园落成典礼。左起：王宏明（时任莱州市
副市长）、张佐双、孟庆海。

贡献。他在指导"中国月季之乡"山东莱州月季园的建设中贡献巨大，被当地政府授予的"莱州荣誉市民"的称号。

中国月季使者姜正之。他是天狼月季品牌创造者，"天狼说"月季主讲人，苏州市华冠园创园艺科技有限公司董事长。姜正之从事蔷薇属资源收集保存和开发以及月季新品种培育工作13年。目前已经申报国家林草局新品种的数量已经超过100种。他开发了木香、刺梨、小果蔷薇、广东蔷薇等十余种原生蔷薇，培育出一批耐湿热、耐干旱、低温的育种中间材料，到2022年，他们公司所培育的月季父母本材料，全部采用自主研发的。2022年公司在杭州

2020年于姜正之月季新品种试验基地。左起：姜正之、张佐双。

2020 年，在邯郸七彩园林月季基地，为张建明"示范基地"授牌。左起：张佐双、王建明。

高架桥应用低维护月季超 90 万株，打破了国外工程品种月季的垄断局面。

邯郸七彩园林总经理王建明。王建明勤奋好学，热爱月季事业，从 2012 年开始，9 次赴荷兰、法国、德国、比利时、丹麦等国考察学习月季的栽培经验。他与国际上最好的月季公司如法国梅昂月季公司、德国科特勒公司等合作，引进了世界公认的景观低维护品种。回国后根据国内具体情况，对容器进行提升改造。他创新的栽培月季的容器，获得十几个多项国家专利，在世界上达到领先的水平，引得国内外同行前来学习。目前邯郸七彩园林具有 2000 亩的规模，其中 1000 亩的年产值达 4000 万人民币。

还有新疆的隋吉云、郭润华夫妇，扎根新疆，辛勤耕耘，培育出新疆本地月季品种"天山祥云"和"天山霞光"，2019 年在北京世博会上，获得金奖和铜奖，为国争光。

担任中国生物多样性保护基金会副理事长

1992 年 6 月 11 日，在巴西里约热内卢举行的联合国环境与发展大会上，李鹏总理代表中国政府签署了《生物多样性公约》。公约签署后，当时麋鹿基金会的副理事长金鉴明院士提议说，中国签署了国际的《生物多样性公约》，建议把麋鹿基金会改成生物多样性保护的基金会。因为基金会原理事长吕正操将军年事已高，就转由北京市人大常委会主任张健民同志做基金会的理事长。民政部有规定，在职的领导不允许做民间组织的主要负责人，这样张健民同志就推荐已退休的北京市副市长胡昭广同志做中国生物多样性保护基金会的理事长。

在我刚参加基金会的时候，基金会的注册资金还缺 300 万元，胡昭广副市长号召我们各界想办法募集资金。当时我就找到了曾在北京市负责我们植物园工作的市长助理、国家建设部副部长郑一军同志。我跟郑部长说，我们基金会遇到一些困难，您能不能帮帮忙？郑部长说全社会都应该支持生物多样性保护工作，因为保护生物多样性的就是保护我们的生命。他就找了地产界的负责人，希望他们地产界支持中国生物多样性保护。这样十位地产界的企业家每个单位自愿出了一些钱，把注册资金给筹集全了，使得中国生物多样性基金会能够顺利地往前发展。

基金会的理事长按国家民政部的要求，是不能超过 70 岁的。胡昭广做了两届年过七十以后，因为年龄关系，不能再连任了。于是通过选举，胡德平同志接任了基金会的理事长。胡德平同志在接任之前就提出中国生物多样性保护基金会应该更名为"中国生物多样性保护与绿色发展基金会"。胡德平同志高瞻远瞩，意识很超前，他提出了一个绿色发展的概念，而且做了几件有意义的事情。比如国家生物多样性保护行动纲领一出台，基金会马上以行动响个纲领，在人民大会堂召开生物多样性保护行动纲领的大会。全国人大常委会的桑国卫副委员长出席并致辞。胡德平、环保部部长李干杰、北京市原副市长胡召广、环保部部长顾问金鉴明院士、林业局副局长印红、住建部总工李如生等有关领导参会，我也荣幸地在大会上宣读了基金会的宣言。

这个基金会在胡德平同志任理事长时，非常活跃。胡德平理事长 70 岁以后，按照国家民政部的规定要换届。现在基金会的负责人是国务院参事，中国工商联的副主席谢伯阳同志，基金会副理事长周晋峰兼秘书长。我一直还参加基金会的工作，荣幸地做过第四届中国生物多样性保护基金会的副理事长，同时是基金会的学术委员会主任兼秘书长、植物工作委员会主任，基金会有关学术活动也通知我去做有关报告。

2011 年 7 月 8 日，中国生物多样性保护与绿色发展基金会、中国战略与管理研究会联合举办的"响应《中国生物多样性保护战略与行动计划（2011-2030 年）》大会"在人民大会堂隆重举行。张佐双在会上宣读宣言。

担任中国生物多样性保护基金会
植物园工作委员会主任

生物多样性保护基金会下设几个专业委员会，其中之一是植物园工作委员会，我担任主任一职。王世雄副理事长找到我，他说你能不能把全国的植物园都组织起来，把生物多样性保护做得更好。在王主任的指导下，我们就成立了植物园工作委员会，由我来做主任委员，开展中国植物园生物多样性保护方面的工作。

王世雄出席我们植物园年会，在年会上做了报告。我们的植物园培训班就是从那个时候开始的。每年植物园年会，基金会都拿出资金，资助植物园生物多样性保护的培训班。培训班主要请七八位已经退休的植物园的老前辈来讲课，其中有四五位老师出自中国植物园联盟的咨询委员，如贺善安、许再富、董宏文、我和潘伯荣等，一直延续到现在。新疆植物生态所的潘伯荣先生被聘为培训班的指导老师，我本人也是指导老师。

生物多样性基金会，资助了《植物园学》的出版，鼓励和支持了社会公益事业。2013年4月，棕榈园林公司的吴桂昌先生有科技援藏的意愿，基金会给予了鼓励和支持，同意立项，支援西藏林芝观赏桃花和食肉桃100个品种，邀请了广州的吴劲章局长、曾在林芝农牧学院挂职副院长的中国农业大学赵良军教授，我和胡东燕一同赴林芝考察项目，得到了西藏林芝林牧学院的支持。我为该校，演讲了桃花的课题。为保证项目成功，2013年7月，植物园派出了王康、樊金龙到林芝完成嫁接任务；2014年4月，付俊秋、卢鸿燕、代兴华赴藏检查成活情况。

第七届中国生物多样性保护与利用高新科学技术国际论坛

2010.5.26 中国·北京

2010年5月26日，第七届中国生物多样性保护与利用高新科学技术国际论坛在京开幕。该论坛是第十三届北京国际科技产业博览会九个专业论坛之一。中排最右为张佳双。

担任中国植物园联盟咨询委员会委员

2013 年 6 月 6 日，中国植物园联盟成立大会在中国科技会堂举行。中科院院长白春礼、国家林业局赵树丛局长，住建部总工程师陈仲出席了大会。植物园联盟咨询委员会主任为许智宏院士，委员有贺善安先生、西双版纳植物园的老主任，终身教授许再富老师、华南植物园主任黄宏文和我。中国科学院植物园工作委员会主任、西双版纳植物园主任陈进做联盟的理事长，几个主要植物园的主任做副理事长。这个咨询委员会还聘请了国外的有关专家，一个是外籍院士美国的皮特·雷文；一个是著名的植物分类学家，英国的海伍德教授（Vernon Heywood）。

中国科学院每年有专款来支持联盟的活动，使联盟这些年的活动越办越好，被社会各界重视。现在联盟已经更名为"中国植物园联合保护计划"，主任是中国科学院的副院长张亚平院士。

2013 年出席上海辰山植物园学术委员会会议。左起：张佐双、海伍德、贺善安、胡永红。

逐梦——植物园六十年

2020年9月10日，中国植物园联盟项目评审会有关专家合影。左起：中国科学院原生物局王贵海局长、许再富（咨询委员）、洪德元院士、许智宏院士（咨询委员会主任）、张佐双（咨询委员）、秦岭国家植物园原主任沈茂才。

担任中国城市科学研究会绿色建筑与节能专业委员会立体绿化学组组长

随着社会经济的不断发展，生态文明日益受到重视，城市向着园林城市、生态园林城市的态势发展。为了让人们生活得更好，城市更宜居，城市的立体绿化包括城市的屋顶绿化提上日程。在2010年成立了一个城市科学研究会，简称"城科会"，会长是住建部副部长仇保兴。城科会建筑节能专业委员会下设一个立体绿化学组。当时是住建部城建司的陈蓁蓁副司长主管城市园林工作，担任立体绿化学组的组长。我和住建部城建司园林处王香春处长并列做副组长，王珂任副组长兼秘书长，韩丽丽等任副组长。这个立体绿

2010 年 3 月 29 日，由中国城市科学研究会、中国绿色建筑委员会、北京市住房和城乡建设委员会主办的"第六届国际绿色建筑与建筑节能大会暨新技术与产品博览会"在北京国际会议中心隆重召开。左起：袁清杨、王克、韩丽丽、张佐双、王香春、李枫。

化学组是国家正规的学术组织，每年出席城科会的学术年会，并被评为先进学组。

还有一个组织叫建筑节能协会，会长是住建部的郑炳坤副部长，这个会里面也有一个立体绿化专业委员会，指定我做专业委员会的主任，王仙民同志做秘书长，后来我过了 70 岁也不再做了，由农学院城市绿化学院院长刘克锋院长来做，我做名誉主任。这三个组织和世界屋顶绿化协会，在王仙民同志在世的时候常在一起活动，王仙民同志去世以后就分开活动了。

世界屋顶绿化协会会长是同济大学副校长、工程院院士吴志强教授。我担任了世界屋顶绿化协会的副主席。副主席还有杨新杭、李树华等，秘书长是王仙民同志。副秘书长有韦一、杨静等。

2010 年上海举行世博会的时候，同时召开了世界屋顶绿化立体绿化大会。上海世博会本身的屋顶绿化项目也做得很好，后来王仙民同志还主编了关于上海世博会屋顶绿化的专著，对推动全国的屋顶绿化、立体绿化起到了非常重要的促进作用。

屋顶绿化大会先后在我国不同城市召开，我作为大会副主席，主持了多次会议。到2019年，协会已经成功组织了十二届大会，这与王仙民秘书长付出的辛苦分不开。

我跟王仙民同志有缘。聊天时他跟我说，他是解放后由姑姑带进京的。他的姑姑在西四区做宣传部长，后来西四区改成西城区，他姑姑做了区委书记了。我得知他姑姑叫韩雪，就回去问我姐姐知道不知道韩雪。姐姐说韩雪是我们宣传部长。后来我带姐姐到友谊医院的高干病房看望了韩雪。多年未谋面的老友相见，她们都很激动。

在韩雪的案头上，我看见一张她和弟弟、弟妹即王仙民父母的合影。一看就知道是用不同的照片合成的。她说我跟我的弟弟没有合影，只能用合成的照片留念。她说我就这么一个弟弟，是我动员他参加的八路军，结果1943年他在抗日战场上英勇牺牲了。所以她一直担负着抚养他亲侄子王仙民的义务，把王仙民带大。

我退休的时候是按公务员退的，按国家规定，公务员过了70岁不能在任何协会任职。我就找协会辞掉了世界屋顶绿化协会副主席职务，学会让我继续做这个协会的专家。

我目前还是"城科会"立体绿化学组的组长，作为城市绿化工作的重要推手，我们每年还组织全国会议。我们两次获得了"城科会"的"先进学组"的称号，我本人也荣幸地被建筑节能协会的立体绿化专业委员会授予的"中国屋顶绿化与节能优秀人物"。

客观地说，城市地面上的绿地面积都绿化得差不多了，随着城市的高质量发展，和绿化美化水平的进一步提高，人们需要更多的绿化空间。现在还有很多的屋顶和立面没有绿化，因而立体绿化将成为我国城市绿化的一个重要组成部分。我愿意和全国的绿化战线

上：2014 年，世界屋顶绿化协会秘书长王先民同志带队考察新加坡屋顶绿化项目。中间站立者为张佐双、王仙民。

下：2014 年 10 月 19 日—10 月 22 日，世界生态城市与屋顶绿化大会在青岛市举办。图为张佐双与吴志强院士。

的同志们一道，把立体绿化、立体园林，朝着高质量发展的方向推进，为宜居城市，为老百姓的美好生活而努力奋斗。

担任中国花卉协会牡丹芍药分会副理事长

中国牡丹芍药协会于 1989 年 4 月在河南洛阳成立，会长陈俊愉先生，副会长为王莲英、李嘉珏等，秘书长是秦魁杰，我任副秘书长。汪菊渊先生、程绪珂、王其超等先生以及洛阳、菏泽市的有关领导和牡丹专家，出席了成立大会。后来，陈俊愉先生提出他已经是梅花蜡梅协会的理事长，提名并经选举王莲英为理事长，我任

1989 年 4 月 20—23 日，中国牡丹芍药协会成立大会在洛阳举行。中间举示牡丹画者为张佐双，其右侧陈俊愉会长、中国花卉协会副秘书长夏佩荣、汪菊渊院士、上海市园林局局长程绪珂。

2010 年 2 月，中国第十二届梅花蜡梅展览会国际学术研讨会在上海举行。

副理事长，一直至今。我一直积极参加学会活动，并代表分会赴山东菏泽、江苏仪征出席会议并致辞。

担任中国花卉协会梅花蜡梅分会副理事长

北京植物园的梅园建好后，2003年1月3日，我被选为副理事长。2010年2月20日，陈俊愉院士年岁已高，提出请张启祥教授任分会理事长，我提出赵世伟同志接任副理事长，得到学会的同意。学会任命我为顾问。我曾多次参加学会的活动。

我还担任着中国植物病理学会北京植物病理学会常务理事、北京植物学会副理事长等社会职务。

我还非常荣幸地多次做过北京林业大学、中科院植物研究所的

俞大绂先生80大寿之际，到俞大绂先生家祝寿。前排左起：季良、陈善铭、俞大绂、裴维藩、陈延熙、吴立人、曾士迈。后排左起：张佐双、迪原勃、科协工作人员。

2011 年 5 月，中国植物病理学会老专家考察植物园。左起：张佐双、周仲铭教授，曾士迈院士、沈瑞祥教授、杨旺教授。

博士论文答辩专家，通过这些答辩教学相长，学习到了很多专业知识。在这里我感谢北京林业大学和中科院植物研究所。

我是北京师范大学园林讲堂的客座教授，连续多年到校讲课。我讲授植物在生物多样性方面的重要性，给同学们树立保护植物就是保护人类自己的理念。该讲堂第一任客座教授是汪菊渊先生，第二任是李嘉乐先生，我是第三任。我感到责任重大，所以每次课程都认真备课，努力地完成好讲课任务。

我被选为海淀区两届人大代表，多次出席人代会，参加多次人大代表基层视察活动，并积极征求和反映选民意见，我的提案多次被选用。

因为工作需要，我退休以后，实际上比退休前还忙。因为在职时精力主要用在北京植物园的业务上。退休后，众多的社会职务，让我义不容辞地在项目评审、园林建设上为社会服务。即便是在疫情期间，我依然"冒着疫情的炮火"不停地奔忙于各个需要支持的地方，完成我的社会责任和担当。平均每年要飞行 17 万公里，平均每礼拜飞一次。

上：2016年6月，作为评委参加北京林业大学博士论文答辩会。左起赵伶俐、孙明（答辩秘书）、石雷、吴根松、张佐双、罗乐、程金水、张启翔、朱蕊蕊、张德强、成仿云、杨晓东。

下：2001年作为评委参加中国科学院植物所博士论文答辩会。前排左起：张志耘、文军、张佐双、王文采、朱昱苹、汤彦承、路安民。后排左起：陈之端、饶广远、汪小全、李良千、林金星。

2018 年张佐双到北京师范大学举行讲座。左起：牟溥教授、张佐双。

2006 年 12 月，张佐双在海淀区第十四届人民代表大会上。

第九章

岁月回首
此生幸运

从 1962 年到 2022 年，一个甲子过去了，我在 16 岁朝气蓬勃的年龄来到北京植物园，今年已经 76 岁了。我用 60 年的时间一直在追逐一个梦想，一个几代人梦寐以求实现的梦想。

初心与梦想

至今我仍然清晰地记得，60 年前北京植物园的李孝礼书记，把我们刚分配到植物园的 30 多个初中毕业生叫在一起，举行了一个欢迎仪式。在欢迎仪式上，林庆义主任给我们展示了北京植物园的规划蓝图。他从十位年轻人给毛主席写信说起，谈到如何得到了中央的关怀，国务院批件的内容，北京植物园由中国科学院和北京市共同建设，是位于首都的国家级植物园，等等。他指着一片荒芜的河滩地说，这里将来要建起一个大温室，温室里有很多花，老百姓在冬天也能到咱们这看到鲜花。我们的植物园里还有展览区、试验区，有很多先进的实验设备。你们在这工作，是很有前途的。

当时三年自然灾害刚过，植物园南北两个河滩还很荒凉，但是林主任给我们展示的宏伟蓝图，从那一天，就像烙在了我的脑海里。把植物园建设好这个梦想，就在我的心里扎下了根。当我伴随北京植物园走过一个甲子之后，回顾这 60 年走过的路，经过的事，百感交集，但是关于梦想，我可以坚定地告诉植物园的后来人，我的梦想就是和大家一起，把北京植物园建设成为能够代表首都地位的国家级植物园。这是我的初心，更是我的使命，也是我几十年来心心念念要实现的梦想。我要为它奉献我的力量，贡献我的终生。

2021 年底，国务院的官网登出了国务院关于在北京建设国家植物园的重大决定，我听说后兴奋得睡不着觉。2022 年 4 月 18 日，国家植物园正式挂牌，老一代植物园的奋斗者、老专家们的梦想，终于得到了初步实现，可以告慰已经过世的老人们的在天之灵了。

看到我们的梦想初步实现了，这让我回忆起中科院植物所的老主任俞德浚先生。俞德浚先生在新中国建立的时候，放弃了英国的高级待遇，毅然回到新中国，就是为了建立一座中国的国家植物园。1986年的7月，董保华先生告诉我俞主任病重，住院了。我立刻赶到北大医院去看望他。当时我是北京植物园的副园长，78岁的他握着我的手说，小张，北京就一个植物园，不能分啊。分开了，南园缺土地，北园缺科技，都形成不了一个国家级的植物园。在北京建国家植物园，这是国务院批准的，建不好我们这代人死不瞑目。在他生命垂危之际，他还头脑清醒地、念念不忘这个梦想，他还惦念着没有实现国家植物园这个愿望。就在他跟我说了这一番话不久，1986年7月22日，老先生就带着这个遗憾去了天堂。

死不瞑目，老主任的这句话一直搁在我心里，激励着我。我虽然退休了，但我的心还在植物园，还荣幸地担任植物园的顾问，我还在用我的余热，为植物园的建设服务，贡献自己的力量。

其实我的梦想是有阶段性的。刚到植物园的时候，我的梦想就是一个心思地想加入共青团。我从小受大姥爷杨扶青的革命传统教育，我的姐姐18岁就加入了中国共产党，我的姐夫是位老革命。我的哥哥是位舍己为人的优秀教师，28岁就因公去世了。他们给我做出了榜样，我没有理由不追求政治上的进步。

但是命运好像在捉弄我，因为父亲在台湾，这个政治压力一直笼罩在我的头上。我放弃上高中，就是想换个环境，通过好好干活，努力工作，加入共青团。我来到植物园的第一件事，就是写了入团申请书，交给了团支部。我和同事比赛，从三八妇女节到十一，干活时都是光着膀子干，但就在我25岁生日的头天晚上，我却得到的是这辈子没有加入共青团机会的消息。从16岁到25岁的努力都白费了。

这对我打击很大。可是当我想起 13 岁的时候大姥爷带我看的《洪湖赤卫队》，革命者砍头只当风吹帽，我如果遇到点困难和考验就停滞不前了，对不起革命先烈，对不起大姥爷。我想，我虽然入不了团，我入党年龄没限制，我积极要求入党。我在申请书里说，我要在思想上和行动上加入共产党，请党组织考验我。所以当天晚上，我就写了一份入党申请书，第二天交给了党组织。之后我每年的 6 月 30 号都给党组织交一份申请书，直到 1983 年党中央发了文件，台属可以入党，我才从组织上入了党。

现在的年轻人可能不理解我们这一代人，我们对遇到的坎坷，只会从自己身上找原因，社会没有错，都是我自己努力不够。我们所受到的教育，让我们树立了一个坚定的革命信念，我甚至想过，我可能这一辈子当不了共产党员，可是我的思想和行动应该用党员的标准要求自己。我小时候看了我姐姐很多的书，像《刘胡兰》《钢铁是怎样炼成的》等。这些都在我幼小的心灵里留下了深刻的影响。所以我工作以后，每当遇到挫折的时候，我都没有被这些挫折吓倒或者绊倒，都能够正确对待，所以我的内心是很强大的，我的精神一直是积极向上的。

我园的老顾问陈俊愉院士给我留下了 8 个字，他说要办成一件事情，就要"千方百计，百折不挠"。我牢记他的话，在实现在首都建设国家植物园这件事上，我和我的同代人一直按照老院士的嘱托往前推进。2003 年 12 月 26 号，在毛主席的诞辰日那天，就恢复北京国家级植物园的建议，有 11 名院士联名上书胡锦涛总书记，得到了国家领导人的重视。习近平总书记任国家副主席时，他在科普日来到植物园视察，又有三位院士联名给他写了关于恢复国家植物园建设问题的信。植物学界的老一辈人和我们这一代人，都在百折不挠地推进和实现这个共同梦想。

我心里的北京植物园

在北京植物园，我做了 10 年工人、10 年技术员、10 年的副园长，做了 16 年的北京植物园园长。我退休后，聘我为顾问，并给我留了办公室。国家和组织上后来给了我很多的光环，我获得过 3 项国际奖，1 项国家行业奖，9 项省部级的科技成果奖（其中有 3 项省部级二等奖，6 项三等奖），并荣获了国务院政府的特殊津贴。我被授予两次全国绿化劳动奖章，两次全国绿化劳动模范。我从一个普通的工人，被党组织培养成为以工代干的技术员、工程师、高级工程师、教授级高级工程师。我还做过中国植物学会植物园分会的理事长，还是现任中国花卉协会月季分会的理事长，中国建筑节能协会立体绿化专业委员会的主任、中国城市科学研究会立体绿化学组的组长。在别人看来，我的确是很成功的。但是这种成功，是社会给我的，是党组织的培养和信任。

对培养了我 60 年的北京植物园，我从心里热爱。我总结北京植物园有这样几个优势：

一是位于首都的优势。全世界有 3000 多个植物园，国家级的植物园在首都，这是北京植物园建设国家植物园的优势。

二是我们北京植物园三面环山，前面有冲积扇平地，有丰富的地形条件，具有得天独厚的生态多样性环境。

三是有"国家队"的科技能力。1956 年国家批准建立的是科学院和北京市合作建立国家植物园。中科院的植物研究所曾有六位院士，是植物界的"国家队"，北京植物园这边又有上万亩的土地，还有一支科研科普的队伍，双方结合起来，既有科学内涵，又有艺术的外貌，我们的外籍顾问，中科院外籍院士皮特·雷文先生说过，只要你们两家合作，不输于世界上任何植物园。

曾任《中国植物志》主编的俞德浚先生是世界上著名的植物分类学家，他是北京植物园的首届主任。《中国植物志》是我国高等植物特征与分布最完整的著作，是三代植物学家集体工作的结晶，其中吴征镒院士做出了特殊贡献。为此吴征镒院士获得2007年度国家最高科学技术奖，胡锦涛总书记给他颁发奖励证书和500万元人民币的奖金。

我去看望吴征镒院士时，他握着我的手说，张园长，这个奖应该是给俞老的，他是《中国植物志》的主编，俞老1986年去世了，我是俞老去世以后从副主编荣升到主编的。如果俞老今天健在，这500万大奖应该是给俞德浚先生的。

四是我们的专类园建设，有几个可以堪称世界一流。我们的牡丹园、碧桃园、月季园、竹园、海棠园，是收集专类品种最多的，也都获过设计奖和专类奖。

我们的碧桃园是世界上桃花种类最多的专类园，而且我们胡冬燕博士是世界上3000多个植物园里，第一个在哈佛大学完成桃的基因图谱、第一个做桃的分子生物学的，她的成绩被世界业界认

2008年吴征镒院士获得国家最高科技奖，张佐双前往驻地看望时亲切交谈。

可。我们的海棠园是世界上收集海棠种类最多的，也是艺术展示最美的。植物园还诞生了世界海棠登录权威郭翎博士，她被选为世界海棠学会主席。我们的月季园拿到了"世界优秀月季园"的金字招牌。世界月季联合会的三任主席同时来给我们授牌。我们月季分会常务副会长赵世伟博士，被世界月季联合会选为副主席，完成了江泽慧会长要求月季分会在国际上有话语权的任务。这些让我去看世界上其他植物园的时候，很自豪。总的来说，我们还有很多发展的空间，比如说建设数字植物园、智慧植物园、元宇宙植物园等。与世界上优秀的植物园相比，我们还有很多的差距。

我的遗憾

有人问我，这一生有什么遗憾，我说当然是有的。虽然我本人做出了很大的努力，一直在奋斗，有责任担当的勇气。建好植物园两个方面的努力，一个是建物，一个是建人。人才的建设才是植物园建设最关键、最重要的事。我最高兴的事，是看到了植物园的员工的进步，虽然北京植物园获得了全国建设系统人才建设先进单位，但我总觉得这方面还需要做得更好，这是其一；其二，北京是首都，是首善之区，各项工作都应该走到全国的前列，达到世界的先进水平。我们北京植物园，还不是各项工作都走到了全国同行业的前列，离世界的先进水平还有很大差距。

植物园的宗旨是科学的内涵、艺术的外貌和文化的展示。英国的邱园是皇家植物园，世界文化遗产；意大利的帕多瓦植物园是世界文化遗产，还有新加坡的植物园也是世界文化遗产。和他们相比，我们在科学内涵方面还有很多的差距，这也是我做了植物园16年园长，在任期间没能把科学内涵和世界先进植物园水平拉得更小，感觉很自责的地方。从植物的收集上，也有差距；收集来的植物要把它展示好、保存好、利用好、推广好，我感觉做得不够，特别是在科普上，还有很大的提升空间。

要有胸怀与担当

我的一生中，工作上也曾遇见过一些令人不快的人和事。我从来没有计较过，因为我妈妈教育我要宽厚待人、要善良，能帮人处且帮人、能容人处且容人，但行好事，莫问前程，要舍己为人。人就是要有胸怀，从小我受教育是要做善良的人，我践行这个朴素的道理。

其实我是感谢一些坎坷的，是它们成就了我。举个例子，我在前边也说了，有人给我添油加醋说我父亲是军统上校军医，传到领导那里，祝铁成书记问我，这才促使我向领导说明情况，我说这不符合事实，有人能证明我父亲是非党、非军、非派的医生，证明人就是杨扶青。杨扶青后来跟我说，佐双，你们植物园来人调查你了，我说那是我亲孙子一样，我看着他长大的。他 16 岁工作去了，我到处找他，想让他继续读书，找不到。后来他结婚了，才告诉我在植物园。这个传言反而促使澄清了我父亲的真实身份，从而很快解决了我的组织问题，加入了中国共产党，实现了我的政治追求。这个事实，让我化解了自己心里委屈，而去包容了添油加醋传言的人。

我对植物园的老工人，心里充满了感激。我听他们的话，好好干活不惜力，所以老工人并没有歧视我。他们朴素的情感，让我在政治上被歧视的那段人生，感受到温暖，相信人间的善良。

人们看到我对人总是和和气气的，我觉得那是我的修养，对人要善良，特别是对咱们的职工，还有对从农村到园子里来工作的民工。人与人之间，应该互相尊重。我每次都对打扫厕所的民工十分客气，他们就好奇地问，那个客客气气的光头老头是谁呀？当知道我是园长时，他们很感动，也就把卫生打扫得更干净了。但是，这并不意味着我没有原则。在一个单位当主官，要做事，肯定是要有所坚守，肯定是要得罪人的。我并不怕得罪人，因为我没有个人恩怨，都是因为工作。

在审定"国花"这件事上，我为老院士坚持了原则。很多同志希望定牡丹为国花，早在20多年前，陈俊愉院士就已经联合了100多名院士联合上书，希望国花是梅花和牡丹双花入选。当时有一部分同志就想让牡丹"一支独秀"，已经报到全国人大了，急得陈俊愉院士都住院了。

我和余树勋教授一起到安贞医院去看他，我安慰他不要着急，我说您有什么想法可以跟有关领导反映。后来陈院士写了份材料，我说我帮你报给决策的领导人。决策的领导很快就知道了，通知人大说，这是民间的事情，人大就不要管了。22年以后，这事又被重提。前两年，有关领导请全国的三十几位专家和三个院士再次讨论牡丹做国花这个事儿。三位院士是国际知名的牡丹权威洪德元院士、北京林业大学的尹伟伦院士、南京林业大学的曹福亮院士。我和北京林业大学的张启祥校长也参加了会议。

座谈会轮着发言，我跟张启祥校长在最后。前面所有发言都异口同声拥护牡丹为国花，到张启祥校长这里，张校长简单说了说陈俊愉院士在20多年前有一个联合了100多名院士的建议，一国两制，设牡丹和梅花两个为国花。我是最后发言的，我就实事求是展开说了。我说习总书记要求我们有大局意识，我曾有机会陪着陈俊愉院士会见过台湾的梅花基金会会长，陈俊愉院士谈到了国花的事，我们建议是牡丹和梅花，台湾的会长表示赞同。后来有的人建议只选牡丹一种为国花，说清朝的时候，颐和园和圆明园有国花台，国花台上种的就是牡丹，所以民间早就流传着牡丹是国花。他们对此有看法。说民国的时候已经正式定梅花做国花，因为梅花香自苦寒来，有着艰苦奋斗的寓意。如果现在定两个国花，我们拥护，如果单独定牡丹，我们有意见。我说人家的话说得很重，我要把这些话跟大家汇报一下，大家斟酌。我还是同意陈院士和100多名院士所提出来的设两个国花的意见。我知道这会得罪人，但我还是为了事业着想，为大局着想，我无所畏惧，我当时的确是抱着这样的决心说的真话。

会议是由国家林业局的刘局长和中国花卉协会江泽慧会长联合主持的，我把我意见说完了，江会长立刻就说，二张说的也有他们的道理，会议就这样结束了。结束以后我跟当时的常务副会长、国家林业局的赵良平司长说，我直言不讳了，可我是从大局着想，请您理解我。

有一次我问《亮剑》的编剧董保存，你怎么把那几个军长写得那么惨？他说，惨吗？那彭德怀惨不惨？革命就得有流血牺牲。我所做的只是件坚持真理的小事，真理总是要有人坚持的。做人要大事清楚，小事糊涂。在北京植物园这么多年，大事我是清楚的，小事我可以糊涂，能容人处且容人，因为没有什么敌人，要允许人家有不同的看法，不要上来就一杠子给人家打死，得给人一个全面认识事物的过程，这就是团结人。我们出于团结之心，经过批评和自我批评，目的是达到新的团结。我学习很多的毛主席的著作，我是按照坚定正确的政治方向，艰苦朴素的工作作风，灵活机动的战略战术来开展工作的。

1993年，我当园长的第一天，我就找人把书法家吴秉忠老师请来，写下了"实事求是"和"务必使同志们继续地保持谦虚、谨慎、不骄、不躁的作风；务必使同志们继续地保持艰苦奋斗的作风"，挂在会议室为座右铭，以此来激励自己、时刻检查自己。到现在这些书法作品还挂在会议室里。

　　　　　　　　　　　　　　　　逐梦——植物园六十年

一生都要学习

人的一生要不断学习，专业知识如此，人生的历练和经验也是如此。

年轻的时候，我自学《果树栽培学》；上721大学和在北京农业大学进修时，我十分珍惜难得的学习机会；为了更好地与国际上的同行交流，我利用开会坐在车上的时间学习英语。不管是上级领导、专家学者还是园里的普通职工，我在与他们相处的时候，能及时发现他们的优点和过人之处，见贤思齐，提升我的个人修养。

我虽然很忙，但是专家、朋友们送我的书，凡是在书页上有签名送给我的，我都认真拜读。读这些书，就是在向朋友们学习，就是在跟他们做思想的交流，因为读了他们的书，也让我更了解了他们。

陈俊愉院士、孙筱祥先生、李嘉乐先生、贺善安先生、许再富先生、吴振千先生、程绪珂先生、汪劲武先生、裴盛基先生、黄宏文先生、管开云先生、马金双先生等，他们送给我专著，我感到荣幸。认真读他们的书，是对他们最大的尊重。

在植物园工作中，我还接触了社会各界的精英，他们或给我赠书，或给我赠送了书法作品。文化部原副部长高占祥同志赠送我"追求卓越"的书法作品我视为座右铭，也永远激励着我。其中庄则栋先生在2017年送给我的《邓小平批准我结婚》这本书的扉页上这样写着："逆境炼人，荣辱不惊。"这句话让我发自内心地赞赏和认同。

著名作曲家吕远、著名词作家石顺义先生、著名歌唱家蒋大为、耿莲凤等，助力我们为满足市民对美好生活的追求举办的重大节日活动，做出了贡献。

2021年9月，中国文联党组书记、文化部原常务副部长高占祥同志赠送我书法作品。

与他们的交往也是我学习的机会，我从他们取得的成就中获取营养，更加努力地做好自己的本职工作。

感恩的心

我怀念我的妈妈，老人家这辈子真不容易。1948年父亲去台湾的时候，对2岁的我来说就是孤儿了，对于35岁的妈妈来说就等于守活寡了。我的哥哥很优秀，又懂事，他在妈妈心里特别重要。但是1970年，在我妈妈53岁的时候，我哥哥因公去世了。人最怕的是老来丧子，妈妈又遭受了这么严重的人生打击，妈妈的一生实在是太苦了！可是我母亲就在这样的情况下，带着我们顽强地

上：2005 年庄则栋先生赠送我他的著作《邓小平批准我们结婚》。

下：2005 年与庄则栋夫妇合影。左起：庄则栋、张佐双、佐佐木敦子。

生活。我小时候特别淘气，逮蛐蛐半宿不回来，气得她直跺脚，拍自个大腿，但她都舍不得打我一下。

妈妈虽然没有什么文化，她的胸怀比谁都宽。离开家 40 年的父亲回到北京，我妈妈都没有怪他。两个老人一见面，父亲要跪下给妈妈请罪，我妈妈说你起来，不要这样，我不怪你！父亲热泪盈眶。两位老人在古稀之年相守了 3 年，父亲最后含笑九泉。

如果说此生要感谢，我第一个要感谢的人是我妈妈，是妈妈给了我生命，还教我怎么做人。能帮人处且帮人，能容人处且容人。但行好事，莫问前程。要做一个善良的人，做个正直的人。她给了我一生做人的准则，让我有了今天，所以妈妈是我最大的恩人。

感恩我的父亲，他治病救人，大难不死，退休后把养老金都留给了我们；感恩我的哥哥把安全留给别人，危险留给自己；感恩我的姐夫，他一直鼓励我要在政治上要求进步，这些都是家人给我的精神财富。

我还要感谢我的姐姐，她一生要求进步，是我的榜样。老姐如母，也是我一生的恩人。

同时，我要感谢我的大姥爷杨扶青，从我 2 岁，在我母亲无助的时候，他把我们接到他的小院里，直到我 16 岁到植物园参加工作。在我家最困难的时候，帮助我们，教育我好好做人。他身教重于言教，让我健康成长。

从社会来讲，我感恩国家，感恩党组织对我多年的培养。我有很多恩人，这些恩人帮助了我，给了我力量。老书记李孝礼教导我又红又专，北京市公园管理中心党委书记郑秉军批准我做中心的顾问，嘱咐我继续为园林行业作贡献。俞德浚院士、陈俊愉、贺善安、汪劲武、杨集昆等老师教给我知识，引导我的人生道路；我的师傅于进昌，我的班长郝兆义等，他们手把手教给我怎么干活儿，同时让我学到很多做人的道理，我从心里感谢这些老同志。我也很敬佩与我共同奋斗的同事们，他们都有一颗善良的心，都在植物园的建设上付出了青春甚至健康。现在他们和我一样退休了，老了，但我与他们有着深厚的感情，每次见到他们，我都由衷地问候，送上祝福。我更忘不了为植物园建设因公殉职的张万春同志。

我感恩社会，让我能够多方位地为社会服务、贡献。我曾任国家住建部风景园林专家委员会的委员，有机会参加过很多城市植物园、景区、公园的立项和设计方案的评审，做过世界园艺博览会、香港、大湾区等花展的评委，多次作为北京林业大学博士生毕业答辩的评委。

我在植物园做了10年技术工人、10年技术员、10年副园长、16年园长，有机会接待过外宾和国家的各级领导，以及专家学者和广大市民，使我有机会向他们宣传植物园的重要意义，也使我有机会聆听了社会各界对植物园的需求，更坚定了我对植物园的初心和使命。

我非常感谢现任北京植物园的领导，在植物园来新职工的时候让我去讲一次课。我对新职工说的：你们是植物园的新鲜血液，给植物园带来生机。我来植物园的时候，是个16岁的一个初中生，你们的大部分是本科生，也有研究生，甚至有博士生，还有博士后，学历、起点都比我高。希望你们不辜负老一辈的期望，不能忘了我们的初心，更不能忘了我们的使命。要努力学习，不断地提高自己，把植物园建设好，建设成为世界一流的植物园。

现在我一进植物园就像回家一样，看到什么都觉得亲切。无论新老职工对我都很热情，令我很感动。我看到各种植物都像见到自己的孩子。要是看到哪个植物有点问题，就会像心疼孩子一样，告诉工作人员，应该怎么栽培，把它们养好。

对孩子们，我的要求并不高，就是希望他们正正直直地做人，就像他们的奶奶教育我一样，让他们做一个乐于帮助别人的人，做一个正直的人，做一个国家需要的人。

我要感谢我的爱人金洪有的一生陪伴，让我有一个温暖的家。

最后我要说的是：感谢国家、感谢党的培养，感谢老工人对我的爱，感谢我的恩师，我的同事，感谢所有遇见的人。

2022 年 4 月 18 日，国家植物园正式挂牌，几代植物园人的梦想实现了。

2022 年 8 月，我与北京植物园互相陪伴着走过了整整一个甲子。76 岁人生，60 年逐梦，我对自己说，此生何其荣幸！

2022 年 4 月 18 日，国家植物园挂牌仪式。左起：李炜民、张亚红、贺然、张佐双、王苗苗。

附录

一个甲子的执着与奉献

马金双

20 世纪 80 年代末至 90 年代初，我在北京师范大学工作期间就结识了北京植物园的张佐双先生。本世纪初有机会在美国纽约布鲁克林植物园接待他和同事，并聆听他的报告。后来回国，又有机会到北京植物园交流。再后来，回国之后在上海工作期间，他被聘为辰山植物园的学术委员会成员，每年的年会必到，加上国内外植物园系统的各类会议，我们几乎年年见面。2020 年底，我来到北京植物园工作，我们有幸住在一个小区，并不时地一起参加单位的有关活动。如果一周不见，那么一个月肯定见面！这不能不说是我们兄弟之间的一种缘分。

不管何时何地，只要见到了佐双兄，他总是那样热情友善、问寒问暖。不论工作、事业还是生活私事，他都诚恳地主动提出帮忙，让人感觉十分亲切且难以推脱。交流之中，他经常和我提起自己的身世以及不平凡的经历，不管是 60 年前当工人还是后来当领导，都滔滔不绝，让人十分感动。也许是我数次希望他记载下来的因由吧，于是本书手稿出来后便约我写几句话。实话说，尽管我过去几十年一直在植物园界，但是我并没有真正从事园林或者园艺方面的具体工作，只是在植物园里面从事最基础的植物分类学工作。对于一生奋斗在植物园的老园丁，我根本没有资格介绍或者评说，但佐双兄的热情和经历，特别是看了他的全部回忆录，我只能勉为其难，写几句心里话。

一个人从参加工作到告老还乡，很难一生都在一个单位由始至终，即使是在中国。而从一个普通的园丁成为长期领导的则很少；特别是对 1949 年后父亲滞留台湾，作为后代又经历了 20 世纪六七十年代的社会风云，就更难了！然而，这一切就是佐双兄的真实写照！

　　当年由于种种原因，佐双兄连高中都没有考，1962 年 16 岁初中毕业就参加工作了。他从一个普通园林工人，经过不同时期的锻炼和坚韧不拔的努力，完成了高等职业教育，走上植物园的领导岗位，且长期职掌北京植物园（副园长 10 年和园长 16 年）；从植物园征地到扩建，从专类园到温室建设，从各类项目到人才培养、从具体实践到理论提升，从日常工作到具体管理，其中的付出与艰辛，没有看完这本书是不可能知道的，当然也无法理解其中的苦辣酸甜！

　　即使是 2008 年退休之后，佐双兄还是足迹遍布大江南北、长城内外，不停地考察、咨询、指导、建议，参加植物园事业的各类活动。记得 2010 年厦门全国植物园会议，是我回国之后首次参会，他是开幕式的主持人，领导与嘉宾几十分钟的演讲之后他用几分钟予以总结，精彩纷呈，真是令人敬佩。之后每年的全国性植物园年会，他都一如既往地参加且主持各类培训分会，和年轻人一样，每次基本上都是过了饭时才能结束。即使疫情期间，还乘火车和飞机到处参与相关的会议以及学术活动。

　　2022 年是佐双兄 76 周岁，参加工作正好一甲子！ 60 年的执着与奉献，不仅仅是令人敬佩，更是作为小弟我的学习榜样。仅此提笔，致敬老兄。

　　马金双，博士，研究员。2020 年 12 月至今，被原北京市植物园聘为首席科学家。

道阻且长 行则将至

李炜民

我是1995年到2000年调到北京植物园工作的，任副园长，因此有5年在老园长张佐双领导下共事的时光。与他共事的这5年是植物园建设快速发展时期，从他身上让我学到了很多东西，不仅对我教益颇深，对我后来的工作，也有着深刻的影响。

植物园大温室的建设，从规划建设到重新启动搬迁工作，老园长张佐双都是亲力亲为。当时园内的自然村落还没有完全清理干净，规划的展览温室建设区域内的峒峪村，还有一半没有搬迁，樱桃沟里还遗留有两户，导致植物园一直不能封闭管理。

搬迁农民房，是非常复杂困难的一件事。从植物园建园之始，搬迁就一直是核心问题。藉大温室建设，他和周边村子的领导、派出所打交道，做了大量的工作，并利用各种机会做区里、市里的工作。也正是那次搬迁，使得植物园比较彻底地清理了园内核心区住户，并解决了供暖与水源问题，修了植物园的西环路，植物园的西北门实现了封闭管理。当时还有一件事情，就是农科院养蜂所在卧佛寺西核心区内，曾经有意置换到东边那块刀把地，老园长积极呼吁推动养蜂所拆迁，阴错阳差，没有置换成。这是很遗憾的一件事。

佐双园长给我留下最为深刻的印象就是善于争取各方资金，来推进植物园重大项目的建设。从"八五"末开始，北京植物园就列入北京市重点投资建设项目，盆景园就是其中一项。我来植物园的时候，盆景园刚被列为当年北京市政府秋季绿化检查的重点项目，这个盆景园是园林行业第一个工程院院士、北京市园林局总工汪菊渊先生亲自主持审定的，也是北方第一个大型盆景专类园。当时盆景园的主体建筑已经完成了，园长给我的第一个任务，就是让我负责庭院部分的园林建设和施工，并到各地收集盆景，同时还要完成室内布展。我们请汪菊渊先生给盆景园起个名字，汪先生想了想说，陈毅当年说过中国的盆景是立体的画，无声的诗，我看是不是就叫"立画心诗"。同时请市政府园林专家顾问组长孟兆祯先生起名，孟先生说盆景艺术是用心去欣赏的，要有一种神往，就叫"驰心所"吧。

由于秋天验收，时间特别紧张。老园长让我去全国各地收集盆景的同时，还要彰显北方盆景园特色，在园林局主要领导的支持协调下，把颐和园盆景大师周国良的全国获奖作品和其他一些优秀盆景作品，请到北京植物园盆景园，同时把汪菊渊先生、孟兆祯先生的题字分别镌刻在盆景园入口石牌楼庭院制高点亭子上，得到前来检查的北京市主要领导高度评价。

北京植物园与国内任何一个植物园不同的地方，就在于有丰富的历史文化遗存，而这些历史文化遗存任何一个都是国宝级的，都有独到的地方。老园长积极争取各方资金，通过对这些人文资源的保护和修缮，大大提升了植物园的整体影响力。

1996 年开始对"曹雪芹故居"重新改造、提升，由于当年在正白旗村 39 号院发现题壁诗，当地也流传一些关于曹雪芹生活的传说，故一些领导与红学专家据此认为这里就是"曹雪芹故居"。随着时间的推移和各种考证研究的不断推进，大部分红学家对"故居"说有质疑，于是在时任市政管委副主任的陈向远同志和园林局领导的主持下，汇集红学、曹学、清史、园林、雕塑各类专家对改造方案进行了多次论证。当时周汝昌先生、冯其庸先生等不同流派的红学大家踊跃参与，激烈争辩。时任首都规划建设委员会办公室、北京雕塑委员会主任宣祥鎏亲自主持组织雕塑家投稿。值得一提的是，改造重点不仅仅是对曹雪芹个人的一个历史回顾、他的著作以及后世影响的展示，同时我们围绕纪念馆主题对整体村落环境进行了营造，挖掘了很多曹雪芹笔下描述的植物，包括他的好朋友敦诚、敦敏的诗句，像敦敏诗句"碧水青山曲径遐，薜萝门巷足烟霞"中的"薜萝门巷"，"薜萝"到底是什么植物？当时研究了很长时间，最后才选出薜荔这种小叶攀援的植物，栽植在村落建筑胡同墙上。然后还搞了个小药圃，就是曹雪芹笔下植物的小药圃，前面包括水井、丝瓜、藤瓜，还有历史遗留下来的歪脖树、枣树，包括栽植杏花，建"黄叶村"小酒馆、碉楼等，营造了曹雪芹生活的清中期、西山旗营生活的氛围。挖掘、整理、恢复作为樱桃沟水源头向玉泉山供水水系"河墙烟柳"这样一些重要历史遗存，成为1996年政府检查的一个重点项目。

　　1997年上半年，老园长得知上海植物园要建国内第一个现代化展览温室的消息后，专门带着我到上海植物园去拜访张连全园长。这中间还有一个小插曲，1997年的五一劳动节，桃花节游客众多。老园长对我说，电工刘亮寅说今天有国家体委的一位副主任来，人家说不打扰园领导，中午在黄叶村酒馆吃饭，叫我去一下。你替我盯一下，我得去看看。下午两点多钟，老园长回来后异常兴奋地说，"什么国家体委啊，是国家计委的领导。人家问我，你们植物园怎么没有水晶宫啊？我知道他说的'水晶宫'就是展览温室，我马上回答说，我们规划里有，朱镕基总理视察我园时，也过问过大温室的事。1956年习仲勋同志任国务院秘书长时，国务院批准建立植物园，拨了560万建设专款，其中一半是建温室的。就因为三年自然灾害，专款冻结了，所以没建。朱总理说，应该按规划建设大温室"。人家问需要多少钱？老园长说大概需要1个亿吧。对方说不多，我和老贾说说。他说的老贾就是当时的北京市市长贾庆林。几天后贾庆林同志就来调研此事了。就在贾市长调研的时候，老园长充分发挥了他演说家的特长，生动地汇报了一番"上海作为国际化大都市，已经把大剧院、博物馆、图书馆、植物园作为上海与国际接轨的 4 个标志性的文化设施，上海植物园现在准备筹建国内第一家现代化展览温室"云云，贾市长当时就表示你们先做调研，北京也应该建，没钱可以贷款。

我们立刻梳理从上海调研回来的所有资料，启动北京植物园展览温室规划建设的各项前期工作，委托专业部门做可行性研究报告。同时，老园长按照程序把上海的相关情况向市园林局和市里相关部门做了汇报。年底北京市政府换届，贾庆林同志任市委书记，他在全市干部大会上宣布了北京市把国家大剧院、国家博物馆、国家图书馆、北京植物园作为北京市与国际接轨的 4 个标志性的文化基础设施，同时把北京植物园展览温室建设列为迎接建国 50 周年的重点项目之一。由于这个重点项目是后加进去的，政府的计划投资已经安排完了，我记得当时北京市计委主管处长大发雷霆，他说你们真敢点菜呀。发火归发火，支持还得支持，当时计委关主任说你们园林局先拿点钱，年底前做完项目可研立项，明年开工建设时市里再想办法。市政府副秘书长曹学坤当时牵头协调，从王府井开发办拆借了 2000 万，启动了我们展览温室的规划建设。

鉴于时间紧迫，市政府指定北京市建筑设计院内部启动方案竞标，先投了 12 个，北京建院自己先枪毙了 4 个，拿出来 8 个公开征求意见，最后形成了两个方案，一个是分散的，一个是集中的。然后规委牵头组织方案评审报市政府，最后决定采用了张宇主持设计的集中式的方案。

建造国内第一个现代化展览温室，咱们毫无经验。市园林局成立领导小组，张树林副局长负责方案的规划设计，刘秀晨副局长负责建设施工，并设立由刘秀晨任总指挥，阎宝亮、张济和、张佐双和我任副总指挥的展览温室建设指挥部。所有温室的室内外环境建设，植物配置、采购、施工由植物园负责。张佐双园长对上汇报，对外协调，对内动员，迅速成立若干班组分头负责，在当时市建委、重大项目办公室主任王宗礼以及市规划委相关负责同志方方面面支持下，为按时完成任务，特事特办。1998年3月28号展览温室破土动工。考虑植物生长需求，温室玻璃采用透光率最好的超白玻璃，需要进口。由于展览温室的外形依方案设计是一个异形的，每一块玻璃尺寸都不一样，还有很多技术问题需要解决，当时请了一些国外的专家，他们觉得在两年这么短的时间内建成，根本不可能。整个施工期间遇到的困难、问题、故事数不胜数，真可谓"三边""四边"甚至"五边"工程都可以。大家可以想象一下，建设期间北京市副市长汪光焘来植物园温室工地20余次，可见难度之大。但在老园长的带领下，我们不但做了，而且做成了。

建成后的展览温室，不光领导、群众、行业、我们自己认可，还得到了国际上很多植物园专家的高度赞誉，这个项目后来被评为20世纪90年代北京标志性十大新建筑。在50周年建国庆典的时候，外交部把各国使节的夫人请过来，在展览温室举办了一次招待酒会，由时任外交部长的唐家璇主持，这也充分说明植物园展览温室起到了国际交流的标志性文化设施功能作用。

所以我说，如果没有老园长遇到这样一个机缘，抓住机遇，可能展览温室建设要推后几年，甚至不知道要推到什么时间才能够实现。回过头来看，我们的温室落成开放后，上海植物园的展览温室建设却因为一些因素停滞了，我们就成了国内第一个现代化的展览温室。这是老园长的睿智和他对植物园事业执着追求的一个最为典型范例。完全是偶然因素，然后上升到政府，最后上升到国家层面，最后建成了又落回到北京首都的四个服务定位上，它确实起到了在国家层面上，在首都层面上宣传植物园的这样的一个站位和定位，这是任何别的工程都替代不了的。

也是因为大温室项目的建设，一下把北京植物园推到了国家植物园体系当中一个新的高度。当地方植物园，包括中科院植物园建设缓慢甚至停滞的时候，我们却抢先往前走了一步，所以老园长做了植物园学会理事长后，才能够把中科院系统的、城建系统的还有一些其他系统的植物园凝聚起来，大家坐在一起，共同推动整个国家植物园体系的建设和发展。

北京植物园展览温室建成以后，客观上带动了同行业的发展，各地开始了植物园建设的一个高潮，上海启动并实施了辰山植物园作为上海第二个植物园的规划和建设，重庆植物园也新建设了展览温室，南京等很多地方也在建，一直到今天热度都没有减。植物园对于国家、民族、社会科普教育的重要性，在这一个阶段让大家重新认知了，也就是说回归到它本来应在国家层面上应有的担当和义务，让社会真正认识到了保护植物就是保护人类自己，植物园是生物多样性保护最为重要、最为基础的一个具有重要代表意义的、公共性的、开放的设施。

第八个五年计划快结束时，北京植物园启动了园内各个专类园的建设和改造提升。在牡丹园的基础上短短几年又建了绚秋园、月季园、芍药园、海棠园、梅园，碧桃园不断地引进、推广新品种，提升改进了碧桃园。改造了树木园、木兰园、宿根花卉园等等，还建了盆景园、科普馆。这样的一些大大小小专类园的充实，使我们北京植物园在观赏园艺品种收集上遥遥领先。它不光是品种数量领先，也是展览、展示、推广应用的领先。所以这一点对于北京，包括对于京津冀乃至三北地区城市环境建设，起到了一个非常重要的支撑作用。当时在佐双园长的进一步宣传争取下，市政府通过园林局给北京植物园600万元经费，专门用于植物引种驯化和推广。这在其他的城市是不可能的，我个人觉得这就是他的个人魅力和对植物园的热爱打动领导的结果。

回顾与老园长共事的过程，我有这么几点体会：第一就是老园长个人的学习能力和超强的记忆力。他自己16岁进植物园，从当工人开始，干一行爱一行，我是一块砖，哪里需要哪里搬。他在果园工作的时候就对果树认知熟知，在苹果的品种鉴定上俞德浚先生作为科学院的院士，搞不清楚的时候居然能想到找他，而且他能够把这个问题解决了。读了"721"大学，他回到植物园在打药时，发现元宝枫上有一种虫子好像以前没有见过，他就能够想到把这个虫子拿到农大去找曾给他们上课的老师去鉴定，于是有了元宝枫细蛾这个新的物种的发现。放到今天你去想象一下，他当时的身份就是一个普通的年轻工人，他的观察能力、学习能力和对工作负责的态度，他就能够做到这样，实在是不简单。他还有一个过人的本领，就是经历过的人与事包括学习过的东西过目不忘。所以我老在讲，以老园长的这样的学习能力与记忆力，如果他早年是科班出身，他一定是一个特别知名的科学家。

第二是他有极超前的意识。我到植物园以后，他跟我讲了一件事情，我印象特别深刻，就是"八五"末的时候，国家科委给植物园立了一个"红叶招鸟工程"课题，在3年的时间里，他带人进行鸟类观测，做了很多的鸟箱挂在树上。他多次跟我讲，一支灰喜鹊可以解决多少多少亩的松毛虫问题；一只猫头鹰、一只啄木鸟能控制多少多少虫害的面积。今天看来可能没有什么高科技含量，但是老园长是非常务实的，通过观测了解了各种不同鸟类的生活习性之后，他大胆提出樱桃沟停止打化学农药，看一看樱桃沟区域能不能达到自然的生态平衡。一开始不打药，确实出现过虫子吃花的现象，但是坚持下来几年后，就再也没有发生过大面积虫害，这证明樱桃沟作为北京面积最小的自然保护区，它的生态环境是非常良好的。他当时跟我讲这件事是想探讨能不能咱们全园都不打药。但是全园因为有大面积的专类园，品种的相似度很高，由于景观需要，达到自然生态平衡风险性很大。所以当时决定最小限度地打药防病虫害，最大限度地让生物多样性能够在植物园繁衍生息。迄今为止，北京植物园是规划市区内，唯一一个能够夜间看到萤火虫的地方。这在当时大胆实践以自然本地为主体结合生物防治意识是相当超前的，今天看还是超前的，这个红叶的招鸟工程项目后来获得国家科委科技进步二等奖。所以我个人认为正是老园长本身的成长经历、工作经历和对植物园事业的追求与热爱，在他任园长期间促进了北京植物园的快速发展。时至今日，国家植物园建设已经提上议事日程，北京植物园走到今天，他的付出与业绩是不可替代的，是唯一的。

第三个是对人才的重视和引进。我刚到植物园的时候园里开始大量引进硕士、博士，赵世伟是我们这个系统引进的第一个博士，老园长为了留住他，破例去跟园林局主要领导无数次地去争取，特别批给他分配住房，才把赵世伟引进到了植物园。后续所有从大学毕业来的年轻人，只要有机会，园长就为他们创造各种条件，送出去跟国际的专家交流、学习，开阔他们的眼界，提升他们的专业能力。前后十几年的时间，今天北京植物园这些在行业上已经赫赫有名的年轻专家，都是老园长这样培养造就的。如果没有佐双园长把他们送出去，要想取得今天的成果和影响力是根本不可能的。对人才的引进和重视也给当时整个园林局的体系带来了巨大的变化，后来其他公园也开始引进人才。

他在注重培养年轻人同时，对老的领导与科技工作者也非常的尊重和关心，而且能够把所有的资源为园所用。最典型的就是我们的对面科学院植物园的老先生们包括北京林业大学等院校专家几乎都自觉、自愿地过来给北京植物园打义工，这是源于老园长对植物园性质的认知和对老先生们学识的尊重。南植余树勋、董保华、龙雅宜等先生，北林陈俊愉、孙晓翔、孟兆祯等先生都对我们植物园建园给予过无私的帮助，就像帮他们自家一样。老园长在这方面有着极强的人格感召力、凝聚力和魅力，这是成就植物园快速发展的一个重要因素。

第四是对植物园根本任务的清醒认知。任何一个发达国家，它的首都一定要有动物园、植物园。为什么呢？因为动植物才是自然界的主人，只有保护好我们地球上的动植物资源，才有可能使我们的人类能够可持续健康的发展。

植物园不是植物公园，要建成俞德浚先生说的具有艺术的外貌、科学的内涵功能的植物园，需要做多方面的工作，最主要的就是要保存丰富的种质资源。北京的自然条件是非常苛刻的，很多植物不能健康成长其实不是冷的问题，最主要是春天的风干与越夏的问题。他让年轻大学生跟着南植的老先生每年到野外去采集种子，在市科委、园林局争取各项引种课题，收集各种植物，不断扩大植物园苗圃、试验基地，形成科研、科普、展示、应用一条龙。在前后不到 10 年的时间，植物园的植物种类从原来的几千种翻了好几番，达到了将近 15000 种，经过这样的一段时间的积累，植物园在室外的专类园建设，品种收集，再加上展览温室的建设，一下跃居到了全国前几位。这看似好像是一个突变，实际上是因为老园长几十年不遗余力地为植物园建设发展呼吁宣传，争取政策，把握国内一流植物园建设发展方向，推出去，请进来，培养各路人才，才有了今天这样的成就。

第五是执着追求与和谐共建。我来植物园以后，老园长无论是工作上的支持，还是生活上的关心，都让我终生难忘。回想我的工作经历，从老园长身上学到的东西是最多的，一个就是从工作的角度来讲，光有满腔热血是不行的，还要懂政策和策略。老园长老给我们讲政策和策略是我们的生命线，我现在退休了才弄明白，光靠满腔热忱，有些事儿就没法办成。回想后发现，老园长坚持的事儿，很多是被否了再争取，争取了又被否，被否后再争取，最终还是办成了。比如说东环路的修建，说实话我当时也不太理解，但是现在你想象一下，如果没有东环路，在这样的一个几家交界、错综复杂的环境中，要想严格执行人、车分流，从管理角度是非常非常困难的，这是一个非常重要的举措。再有就是跟周边单位搞好关系，我原来也没闹明白。有一次，我记不清是 1996 年还是 1997 年了，春天偷着上坟的人把山火点着了，一声哨响，国管局的战士们拿着拖把就从为他们专门预留的进入植物园的小门跑步上山灭火，山火被及时扑灭，否则损失和影响不可估量。部队为什么这么积极呀？这就是平常军民共建的结果，要不然谁管你。这些都给我留下了深刻的印象。

老园长之所以能干成这么多大事，很重要的是他深谙"中国特色"之道，就是要做成大项目，必须得到有关领导的关心和支持。老园长曾经跟我讲过，在他当植物园的副园长和园长期间，经常接待我们国家四副两高以上的领导，他接待领导有一个特点，在陪同他们的时候，就是宣传植物园的最好机会。他会讲植物园在国家建设过程中的重要作用和地位，他先感谢各级政府领导的支持，然后说到植物园建设中的困难。他会讲国家植物园建设为什么中断，说完了以后他不说要钱，而是说能不能把冻结的原来建园的钱再还给我们。这种表述方式，会让人觉得再合理不过了，所以也顺理成章地能够得到领导们的支持。尽管园林局的领导一再跟佐双园长讲别见着领导就要钱，但是他清楚，我不要谁会主动给我？植物园没钱怎么建设？这正是他对事业追求的可贵之处。

因为他个人的影响力，与国际上植物园之间的交流也活跃起来了。北京植物园就是一个隶属于北京城建系统的植物园，但是我们得到了国际植物园学界的高度认可，他们能跟我们无私地交换很多植物，这跟老园长他个人的魅力分不开。美国密苏里植物园主任皮特·雷文（Peter Raven）先生是在国际上特别有影响力的植物园学家，是中国政府聘请的第一个外籍院士，他主持了《中国植物志》的海外版翻译。皮特·雷文曾多次访问北植，给予佐双园长高度评价。我 2000 年展览温室建完后去美国密苏里植物园学习，是园长给皮特·雷文写了封信，让他发的邀请函，所以我签证马上就签下来了。美国的圣路易斯市是一个非常小的城市，但是密苏里植物园在全世界植物园界影响非常大。我认为佐双园长同样起到了扩大北京植物园的影响和与世界交流的重要作用。

第六是举荐不避嫌，为年轻人搭建发展平台。我是从植物园副园长，一下提到北京市园林局局长助理兼风景名胜处处长的位置，放到现在似乎不大可能。这里头一个重要因素是老园长的极力举荐，当然也有当时园林局的主要领导王仁凯、张树林等对我在植物园工作中的肯定。在植物园工作期间老园长对个人的关心也让我感到无比温暖，比如送我出国，他从衣服到鞋都给我买好了。我愣不知道那双鞋是什么牌子的，就觉得穿着特别舒服，回国后那双鞋还穿了好几年。我想这双鞋这么舒服，再去买一双吧，就发现商场都没有。后来有人告诉我，这个鞋叫策乐（Clarks），一般商场没有卖的。那时候我每年都要回老家，老园长知道我同学多，每次都自己掏钱提前给我买好多东西。他不光是对我，对所有的职工都很关心。每一个老职工，家里有困难、生病了、住院了，红白喜事，老园长都要亲力亲为。一个人的精力是有限，但是他居然就能做到。包括我离开植物园后，老园长只要知道我的同学朋友来植物园了，都会热情款待，我很多同学特别是内蒙的同学都对老园长有着深刻的印象。

回顾老园长对我个人的帮助和影响，随着年龄阅历的增长，越发认识得更加深刻与可贵。我自己从他身上学到了很多东西，包括工作的方式、方法，以及他这种做事百折不挠的精神。2010年6月开始让我负责园博馆筹建，当时时间的紧迫与面临的困难一点不亚于当年温室的建设，如果没有植物园工作的历练，园林博物馆在不到3年的时间可能建不成。正是老园长那种百折不挠的精神，压力就是动力憋着一股劲，使出浑身解数就把这个事干好了。当然建成的背后更为主要的因素是公园管理中心主要领导与各个单位同仁的鼎力支持。

关于国家植物园的建设，这是几代植物园人的梦想。2003年、2008年院士们两次给中央写信，提议重新启动国家植物园的建设。

2001 年总书记胡锦涛、总理温家宝都做了具体的批示，2004 年国家副主席习近平同志批给国务委员刘延东，刘延东批给中科院和北京市："积极推进，并要定时报进度。"但是因为一些人对这件事有看法，迟迟不决，把这个事给拖黄了。当时还有一种非常荒唐的说法，你们搞国家植物园就是要升格，不能从大格局上看待这个问题，因而影响了国家植物园建设的推进。

今天国家植物园的建设再次被提起，依然是困难重重。如果大家都能从国家层面而不是部门层面看待这个问题，问题就好解决。北京植物园已经走过了 66 年，一些过程，成功的、失败的，都应该引起大家的思考。只有了解植物园建设历程，并深爱它的人，才会为此坚守初心，矢志不渝。迄今为止，我的老领导张佐双尽管七十有六，但他依然为植物园的事业在行业协会、学会发挥着重要作用，为北京国家植物园建设奔走呐喊，脚踏实地勤于奉献，他就是这样的人。

李炜民，教授级高工。原北京市公园管理中心总工程师、中国园林博物馆馆长。

老领导张佐双

杨志华

我是 1986 年 7 月从西北农业大学毕业进入北京植物园的，1988 年 3 月离开植物园，在植物园工作将近两年。在这期间得到了我们的老领导张佐双的大力支持和帮助，特别是在学术方面。

当时植物园承担着两项重要课题，一个是北京市科委的西山红叶招鸟工程，一个是北植物及空中标本保存技术的研究。刚刚大学毕业的我很幸运地参与了这两个课题的多项工作。这其间与佐双园长接触，对他有了较多了解。他这个人非常聪明，对年轻人给予了很多照顾，他的工作风格对我后来的人生影响很大。

我记得当时我们做西山红叶标本的一个保存试验，我们利用塑封膜保存植物标本，黄栌或者元宝枫的叶片，经过塑封以后鲜红透亮，标本保存得好，还非常美观，这是红叶保存新技术上的突破。没有想到第二年，这种经过塑封的红叶作为特色纪念品，铺满了香山地区的大街小巷，我们课题成果竟在无意间转化为商品，给香山地区旅游经济带来了很好的效益，同时，一片片香山的红叶被五湖四海的人们带到四面八方，不得不说在当时这是一种最见效果的宣传。

作为刚毕业大学生，难免年少轻狂，我们觉得自己年轻，记忆力很强，知识面广、掌握得准确，但是通过和他接触，才知道他的知识储备非常丰富，特别是对植物的拉丁名，一些昆虫的生活习性、危害、特点，他结合自己的工作经验娓娓道来，讲起来头头是道，令人佩服，确实给我们刚刚大学毕业的年轻人上了生动的一课，他让我知道努力自学，以及从实践中获取知识的重要性。

虽然我在植物园工作不到两年，但后来我到北京市园林局工作后，与佐双园长也多有工作接触，在我的感觉中，除了特别聪明之外，他还有以下几个特点：

勤于学习。我在植物园工作期间，他已经是植物园的副园长了，每天的行政工作非常繁杂，他还抽出时间来自学好多专业知识，同时思考着植物园的未来发展。他给我们当时植物园的年轻人，特别是我们刚从大学毕业的学生，起了一个很好的榜样作用。

善于当伯乐。他为年轻人提供了一个很好的发展平台，只要是年轻人想学，他就为他们创造条件。植物园培养了多名硕士博士，他利用出国考察和学术交流的机会，多方为他们提供留学、深造、专业交流的机会，培养出了一批具有世界眼光和专业水准的人才，使得北京植物园由一个普通的公园，变成了一所名副其实的专业植物园。

善于统筹资源。他是植物园的老人，对植物园的感情非常深厚，他是一步一步从基层干上来。他用自己的能力和水平，用自己的个人魅力，统筹各种社会资源，如人才资源、资金资源、科研资源，无论是北京市的还是国家层面的，他都能让这些能量为植物园的建设发力，由小到大，由弱到强，为植物园的发展打下了坚实的基础。这也是植物园在他任园长期间能够实现腾飞的一个原因。可以说，没有他的辛勤工作，没有他的善于统筹各种资源，植物园不会有这么大的发展，不会取得这么大的成就，这似乎已经成为人们对这位老领导的共识。

杨志华，首都绿化委员会办公室二级巡视员、高级工程师。

真诚 惜才 勤奋

——记北京植物园张佐双园长

胡永红

　　人这一生，能在脑海里留下深刻印象的人不会太多，有那么几个也就够了。对我来说，大名鼎鼎的张园长是其中一个。张园长名叫张佐双，是北京植物园的老园长，在业界是无人不知的老人。张园长中等个头，将军风度，国字脸庞，天庭饱满，脑门锃亮，脸上总挂着微笑，常年黑色正装，脚步不紧不慢，沉稳而有力。

　　张园长最令人感动的是他的热情真诚。记得上世纪 90 年代初我在北京念书时，每次去香山卧佛寺，遇到张园长，他都很热情，对我问寒嘘暖。后来我到上海工作，仍然常到北京学习取经，张园长每次都安排车接车送，亲自陪我在园内参观，还特别盛情地安排接待餐，也是亲自作陪。我知道北植园内事无巨细，张园长都亲力亲为，工作非常繁忙，而且北京是首都，去访问学习的人尤其多，但是每次有同行来访，他都会陪同，少则两三场，多至六七场，每场都跑前跑后，亲自张罗，陪着同行说说话，了解业界情况，给予温暖贴心的问候和高水平的建议，这让人每次到北植都很有收获。

　　张园长的热心，还体现在他为那些有困难的同行提供的帮助上。这样的故事我听过许多，比如外地同行来北京就医，他会帮着找医院和医生；同行的孩子在北京上大学，他会看望与关怀；同行家庭出现困难，他也会给予力所能及的暖心帮助。这几年，张园长虽然从位置上退了下来，但仍然老骥伏枥，热心助人。比如他担任着全国月季协会会长，就帮助南阳月季拓展市场渠道，提升展示水平，又帮助四川南充在全国收集月季品种。我经常能从业界简讯中得知，他忙碌的身影又出现在祖国各地要建新植物园的地方，在那里给出许多热情洋溢的激励之辞，想要帮助后辈快速进步。这种热情绝非一时，而是长期如此，是真诚地发自内心，一般人难以想到、做到，更难以保持，这一点绝对值得我们学习。因为张园长的热情与热心，他在国内外有许多朋友，"我的朋友张园长"就像"我的朋友胡适之"一样，可见他的朋友之广。

张园长还像对待自己的小孩一样，想尽各种办法，通过各种门路，培养单位的年轻一代，令人至为敬佩。他因为待人真诚，建立了良好人脉，然后便把每个人根据他们的条件送往全球各地去学习，我知道的就不下十几个。他从一开始就为竭力培养的继任园长赵世伟提供了无数机会去国外学习、访问、合作交流，参加各种短期、中期和长期的代表团。陈进勇当年在北林念研究生时，和我住同一宿舍，聪明勤奋，说话不多。张园长把这位国内为数不多的高才生送到英国皇家植物园园艺培训班培养四年，回来后对北植的园艺发展贡献很大。王康被送到美国做访问学者后，与芝加哥植物园、亚特兰大植物园都建立了密切关系，组织了几次国际野外考察，对植物学的国际合作产生了积极影响，成为北植蜚声国外的原因之一。还有郭翎、胡冬燕等等，因为国际化的培养，都成为一个领域的专门人才，让北植在植物学和园艺领域都占据了重要的一席之地。张园长用宽阔的胸怀、长远的眼光和全球的视野，培养了中国植物园非常重要的一代人才团队。在那段时期，可以说北植是中国植物园的高光之地。事都是人做出来的，有什么样的人，才能做什么样的事。在这一点上，张园长更是我学习的榜样。

最值得人学习的还有他的敬业精神。记得张园长接手北植，还是出于一个偶然的机会。因为前面的园长突然辞职下海，他作为副园长便接替了园长职位。那时的北植，在经过"文革"之后步履维艰，百业待兴，园子没有亮点，和一个大公园没什么两样。他感到肩上压力巨大，绞尽脑汁思考、调研、组织职工讨论、外出学习、找突破口。机会不负有心人，一次中央首长到北植散步（因为国务院领导休养地离北植一墙之隔），感叹说北京冬天可看的东西很少，张园长马上接上话说，如果想看东西，有一个大温室就行。首长问建个温室大概多少钱，张园长回答说："个把亿就行。"首长笑而不语。不久，张园长便接到市里的通知，说要启动大温室建设，他真是欣喜若狂。其实当时上海已经先于北京，在上海植物园做温室建设的前期可行性方案了，所以他一直和我讲，是上海启发了北京，但北京后来居上。在张园长的长袖舞动下，北植的温室先于上植两年建成，引起国内巨大轰动，甚至吸引了最高首长的兴趣。张园长用他天才般的讲解技巧，让首长对温室高度认可。在被问到这么好的温室，养护费用一定不会低的时候，张园长回答道，植物园是城市文明的窗口，温室是践行提升市民综合素质的基地，与它的高社会效益相比，每年1000多万元的维护费确实比较低。首长首肯说："不高不高，市里应该大力支持。"从这之后，张园长便利用机会打开局面，以每年都有的建设经费对北植进行了为期10年的改造提升。北植的大水面是从北山引水而成；这里以前是沙石滩，存水很难，运用了许多新技术蓄水之后，便解决了北植有山缺水的问题，成为北京少有的山水园林，风景得到快速提升。他还下大力气协调各方，请住在园中的许多居民逐一搬迁出园，解决了困扰园子长期发展的老大难问题，为北植提供了后续发展空间。还有专类园提升，科普馆改造，每年都能听到北植发展的喜讯。张园长夙夜为公，勤勤恳恳，带领他培养的团队，把北植从一个普通公园式的单位，一下子提升为全球有影响力的现代植物园，成为大家学习的榜样，为后来被国务院批复为首个国家植物园奠定了坚实基础，这些都是我永远要学习的光辉事迹。

纸短情长，记述下我心目中张园长这些真诚、热情、惜才爱才、勤勉奋进的印象，使我不禁感动莫名。有这样一个启人深思的榜样在前，我也要继续努力和学习，要像张园长一样，为植物园，为这个事业，做一个发光发热的人。

2022 年 3 月 5 日

　　胡永红，博士、教授级高工。上海辰山植物园执行园长、中科院上海辰山植物园科研中心副主任。国际植物园协会亚洲分会主席。

良师益友好领导

赵世伟

一个人的成长固然离不开个人的努力，领导的支持也是极为重要的。我很幸运，在我成长的阶段遇到一些好人，张园长就是这样一个人，他是良师益友好领导。

我1995年毕业到植物园工作，一干就是20多年。后来到园科院工作，因为月季协会、植物园分会的工作，跟张园长的联系一直没有断，在工作和生活中一直得到张园长的帮助。这里记录一下对张园长几个特别深刻的印象。

1. 对人友善，关怀备至

很多人见过张园长以后就会留下深刻的印象，其中一个原因就是他对别人都特别友善。我的岳母就说：张园长人特别好。因为有一次张园长见到我的岳母，夸奖我岳母把家里照顾得很好，付出了辛苦，才让我有精力投入工作中。岳母从未得到过家里人的夸奖，却从一个第一次见面的人那里得到了认可，很是感动。

张园长说，凡是来植物园的人，都是客人。对客人就应该拿出最好的东西，拿出最细致周到的服务。张园长对客人的照顾无微不至，在某些细节上让人特别感动。比如，有个朋友谈起，张园长陪我们去大温室参观，给我们导游，跟我们照相，等要离开大温室的时候，打印好的照片就送过来了，让我们大为惊喜，印象极其深刻。这样的习惯也给植物园的发展带来了机遇。植物园大温室的建设就是缘于张园长在桃花节期间一次热情周到的接待，张园长热情地去招呼来园参观的同事的亲属，正是这位同事的亲属把植物园建设水晶宫（大温室）的消息传递给了北京市领导，很快促成了此事，使植物园发展进入了新的历史时期，后续也才有了湖区建设、专类园提升等新的阶段。

2. 尊重知识，尊重人才

张园长特别尊重有知识的人，包括学校的老师、科研院所的教授、科研人员。他聘请陈俊愉、余树勋、董保华、陈有民、龙雅宜先生为植物园的顾问，每年都会登门去拜访各位先生，虚心请教。他会把老先生们的话记得很清楚，并用在日常工作中。老先生们来园里指导工作时，他一定亲自出面迎接、陪同。他经常说：陈俊愉院士说，科普是植物园的重要功能。所以要重视植物园的科普工作。他曾亲自拜见吴征镒院士，聘请吴征镒院士担任中国植物园学术会议的主席。对美国密苏里植物园主任皮特·雷文博士，他也是非常崇拜。每次皮特来中国，他都会竭尽所能，热情接待，并安排周到的活动，为北京植物园与密苏里植物园建立合作和联系奠定基础。密苏里植物园朱光华博士成为张园长的好朋友。可惜朱博士后来身患不治之症，张园长心急如焚，想尽办法给朱博士寄灵芝孢子粉。朱博士在服用灵芝孢子粉以后病情也出现了奇迹，原来医生说他的寿命只剩下 3 个月，后来大大延长。朱博士回国时，张园长动用一切资源给予他照顾，后因病情严重，艰难回到美国以后去世。张园长听闻噩耗以后也是痛哭失声。张园长对曾经教过课的老师都以老师敬称。有一年，一位美国专家来植物园交流，会谈中了解到美国专家的父亲与北京农业大学沈隽教授是同学，他立刻安排车辆去把沈先生接到植物园，让人十分感动。张园长是老北京，很讲礼数和规矩，在饭桌上、进出门、进出电梯，他都要跟客人谦让，有时候为了谁先谁后会拉扯半天，让我们这些不懂礼数的人觉得有点多余。而其实这是刻在他血液中的对别人尊重、长幼有序的观念。

3. 有情有义 胸有大爱

张园长是个特别重情义的人，他说：所有对植物园有贡献的人，我们都不能忘记。原北京市规委的刘达民处长曾经对植物园收回土地立下汗马功劳，张园长一直不忘刘处长的恩情。在刘处长病重、儿女不在身边的情况下，安排植物园的同事悉心照顾陪护，直到把老人送走处理完后事。

对同事也是一样。遇到同事有困难，他总是第一时间尽力给予帮助，即使这个人对他不够仁义。2009 年在参加完全国植物园年会以后，张园长和所有代表一起去越南考察植物资源。在河内他接到电话，一位共事多年的老同事去世了，他当即表示要回去送别这位同事。当时代表团按要求是团进团出，必须一起返回国内的，独自回京几乎是不可能的。大家都劝他不要回去，因为实在太难了。他当即联系国内的朋友，跟越南方面商量走绿色通道，买好了当天的机票，随即飞回北京，参加了那位同事的葬礼。而据了解，这位同事并不是他最好的朋友，而是一个在工作中对他不停挑剔的人。

4. 宽以待人 培养英才

张园长一再说：干事业关键靠人，什么样的人才决定能干成什么样的事业。他一直重视人才的培养。我 1995 年 7 月入职北京植物园工作，刚工作，张园长就推荐我 9 月份陪同魏局长出访欧洲。我这个连飞机都没坐过的刚出校园的学生，一下子就接触到国际园林行业的顶端，对我后来的眼界、视野起到很重要的作用。后来每次出访，张园长都会带上我，我也有机会访问全世界几十个植物园，对植物园的功能和定位更加明晰。展览温室建设开始后，他把重任交给我，从撰写第一份立项申请、项目建议书，到收集国内外温室发展趋势、可行性报告、植物收集以及后来的温室技术指标、植物的种植养护、花卉的引进，他都充分信任我。我也不负期望，日日夜夜地全身心投入工作。温室从建成到运行，创造了数不清的奇迹。张园长对下属不但支持，而且非常信任。2000年温室建成开放那一年，我精心策划了一个"情人节9999玫瑰"活动，一上班就小心翼翼地请示张园长能不能做，因为这个活动需要花十几万元，而十几万对园里是一笔大钱。张园长说：如果投进去一个桑塔纳（那时候桑塔纳值十几万元）能换回来一个奥迪，当然应该做。于是放手让我去干。当然，最后结果很成功。基本上花了一个奥拓的钱赚回来一辆奥迪。最重要的是，植物园的情人节玫瑰活动现场特别感人、煽情，植物园也成为报纸、电视宣传的焦点，连续几年成为植物园的品牌项目。

卧佛寺的蜡梅很出名，如果能收集蜡梅品种，就可以把卧佛寺建设成为蜡梅专类收集园。1996年张园长把他的想法跟我说了，派我去河南鄢陵收集蜡梅品种。我第一次单独出差，就去了当时还很贫困的鄢陵姚家花园。一路上顺便去拜访了张家勋先生，收集了秤锤树。然后押送货车，日夜兼程回到北京。这一次出差让我体会了引种的辛苦，但也学会了如何与不同的人相处，并解决随时出现的问题。

张园长特别关心我的成长，为我争取课题和经费，开展科研工作。并利用一切机会，向各级领导推荐我，宣传我的所谓事迹。我也因此被评为全国青年技术能手、全国建设系统劳模，获得国务院特殊津贴专家等荣誉称号。领导是不同的，有的领导爱惜人才，关心下属，给下属创造一切成长的机会。也有的领导妒贤嫉能，千方百计压制下属，不能让下属超过自己。有时候我会想：其实我所做的只是一个知识分子应该做的。假如我在其他单位，没有遇到张园长这样的领导，也许情况会截然不同，也许我还是默默无闻。而张园长就是这样的贵人，他到处宣传我、给我搭平台、给我机会，才使我不断成长。我其实在工作中也出现过错误和失误，但是张园长每次都能包容我，理解我，用实际行动支持我。虽然他几乎没有批评过我一次，但是我心里早就明白该怎么做，才对得起他的支持。张园长的待人接物、对待工作的态度、对师长的尊敬、对下级的关怀宽容、对事业的孜孜以求、对目标的锲而不舍，一直影响和引导着我。张园长在生活上对我的关心和帮助就更多了，这里不细说了。其中一个细节：每次出差回北京，他都会安排他的司机去机场接我。

在张园长的帮助下，我有机会去英国皇家植物园邱园学习，并去国外参加了多次国际会议。张园长曾对我说：你去美国密苏里植物园学习，争取每年去 3 个月，连续 3 年，一定对你的成长大有裨益。可是我一直没有行动，辜负了张园长的期望。回想起来，一方面是因为我觉得植物园的工作离不开，正是需要人的时候，另一方面确实有些迷茫，没有找到合适的研究方向。因为密苏里植物园是经典分类学的天堂，而我在分类学方面的基础不够扎实。

5. 锲而不舍 坚忍不拔

张园长是中国花卉协会月季分会的会长。他会利用一切机会宣传月季的知识，给各级领导普及月季的文化，鼓动各地领导开展月季景观建设和月季产业的开发提升，张园长擅长讲故事，这些生动的有声有色的故事打动了很多人，让很多人改变了对月季行业的看法，为月季事业的发展营造了良好环境。月季分会从最初每年在会议室聊聊发展趋势到如今与国际月季界广泛联系，每年举办全国月季展、月季论坛，以月季为市花的城市越来越多，达到了 88 个。月季分会在国内外影响力日渐深远，这都与张会长的坚持宣传、持续呼吁分不开的。

张园长经常说：干事业就是要瞄准了目标，想尽一切办法，锲而不舍。植物园经常会有各种级别的领导来视察，张园长就会用一切机会，反复地宣传植物园的功能、植物园的重要性，希望各方面能支持植物园的工作。他说：有些事就是要反复地讲、不厌其烦地讲，给领导灌输植物园的思想。要把我们的想法变成领导的决心。他确实是这么做的。植物园的一些重点项目，都是张园长用这种方式积极争取来的。他说："要干就要干得最好。"园林局郭晓梅副局长说：我有点经费就愿意给张园长，因为他会很认真地干，把工作完成得很漂亮，让你觉得这笔钱花得值。植物园的大温室建成以后，各级领导都很满意，都认为是个精品，所以才有后来的湖区建设，又投入了大量的资金，彻底改变了北京植物园的面貌。应该说，展览温室和湖区建设是植物园建设中划时代的两个项目。

我曾经开玩笑地说，北京植物园 50 年才出一个张佐双。确实，张园长对植物园的贡献是巨大的，除了前面提到的那些项目，最重要的是通过各种方式的努力，收回了植物园的土地，腾退了园内的村民住房，为植物园的发展做好了空间的保证。

2008 年奥运会之前，北京植物园已经初具规模。这时恢复国家植物园建设就成了大事。张园长受到 10 名青年上书毛主席的启发，借 10 名院士上书总书记的机会，希望推动国家植物园建设，在这个过程中，付出了许多心血。后来植物所三名院士写信给习近平副主席，再提国家植物园建设的大计，再一次提起了国家植物园的建设设想。事不过三，今年国家植物园建设终于取得了突破。但是没有前两次的铺垫，就不会有如今的大好局面。张园长的贡献功不可没。

赵世伟，博士，曾任北京植物园园长，现任北京市园林科学研究院总工程师。

我眼中、心中的老园长

王树标

我 1990 年大学毕业后分配至北京植物园工作。

我对老园长三句口头禅印象最为深刻，也最有画面感。

一是"凡事预则立，不预则废"。这句话我深有体会，正是因为老园长的高瞻远瞩，在大温室建设前，就对植物引种与栽培进行了人员的培训和技术储备。早在 1991 至 1993 年，我就被佐双园长安排到海南学习热带植物引种栽培技术，这让我在后来的大温室建设中，从技术参数编制、引种方法、栽培技术等多方面能驾轻就熟、得心应手，发挥了作用。

二是植物园要具有"科学的内涵，艺术的外貌，文化的展示"。在这个主旨下，北京植物园科研、科普、展示相结合，使得植物园既有大尺度园林风貌，又有精细化的园艺技巧，用丰富的植物种类，营造了醉人的艺术环境，因而北植成为京城一道靓丽的风景，更是一张绚丽多彩的城市名片。

三是"植物园就是要建成世界一流水平的国家植物园"。这是老园长的梦想，也是一代一代北植人的梦想。汗水和心血终于绘就了国家植物园梦想的实现。

与老园长相处，有几件记忆深刻的事情令我难忘

1. 20 世纪 90 年代中期，经常看到张园长拿着小相机在园内进行拍照。既留下植物物候、季节景观、员工劳动等照片，又能发现问题，针对性地总结提高。

2. 1995 年接待由北京市市长李其炎带队的绿化检查时，老园长在盆景园"立画心诗"牌楼前，为领导们介绍植物园时，他有一段精彩非凡的演讲。他说，国际大都市有四个标志：一个国家级博物院、一座国家级图书馆、一座国家大剧院、一个国家级植物园。他着重说明了植物园的功能和大温室的意义。洪亮的声音和发自内心的对植物园的热爱，形成极有力度的震撼力，打动了市长和现场每一个人。李市长现场安排相关委办局对大温室项目进行调研立项。我在现场的感受真是欢欣鼓舞，张园长太能了！

3. 陪园长出去开会，乘车期间经常看他拿出小录音机听英语磁带，学习练习口语，为的是接待外宾时能够直接交流，他真是勤勉好学。

4. 精力过人且孝顺为先。植物园大建设时期，加班、出差是常态，正常下班、节假日休息那才是奇怪的事情。至少我在园内多年参与的专类园建设与管理，从绚秋园、月季园、盆景园、树木区、大温室、水系建设、梅园、海棠园……加之每年春季桃花节和秋季市花展，以及温室内逢年过节的花展，我常常感觉时间不够用。而作为一园之长，他还要代表园里参加各种上级的、国际的、行业的、专业的会议，付出的时间和精力可想而知。即便这样，每次加班晚了，张园长都会轻言轻语地给老妈妈打电话请安，他尽忠不忘尽孝，是我们学习的榜样。

5. 求贤若渴。外引内培，成就若干批次人才。这些同志，现在有的成了著名的植物学者，有的分布在我们园林系统不同单位的领导岗位，成为园林建设的骨干。我用一句话来表达：当时聚成一团火，现在散为满天星。

6. 对下属、职工既敢压重担，又悉心关怀。我在海南学习热带植物技术栽培期间，因为路途遥远，逢年过节都回不了家。近三年时间工作，张园长经常打电话了解工作、生活情况，有时亲自或派人来基地慰问。虽然远在海南工作，但我们心里充满温暖，工作也更起劲。1999 年春季建设大温室时期，我带队在西双版纳负责运输引种的热带植物时，发生了严重车祸。幸运的是被撞车辆被路边的台湾相思树拦了一下，不然就会掉入澜沧江中，后果不堪设想。当时车辆报废，司机重伤，万幸的是我只是头部轻微碰伤，膝盖和手部挫伤，但整个身体骨骼和肌体被巨大冲撞力拉伸，像散了架一样，3 个月才渐渐恢复。当时我为不耽误工作，只是简单向领导汇报了情况。而老园长及时打电话到西双版纳植物园，当知道车祸情况较为严重，当即详细了解了伤情和救治情况，表达了组织上的慰问，及时疏导我们的情绪，并亲自打电话委托西双版纳植物园领导，对我们在那里的工作、生活予以特别的关照。正是感念园长的关怀，我不敢耽误一点工作，保质保量组织完成了植物运输任务。

7. 对事业的无止追求。大温室的建成其实已经是建设上的高光时刻，是综合技术展示的殿堂了，但是老园长并没有停下植物园建设的步伐。为了打造更优美的园林意境，植物园开始了水系的规划建设。中国园林就是山水园林、无水不园林、水是园林的灵魂、植物园必须要有水系。这些词句都是在那一时期离不开他嘴边的语句。当时大家建设水系的难度和辛苦就不说了，但就方案而言还是有不同声音的，认为中湖面积过大，北湖破坏了原有大尺度疏林草地景观，减少了引种展示用地。但事后证明"水面能大的大一点，能串的串起来，能动的动起来"的原则是相当英明的。当"三潭映西山"呈现出来时，植物园的整体景色立时变得立体、灵动而迷人。拉长时间看，水系的建设改善了园区整体小气候，非常有利于植物引种与展示，也体现雨水收集利用超前先进理念。20 年后的今天，我有幸在颐和园工作，真真正正领略到大尺度水体所展现的无法用语言表述的万千变化、自然风情与园林神韵。回想当初，由衷钦佩植物园水系建设的决定。如果大温室是明珠之作，水系亦可谓点睛之笔。

与老园长相处给我留下深刻印象，并激励我不断学习、进步的事例还有很多很多，不胜枚举。老园长的思维与时俱进，具有开拓创新精神。他勤勉好学，踏实肯干，能力突出，为了理想不畏艰难。他对工作高标准严要求，对人才关心培养，悉心照顾，他勤勤恳恳为植物园干了一辈子，作出了重大贡献。

老园长对我的影响都在润物细无声处，我不管是在植物园建设管理岗位上，还是调到其他公园，工作的事业心、责任感不敢有半点懈怠，对标世界一流的工作标准、精细化的工作要求不敢有丝毫降低。

张佐双老园长，这位几十年与北京植物园共同成长的园林建设领军人、学术带头人，为国家植物园建设竭尽全力的关键推动者，是我心中永远的园长。

王树标，曾任北京植物园副园长、北京动物园副园长，现为颐和园副园长。

我们的老园长

郭 翎

　　1984年我到北京植物园工作，当时张佐双老园长刚刚被破格聘任为北京植物园副园长。作为新入职的员工，我只是远远地看着他永远忙碌的身影，没有具体工作的接触。老园长最早直接安排给我的活儿，是接待英国爱丁堡植物园园林学校校长乔治·安德森（George Anderson）夫妇，当时是苏雪痕老师带他们来植物园的，有苏老师在是不需要翻译的，而我只能翻译日常的生活用语。

　　后来因为专业交流的需要，我就把英文好的同学俞孔坚叫来帮忙翻译。感觉男人们在一起和小孩子一样喜欢竞争，园长是和乔治比赛嫁接，一个是在果树班干了20多年的老把式，一个是园林专业学校当了几十年的校长，一人拿一把嫁接刀就开始在园里比划如何接枝，这时是不需要翻译的，我们只是在旁边乐。俞孔坚则是和校长比谁记得学名多，他们从植物界背到动物界，最后以俞孔坚背出的学名更多而告终，看得我目瞪口呆。在去杭州的火车上，老校长一个劲儿地夸奖张园长和俞同学。安德森先生退休后在苏格兰电视台传授园艺知识，成为电视明星，这是后话。那一次是俞孔坚的爱人吉庆平（也是我们同学）回太原老家生小孩，老园长给了很大帮助。后来我发现，这辈子老园长从来不让别人白干活，哪怕别人欠他人情。

　　老园长也是我认识的人里最理解什么是植物园的人。他老教育我们，不同的植物园有不同的使命，不同的目标，但是科普应该永

444　　　　　　　　　　　　　逐梦——植物园六十年

远是植物园第一位的任务，而活植物收集的数量与管理水平是评价一个植物园好坏的最终标准。当时北京植物园野外考察每次都能得到当地植物园的大力支持，出人出车出力，这些都是和老园长热情好客，对全国植物园来北京办事的人都予以热情地招待和实际的帮助有关，全国同行都非常尊重他。同时老园长也对北京植物园技术人员野外考察以及植物收集全力支持，小到野外考察包，迷彩服，大到照相器材，想尽一切办法给我们配置齐全。20多年前跑野外的双肩挎，我现在还在背，结实、实用。

1990年在北京举办亚运会，市政管委为提升首都绿化水平，给了北京植物园一笔外汇额度，作为为亚运会引种绿化新品种的专项经费。威尔逊说过"中国是世界园林之母"这句话大家都已经很熟悉了，但是又有多少人能够理解这是在夸赞中国野外植物资源丰富呢？实际上中国历史上是观赏植物品种大国，因为近代中国的内忧外患、积贫积弱，多少中国传统的观赏植物品种已经遗失，当时城市绿化品种只是欧美的1/3不到。

中国科学院植物所北京植物园的余树勋先生当时在美国明尼苏达州立大学观赏树木园工作，在他的帮助下，72个观赏植物品种于1990年4月4日从美国贝雷苗圃抵达首都机场。当晚一得到消息，老园长就带着我和进出口代理公司的小陈直接去了机场，机场值班的同志说当天已经不能办手续了。园长坚持要以鲜活货物先运走再办手续，把对方磨得不耐烦，就说要介绍信，园长直接掏出了空白盖章的介绍信，对方又说要2000元押金，园长又行云流水般地从兜里拿出了2000元现金。把我和小陈看呆了，那时2000元真不是小数呀。在老园长的坚持下，我们终于在库房看到了一箱箱码好的货物，但是库房的保管员坚持要他们领导签字才放货。看到实在无法提货，老园长和小伙子说："小伙子，看好了，这是为亚运会准备的苗，看好它们你也光荣。"

第二天一早，货物终于被运到植物园苗圃。这批苗由于在香港转机耽误了 20 天，而北京最高气温已达 25 度，等箱子打开来时我们看到植物已经发霉的发霉、长芽儿的长芽儿。园长亲自带领苗圃人员和外检的同志们对植物消毒处理，重剪，一直到当天夜里打灯栽种。这批苗后来在苗圃技术人员和工人们的精心照顾下，品种保存率达到 100%，苗木存活率 99%。几年以后，我们的国外新品种引种、繁殖、推广课题，获得了北京市科学技术进步二等奖。今天，每当我在北方城市里看到盛开的红王子锦带、绚丽海棠，紫红的紫叶矮樱、紫叶稠李这些高质量的绿化树种的时候，就会想起机场那一幕，想起老园长机智灵活的办事能力，想起北京植物园苗圃后来一步一步地将引种的新优苗木繁殖、推广的艰辛，也由衷佩服余树勋先生在美国挑选适应北京气候环境的观赏植物品种的专业水平。

从那时起，从国外引种就成了北京植物园的常规工作，为我国北方园林绿化引进新品种起到了龙头作用。引种以后的繁殖、中试、推广一环接一环，环环相扣，在老园长明智的领导下取得了很多成果。这期间不乏反对之声，包括专家的反对，认为中国是园林之母，为什么还要花稀有的外汇采购外国的品种！老园长坚持认为国外引种是植物新品种选育的捷径，是培育自主知识产权新品种的第一步，是植物园活植物收集的有效手段。后来在老园长的坚持下，当时北京植物园苏家坨苗圃地上物 4900 万赔偿款用于新的苗圃建设，专门用于新品种的培育和推广。在此基础上才有北京植物园一系列相关课题获奖，才有对城市绿化起到非常大作用的社会和经济效益。

每次出国，老园长都亲力亲为地收集植物。1991 秋冬，老园长和当时北京植物园园长杨松龄以及崔纪如高工出访美国时，看到街头路边大叶子的榆树（*Ulmus carpinifolia* 'Umbraculifer'），将枝条剪下来带回了植物园，经过植物园苗圃的繁殖，现在也在中国北方得到了推广。在访问日本时老园长掏空了行李箱，把两个菊花

　　　　　　　　　　　　　　　逐梦——植物园六十年

桃品种，4 个帚桃品种照手红（*Prunus persica* 'Terutebeni'）、照手姬（*Prunus persica* 'Terutemhime'）、照手桃（*Prunus persica* 'Terutemomo'）和照手白（*Prunus persica* 'Teruteshiro'）、40 个品种的抗寒梅花带回来。经过植物园苗圃工作人员后期繁殖推广，抗寒梅花种进了北京植物园永平梅园，帚桃在中国北方得到了广泛推广，各地苗圃从业人员收益颇丰。每当我和老园长聊起此事，稍露出为老园长及我们自己愤愤不平时，他总是呵呵一笑，说不管谁受益，有人受益就是好事，城市绿化能上一台阶就是好事。菊花桃在我国古书中就有记载，但在中国已经遗失，这次能从日本引回来也是一件幸事。

我很荣幸有两次作为翻译陪同老园长出国的机会。一次是2010 年 6 月老园长作为中国植物学会植物园分会会长参加在爱尔兰都柏林举办的第 4 届世界植物园大会，世界各地植物园大咖们蜂拥而至，老园长利用每一个机会联络大家，为北京植物园国际往来建立联系。会后受邀到北欧各国植物园考察。我们到瑞典后去乌普萨拉拜谒林奈故乡，在林奈花园和乌普萨拉大学植物园里，老园长的眼睛都不够用了，对林奈的任何事情都非常关注，并且在北欧最古老的乌普萨拉大教堂里崇敬地拜谒了林奈的墓地。在冰岛雷克雅未克植物园里，老园长对一座老人的塑像特别感兴趣，女园长介绍那是一个常年在植物园喂鸟的老人，老园长后来深有感触地多次说了这件事，感慨冰岛对普通爱鸟人如此尊重。在挪威奥斯陆大学植物园里，老园长对他们的曾祖母花园非常感兴趣，它是挪威园艺遗产的活档案，展出了 50 多年前的宿根花卉品种，是植物园与奥斯陆老年痴呆症和精神病护理资源中心（GERIA）为痴呆症患者合作设计的感官花园。老园长在花园里踱步很久，对以末为先的设计理念在植物园里的体现感触颇深。他感叹植物园的人文属性是有多么重要。到了世界上最早的植物园——意大利帕多瓦植物园，丹麦国家植物馆等很多地方，老园长都坚持看他们的标本馆，并对那些古老的标本肃然起敬。

另一次是 2012 年 10 月在南非约翰内斯堡召开的第 16 届世界月季联盟大会，老园长作为中国花卉协会月季分会会长带团前往。在会上，北京市成功申办了 2016 年世界月季联盟洲际大会。选举过程中我们团员一直在大厅坐等消息，看着老园长和赵世伟秘书长表情严肃地从楼梯缓缓下来时我们心里一紧，知道会场选举过程一定很艰难，因为我们知道在中国申办前面有很多障碍。当他俩说申办成功后我们都高兴地跳了起来，为老园长他们的努力成功感到高兴。

澳大利亚国际友人劳瑞·纽曼是澳大利亚著名月季培育人，澳大利亚地区月季品种登录专家。经营一家古老月季苗圃，从 40 岁开始学习中文，非常热爱中国，喜欢张艺谋的电影，喜欢巩俐，喜欢中国邮票，深信世界上现代月季品种的重要亲本来自中国。从1998 年到 2016 年，他先后 10 多次访问中国，从 1999 年到 2002 年，他先后给北京植物园赠送了 300 多个古老月季品种。正如老园长在北京植物园月季园古老月季收集区（中澳友谊园）剪彩仪式上说的，北京植物园月季园有了这批古老月季品种，将不再是现代月季品种的堆砌，而是达到了世界水平。这一切都和老园长的个人魅力有着必然的联系。劳瑞对老园长非常欣赏和尊重，他说他第一次在李洪权引荐下见到老园长，两人相见恨晚，他问能否将自己苗圃里的古老月季品种送给植物园一份，老园长二话没说马上答应，他在华一切费用都由北京植物园承担。在以后的 10 多年里劳瑞不断地问我，为什么老园长当时那么信任他这样一个陌生人？为什么老园长第一次见面就能帮助他这个老外完成自己的心愿？我只能回答，一切对植物园有益的事情老园长都会全力以赴地去做。

大家都觉得老园长退休以后比在位时还要忙，到处宣传植物园，到处宣传月季。

我有个感觉：老天爷让老园长来到这个世界上的使命，就是建北京植物园和推广宣传月季。

在老园长到植物园工作 60 年的 2022 年之际，祝他长命百岁，永远年轻！

郭翎，博士，原北京植物园总工，北京市重点实验室花卉工程技术中心主任。国际观赏海棠品种的登录专家，国际海棠学会主席。

园长——园丁

胡东燕

1989 年 8 月，我从北京农学院园林大专班毕业分配到北京植物园。也许是命中注定，进园以后就被分配到丁香园班，当时的管辖范围是丁香园和碧桃园。

刚开始的工作基本上都是看护花植，捡垃圾，还有没完没了地清扫园子。刚工作没多久的小姑娘，本来就觉得挺没劲的，没想到有一天身边走过的一个人居然大声地冲我说："别把学过的知识都给扫忘了啊！"我没好气儿地回说："整天这么扫，不忘才怪呢！"当时根本没在意我旁边的老师傅一直在拽我的衣角。过后，老班长才跟我说："刚才过去的那个人是咱们的主管园长！你怎么敢那么跟他说话！"——这就是我第一次和张园长的"碰面"！我想只这一下子应该就让我们都记住了彼此！

在我的印象中，张园长从来都不是一个在乎你怎么跟他说话的人，他更在乎的是你怎么做事！在他交给你做的每一件事之中，他时时刻刻都在考验和判断着这一点。

刚调到绿化科的时候，我们每年春植之前都要向园林局绿化处报送年度预算。当时还没有任何像现在这样那么容易使用的先进软件，所有的预算真是都要靠计算器一笔一笔地算出来。记得当时的苗木单总是变来变去，预算又必须卡在某个数量级范围之内，改来改去的事情常有发生。张园长当时分管绿化，他有几次都是下班的时候才给我最后的苗木单，问我能不能第二天就把预算交给他。于是我只得挑灯夜战，连夜完成。事后很多年他又提起当年这些事，很有感慨地说：其实那时候真的就是对你的一个考验，因为给你的同时我还让别人仔细地再做一份，而且没有任何时间限制，但最后的结果几乎没有差别。你完成的预算又快又准确！——所幸，不知不觉中，我通过了他的第一个考验！这才有了后面一次又一次的机会。

1991年植物园第一次承接涉外大型园林绿化工程，当时负责这个项目的是刚从英国回来的郑西平，他带着我和程新一起，每天和工人们在工地上摸爬滚打，从3月一直干到了秋天。我记得8月份最热的时候张园长去工地慰问我们，他说当时居然都快认不出那个黑黑的"非洲"姑娘了！——也许，这是我无意之中通过的又一个考验。

刚毕业没几年的小孩儿能参与植物园的科研课题，这在当时其实并不多见。也许是因为最初在碧桃园工作过，选我进入桃花课题组主要是想让我配合李燕工程师和北京林业大学共同合作。张园长是植物园方面的课题负责人。1992年春天张园长问我能不能一个人去趟东三省，争取赶在每一地花期的时候快速摸查一下各处桃花的基本情况，一个人行动会更方便快捷。我想都没想就答应了，接下来所有的交通食宿以及和相关单位的对接都需要靠我一个人完成。这件事现在看来也许并不是什么难事，但在当时买火车票，找旅馆，直至摸到每一处桃花盛开的地方，都需要花费大量的精力甚至体力。我坐夜班火车先到大连，白天完成老虎滩的桃花考察，连夜坐火车赶到沈阳。我还记得住在长春火车站边上的旅馆的那个晚上，因为怕第二天早上赶不上火车，一整夜几乎都是抱着我的包儿熬过去的。当我最后从哈尔滨一路站回北京的时候已经成功地搞清了东三省的桃花分布、品种及花期的一手资料。也是很多年之后张园长才跟我说，那时候他派我出去还是挺担心的，因为当时有全国通缉的"二王"，一个人在外并不那么安全，但是他没想到我会应下这趟差事而且还顺利完成了所有任务！也正是从那以后，彻底打开了我独来独往，国内国外都能只身前往的所有可能性！多年以后我还记得植物园曾经流行着一项不成文的规定，原则上女性不能单独出差，看来当年张园长的果断和信任让我一生获益匪浅。

俗话说，"读万卷书，不如行万里路"。张园长一直鼓励我们的则是"读书行路两不误"。

由于我刚到植物园时只有大专学历，在参与桃花课题研究的时候明显感觉到自己在专业知识上的力不从心，于是萌发了继续学习的念头。先是想报名参加"专升本"的考试，没想到一上来就遇到了大麻烦。当时植物园的本科生只有屈指可数的几个，像我这样的大专学历貌似已经"足够"在植物园工作了！没想到就这么一个是否同意报名的决定居然还上了当时的园办公会，最后只有当时主管绿化的张园长投了唯一同意的一票——张园长深知专业知识对于个人水平提升和整个植物园发展的重要性，每次看到员工有学习的热情他都是大加鼓励。后来我考上北京林业大学硕士的时候，本以为还是一样可以边工作边学习，结果发现每天的课程都排得满满的，当时还有些不好意思地找到张园长，没想到他二话没说："明天开始你不用回来上班了，专心学习，完成学业！"——从此以后，北植的硕士如雨后春笋，无论是从学校招来的还是出自植物园的，数量逐渐开始形成规模。

事实证明，张园长的远见对于之后北京植物园的发展起到了至关重要的作用。我记得 1997 年在新疆召开的全国植物园大会上，北植派出了以副园长李炜民、园长助理程炜、博士赵世伟、硕士吴姝以及当时还是在读硕士的我组成的代表团，平均年龄不足 30 岁。在最后的总结单元中，时任中国环境科学学会植物园保护分会理事长的贺善安先生高度评价了赵世伟和吴姝的大会发言，称从他们身上看到了北植的希望。由此也能看出张园长的眼光早已放在了未来。

之后我得以继续读博同样也是得到了张园长的大力支持。现在看来，其实他早已对植物园的发展格局做出了整体考量，我不过只

　　　　　　　　　　　　逐梦——植物园六十年

是一个开始，后面又相继出现了多个从植物园走出来的博士，成为日后植物园的中坚力量。

张园长在任的植物园有着让专业人员羡慕不已的宽松环境，这恐怕是几乎所有园林管理中心的相关单位甚至各所大学都无法比拟的。无论是谁，只要发现任何对于植物园发展有促进作用的机会，他都会毫不迟疑地鼓励和支持，让每个人的机会都成为现实。

1998年，我很幸运地联系到日本桃花专家吉田雅夫先生，获邀去日本考察桃花。那是我第一次走出国门，整个过程都得到了张园长的大力支持。当时正好同时也在日本出差的张园长还亲自把帚桃和菊花桃的几十棵小苗用他自己的行李箱带了回来。至今我还记得那个晚上，我们一起在东京一家装潢很漂亮的旅馆外面又剪又包地弄了一身一地的土，把整个行李箱塞得满满的，那时候的我们唯一想着的就是一定要把这批珍贵的桃花资源引到国内来。

2002年，我担任植物园科普馆馆长。看到英国邱园有一个植物园科普教育培训的机会，试着跟园长提了一下，张园长毫不犹豫地让我参加。也正是那次英国之行让我又有幸和爱丁堡植物园有了联系，第二年参与了他们植物园科普教育的实践，同样得到了张园长的全力支持。他不仅自己一直践行着他始终提倡的"行万里路"的说法，也一次又一次地为我们的"出行之路"铺平了道路。

之后，无论是读博士期间联系到缅因大学做论文，还是2007年联系到美国农业部果树实验站访问学者的机会，加上中间多次参加国际园艺学会大会、国际植物园大会以及国际桃专题研讨会，每一次的出行，张园长的态度都是一样坚决：要去！支持！正是这样滚雪球似的一次次走出去，不仅仅让个人的知识、见识、眼界都得到了很大程度上的提升，与此同时北京植物园的工作成果也通过一次次的会议和报告得以展示于世。在植物园里，每个人都有锻炼和提升自己的机会，在这个过程中既有压力又有动力，然而并不是每个人都经得起每一次压上去的担子。作为领导，就需要具有超群的识人用人能力。我自认为不是一个通常意义上那么好管理的下属，情绪化和较真儿时有发生，但是张园长就像是一个大家庭里的家长，他深知每个人的特点，扬其所长，避其所短，为我们排除工作和生活中的各种障碍，我们每一步成长的背后其实都有张园长在心甘情愿地托举着，我们没有任何后顾之忧，只需要冲锋陷阵就好了！正是有了张园长以人为本的全力支持，才成就了植物园里我们这样的一拨人，而我不过只是其中的一员而已。

一个人再怎么有成就也只能是在自己有限的范围内，而张园长则是通过各种有形无形的考验，敏锐地发掘出在不同领域中各有所长的中坚力量，让他们再去各自发展出自己的一片天地。张园长一直都是为我们在任何一个领域内做出的哪怕一点点成绩由衷地发出赞叹，以我们为荣，能做到这一点，没有博大的胸怀是很难实现的。像张园长这样的领导在今天看起来更是极为难得。

所以，与其说是张园长培养了植物园的我们，倒不如说是我们更像植物园里的植物得到了他一直以来精心的呵护，让每一个人都找到了适合自己的发展方向，为我们提供了植物园这片沃土，使我们得以生根，长叶，开花。与此同时，也正是因为有了这么一批人，北京植物园才开始在植物园领域独树一帜，成为中国乃至世界植物园中一道不可替代的靓丽的风景。我从来都不觉得自己取得了什么成就，无非是很幸运地赶上了植物园最好的时代，当时的我们个个以植物园为家，心往一处想，劲儿往一处使，共同托起了植物园的黄金时代。我万分有幸成为其中的一分子，并且为此做出过自己的一份努力，同时，我更为自己的职业生涯中有这样一位可遇而不可求的领导而感到庆幸！

张园长的微信名叫"园丁张佐双"，我想这也正是他从事植物园工作 60 年来的真实写照！

胡东燕，*教授级高级工程师，世界著名桃花研究专家。*

是领导，更是人生导师

王　康

　　我是 1997 年来到北京植物园工作的。离开学校的导师，走出校门，到了工作单位，首先跟随的领导就是张佐双园长。直到他 2008 年初退休，整整共事了 10 年。之后在不同的场合里，我们共事至今。

　　即使到了今天，我还记得我刚到北植第一周的一天下午，刚刚从草花班给盆栽独本菊浇完麻渣肥回到大学生宿舍，我还正在锅炉房里洗澡，突然听到张园长用他那高亢和极具特点的嗓音喊我们在小院里聚餐。许忠义师傅买了很多好吃的饭菜，那个时候对于我们这些刚从学校出来、还在学做饭的学生来说，正是打牙祭的好时候。看着塑料袋里的香肠等熟食，我的口水和身上的洗澡水已经混合在了一起，我知道我的澡白洗了。

　　吃饭间，张园长给我们介绍了植物园的现状以及未来发展的远景，那个时候觉得很遥远，因为眼睛一直盯着桌子上的饭菜也没有当真，但是今天想起来，大多数也都实现了，所以人还是要有梦想的。其实，让我记忆比较深刻的还是张园长对他自己的介绍：父亲去了台湾，"文革"中受到的不公遭遇，以及之后在植物园一步步的扎实奋斗。这些话让我体会到上一代北植人的艰辛与不易，但那个时候还没有体会到他性格中的坚毅、隐忍和乐观。

　　之后，与张园长接触开始多起来，是因为展览温室的建设。那个时候绝对是个大项目，对所有人来说，每天都有很多新鲜事物需要面对，对于年轻人来说不容易，对于张园长来说，就更不容易了，但一个优秀品质让他应付自如：敢于吐故纳新，即使自己无法理解，但仍然敢于放手让年轻人去探索。也正是这一点，让北京植物园在 21 世纪初人才辈出，每个人都能独当一面，有的甚至成为国内外同业的翘楚。我很惭愧，一点也不出色，甚至有些辜负了张园长的期望，但对我个人来讲，我是最受益的一个，所以感恩至今。

正是温室建设的需要，我有机会去美国长木花园、纽约植物园、Forest Farm 苗圃、Scott 树木园、邱园等单位学习和工作，尽管过程很煎熬，但那是一生中最重要的一段学习时光，也正是那个时候我结识了很多至今还时常在一起工作的国际同行。

每次出国之前，张园长总是语重心长地跟我说："我年轻的时候要是有你这样的机会就好了，替我和老同志们去国外好好学，与国际名园建立联系，将来北京植物园靠你们一定会有更好的发展。"我开玩笑地说：您送这么多人出去学习，就不怕都留在国外不回来了吗？张园长说："你们如果有好机会，留在国外也很好，但是，如果担心送出去不回来而不送出去，那不损失更大，我送出去的越多，回来的人就会越多，十个能回来一个都是赚的。"我真的被这位老布尔什维克的宽容、信任与真诚而感动。

张园长对我的生活也关怀备至，有一件事让我时至今日仍然感恩不尽。我在 2001 至 2003 年间由于工作原因，经常长时间出差，错过了购买经济适用房的最佳机会。那个时候恰逢成家立业刚需买房，在 2004 年末看上了一处还不错的商品房，但是囊中严重羞涩，父母亲朋好友都伸出援助之手，但是离首付还有几万块钱的差距。这个时候的拮据被张园长观察到了，他二话没说，带着我就去了最近的世纪城中国银行，从他自己的卡上取了钱让我去交满了首付，还告诉我："不着急还钱，等缓过劲儿来再说。"我当时眼泪都快下来了。现在想起来都后怕，如果当时没有张园长和很多人的解囊相助，再晚一年的话，买房就会成为我一生的梦魇，因为这是北京房价上涨前的最后一批平价商品房。

张园长在他的岗位上阅人无数，无论是达官贵人还是平民百姓，他都能在极短的时间里与所有人进行良好的沟通。这源于他性格中的隐忍、包容和以诚相待。这是我需要用毕生的时间去学习与磨练但仍然无法达到的境界。

因为工作的原因，我和张园长一起出差的机会比较多，每当抵达车站或者机场的时候，他就像一只出了笼子的鸟一样，快乐无比，兴奋不已。那个时候，他会放纵自己吃一点甜食，会高兴地唱两句京戏，会给亲友买很多纪念品，给孙辈买玩具，还会浪漫地给夫人买礼物，简直就是一位地道的北京大爷，真实可爱。

与张园长相识、相知、共事的这20多年里，我看着他从不惑之年步入老年，他看着我从年轻的小伙子步入不惑之年。北京植物园发生了翻天覆地的变化，周围的人也像走马灯一样，来来往往，有来有去，但是不能否认的是，他对我的一生有着重大的影响，虽不能如生身父母之重，但作为人生导师绰绰有余。

我是一个微不足道的小人物，就是一个靠读书改变命运的人。从一个小县城考到省城，从省城考到京城，有幸在北京植物园工作，在这个平台上，我有机会从京城走出国门去看看外面的世界，有一份可靠的工作和收入，有一片自己喜欢的小天地，有一个幸福的家庭，我为我目前的幸福感恩周围的一切，并十分珍惜，不敢造次。

我总能在人生重要的关口和转折点遇到贵人指点迷津，而且节奏和力度都恰到好处。佐双老园长是其中最为重要的一位，让我在年轻的时候戒骄戒躁，踏踏实实；让我在面对选择时平心静气，着眼未来；让我在名利与诱惑前明辨是非，寻找真谛。

人生至此，还有何求？

谨以此文，祝愿老园长健康长寿！

王康，博士，教授级高级工程师，现任北京植物园科普中心主任。

张佐双园长对我的帮助

成雅京

我 1998 年大学毕业参加工作，来植物园报到的时候是张佐双园长接收的。张园长对年轻的职工寄予了厚望，更为年轻人的进步发展创造一切条件。

1998 年 10 月，我开始参与到北京植物园多浆植物的引种栽培工作中。为了培养我，张佐双园长联系到南非国家生物多样性研究所（SANBI）的首席执行官布莱恩·享特利，提出要派我到南非科斯坦布什国家植物园进行多浆植物的学习。在中国驻南非大使和南非国家植物园的帮助下，2004 年 8 月 31 日—12 月 22 日，我如愿到南非的科斯坦布什国家植物园学习多浆植物的养护技术。在学习期间我参加了南非植物园组织的 5 次野外考察，了解了南非多浆植物野生状态的生长情况和原产地的气候特点。

2004 年这次学习归来时，我从科斯坦布什国家植物园引种了 270 种多浆植物，生石花种子 181 种，其他多浆植物的种子 60 种，其中有千岁兰的种子。还有登记在 CITES 上的濒危植物 10 种，包括番杏科、景天科、马齿苋科、百合科。从南非卡鲁国家沙漠植物园引种的多浆植物有 86 种，包括百合科、番杏科、鸢尾科、胡椒科，共计 597 种。

这些植物全部原产南非，其中很多植物是第一次出现在北京，同时也是第一次引种进入中国，这批植物不仅丰富了植物园的多浆植物品种，更是北京植物园同南非科斯坦布什国家植物园以及卡鲁国家沙漠植物园相互进一步交流的开始。

2011年7月9日—9月15日，我第二次到南非，在科斯坦布什国家植物园多肉植物专家恩斯特的带领下，特意开车往返6000公里从开普敦到纳米比亚看千岁兰，进行了千岁兰原产地气候及植物种类的考察和学习，这次同时也到卡鲁国家沙漠植物园学习多浆植物的栽培管理。从南非归国的时候，引种多浆植物植株929种，种子97种，南非石楠（Erica）12种，共计1036种。

张园长经常向专家和领导介绍："我们雅京啊，去南非学习为植物园引回了1000多种植物，她学习刻苦得到了外国专家的表扬。"其实是张佐双园长为我创造了条件，铺好了路，是张园长为植物园培养人才的初衷给了我学习和引种的机会。作为领导和长辈有眼光、有气度。

每次见到张佐双园长，他都会意味深长地说："雅京啊，植物园一定要做好多肉植物的引种、研究工作，咱们的目标是多浆植物达到5000种，做世界上最好的多浆植物收集，这些资源都是宝贝，你一定要管理好、做好研究。"

在张佐双园长的关心下2003年在北京植物园成立了北京市公园绿地协会下属的仙人掌多浆植物专业委员会，张佐双园长任专委会第一届主任。仙人掌多浆植物专业委员会汇集了北京市的多肉爱好者，从2003年至今举办了五届国际仙人掌展，每次展览张园长都会发动自己的能力为我们请到焦若愚、毛新宇、张树林等领导。张佐双园长成为仙人掌的宣传推广大使，在张园长的关怀下仙人掌专业委员会还出版了自己的会刊《多肉植物》，为仙人掌多肉植物在国内的推广增加了文化和学术基础。在张园长的积极推动和大力帮助下，北京市公园绿地协会仙人掌及多浆植物专业委员会在国内仙人掌界成为最正规、最专业的组织，"国际仙人掌及多浆植物展"成为国内最具影响力、最权威的展览，每次展览国内各大植物园、仙人掌协会、国外协会都会踊跃参会。

张佐双园长给每一个年轻的职工提升学历的机会，我从 2002 年起就利用业余时间到北京林业大学旁听本科生和研究生的专业课程，2008 年我到中国农业大学作为李树华老师的学生，进行了硕士研究生课程的学习。张佐双园长一直关注着我的学业，每次见到我都问："雅京啊，学习得怎么样啦？李树华老师是著名的专家，你要好好学习呀！"每次他都给予我积极正面的引导，让我在工作和学习中充满了信心和希望。

　　非常感谢张佐双园长的培养。植物园的发展，仙人掌的发展，还有我个人的进步都是在张园长的关怀和帮助下取得的，张园长时刻关心着我的成长，我也会继续努力工作，为植物园的发展做贡献。

　　成雅京，国家植物园北园温室中心副主任，高级工程师。

把心掏给植物园

——为老园长张佐双整理口述史后记

李明新

　　能为我的老领导张佐双整理口述史的文字，是我的荣幸。

　　有的人来到这世上，是带着使命的。北京植物园的老园长张佐双就是这样的人。

　　1962 年，16 岁的他抱着能加入共青团的单纯想法来到植物园。在一片荒芜的河滩上，老园长并不知道自己以后会成为植物园园长，他也不知道北京植物园能在自己手里渐变为北京市走向国际化大都市的标志之一，更不知道植物园能出一批在国际上有影响力的植物专家。老园长不知道在他的努力推动下，全国植物园能够从 2004 年起团结一致，每年都能联合举办影响巨大的全国植物园学术年会，没想到自己能够将中国植物园界与世界相连接，走出去、请进来，而这一切，都源于一张蓝图，一个梦想。

　　在他参加的新职工入园动员大会上，当时北京植物园的李孝礼书记和林庆义主任，面对一群生龙活虎的年轻面庞，为大家讲了1954 年 10 位年轻人给毛主席写信，信里提议在北京西山建设国家植物园，同时还为他们展示了植物园的规划蓝图：未来会有一座大温室从脚下这片荒滩上拔地而起，当北京的冬天室外冰天雪地时，人们可以欣赏到室内百花齐放；未来的植物园还会有各种先进的仪器设备。林主任说，你们在这里工作会很有前途的。

于是一颗梦想的种子就此种下。10 年技术工人、10 年技术员、10 年副园长，16 年园长……2022 年，他已经伴随这座植物园走过了 60 年的历程，老园长已从一个朝气蓬勃的小青年，走到年逾古稀的今天，但是那颗逐梦的心始终没变，令他欣慰的是，最初的梦想今天已经实现。

把心掏给植物园

"我认为张佐双园长一生最重要的是他对共产党、对新中国的一种热爱。他在植物园领导岗位上的那些年，特别是任园长的 16 年里，植物园发生了翻天覆地的变化。退休以后，老园长依然释放着情怀，他对园林事业的忠诚，对植物园事业的挚爱，倾尽心血的执着始终没有变。他几十年无怨无悔的付出，只为了首都北京能有一座国家植物园。""老园长不仅有激情，不仅干练，最重要的是敬业乐业。"北京市公园管理中心原党委书记、曾在植物园任副园长的郑西平如是说。

我曾认真地问过佐双园长，在拼命干活还被委屈的年代，您怀疑过客观环境吗？他说从来没有，都是我自己努力不够。这是他们这一代人的共有的意识。20 世纪五六十年代"植物园里的年轻人"，用我们今天无法理解的激情和无法承受的体力付出，一镐一镐地刨，一锹一锹地铲，在荒河滩上种下了一棵棵树苗，为植物园的蓝图铺上了一层底色。营养匮乏，繁重的体力劳动，几乎所有的老职工身体都受到了不同程度的损伤，当他们提起那个奋斗的岁月，燃烧的激情仍在迸发噼啪作响的火花。"他们什么苦都吃过，什么累都受过，但是植物园建好了，收入提高了，他们都老了，退休了，什么福都没享着。"老园长说到当年的那群小伙伴儿，难抑激动之情。这，也是他后来主持植物园工作后，对与他一起奋斗过的老职工格外关心的原因。

西山的地，是大山的"脚"，薄薄的土层下，是坚硬的石头。

那年建苗圃，大高个儿的小伙子孙田台用镐刨石头，迸起的石头渣儿扎在他小腿的迎面骨上，留下了一片星星点点的小坑儿，现在已经 70 多岁的他，腿上还留着那片小黑点。

1972 年初冬，为了解决植物园植物缺水问题，专业打井队因为危险而拒绝干的加深水井的活，植物园的职工决定自己干。谁都知道这活有危险，所以刚刚结婚不久的高良每次下井前，都把手表摘下来交给地面上干活的人并嘱咐，要是我出事了，帮着把表交给我媳妇。

高良，是佐双园长的同龄人，他说：佐双后来当领导，我心服口服。从年轻干活时，他挑最累的干，从不惜力。人家挑粪稀，一溜小跑着；三九天挖河泥，他穿着单褂抡大镐。他爱学习，爱看书，他给果树剪枝，就知道为什么这么剪，知道明年这棵树，这个枝条会是长成什么样儿。

许忠义师傅是佐双园长的司机，他满含感情地说了一句话："跟着佐双干挺累的，一年到头从早上 7 点多，到晚上八九点，但心里痛快。别人看见的都是结果，我看见的是佐双拼命地在干，我是最好的见证者。"多少次接送专家、学者，佐双都是老早在人家楼下等候，亲自恭迎，然后亲自送上车。北京植物园接待任务比较多，佐双抓住每一次机会去争取植物园建设需要的资金。"他为的是什么？还不是为了跟人家搞好关系，让人家支持咱植物园！"

1948 年，他 2 岁，做医生的父亲追随杨扶青去了台湾。没多久杨扶青接到大陆的召唤，转道香港回到了大陆，做了新中国的高级干部。而从老园长懂事起，父亲在台湾这件事，是他一直挥之不去的噩梦。他放弃了上高中，想着做个工人，努力工作，单纯地认为这样也许就能入团了。他抱着这个纯真的想法，初中毕业来到了北京植物园。

做技术工人的时候，老园长拼命干活，以此来证明自己对共产党的热爱，心想也许能够摆脱父亲在台湾这件事对他入团的影响。

直到 25 岁生日的头一天晚上，团支部书记告诉他，明天你的年龄就到期了，不可能加入共青团。对于从小受革命老人杨扶青的教育，又有姐姐、姐夫的鼓励，哥哥的榜样，老园长一直觉得入团是得到组织认可的标准。这种打击是巨大的。但是，24 岁的老园长只是倔强地问了一句：入党有年龄限制吗？书记说没有。好，我明天早上交一份入党申请。

党的考验是漫长的，每年"七一"前夕，张佐双都向党组织递交一份申请书，12 年就这么过去了。这期间，他做了 10 年技术员，在老主任俞德浚的推荐下，他荣幸地上了"721 大学"，因为老园长不计得失、不断努力的表现，职工看在了眼里，领导记在了心里。

10 年技术员，老园长和同事们从全国各地引种、收集植物种类。每次出差，他都自费买上两条三块八一条的大前门香烟，在与外地同行，特别是在一线工作的老师傅交往时，他都恭恭敬敬地递上烟，虚心地向人家学习。苹果、牡丹、竹子、玉兰、雪松、龙柏、水杉、马褂木，这些已经在北京植物园土地上成为骨干的植物，哪一种哪年从哪里引种来的，他如数家珍，都像他亲手带大的孩子。这种感觉是外人所不理解的，是属于植物园人自己的快乐。

1983 年中央下发文件，台属终于可以入党了。很快，老园长的组织问题得以解决，他不再是"从思想上、行动上入党"，而是从组织上加入了中国共产党。党的政策让他的命运发生了转折，几乎在入党的同时，因为符合"四化要求"，老园长进入了领导班子，担任了植物园的副园长。这个时候，他已经在植物园勤勤恳恳干了 21 年。21 年里他积累了植物园几乎所有一线工作的经验，学习储备了干好植物园的必要知识，也积累了人们对他的敬佩，以及领导们的认可。

副园长不主政，主要是打配合，张佐双副园长在工作上从不推诿，没有私念，领导分给的工作，他都发挥着主观能动性，出色地完成。那个时候的北京植物园，公交汽车可以长驱直入，开到卧佛寺坡下，"我做梦都在想植物园如何实现它的蓝图，让它能够像其他公园一样，有栏杆、有围墙、有大门儿，能够卖票，能够供游客参观、游览"。如果梦想也有"低配版"，这就是张佐双副园长当时踮着脚才能够得着的"天花板"。

1987年底，市里给了一笔500万元的费用，北京市园林局局长亲自给正在党校学习的张佐双请假，给了他艰巨的任务，老园长圆满地完成了收回南河滩到香泉环岛西侧500亩土地的任务。接着北京植物园被列为北京市重点建设项目，市里分五年又给了6000万，植物园用这6000万先做了20世纪50年代建园初期要做的事，搬迁了园内的4个自然村，100多户农民和居民，1000多间房子。与地方打交道收回土地，与村民打交道，搬迁他们的住房，这是两件都非常难办的事情，但这对于植物园来说至关重要。张佐双作为副园长，全程领导了这两项工作。为劝农民离开祖居，他和工作组入户做工作，被人家推出家门，再敲门进去，晓之以理，动之以情，反复做工作。现在反观，搬迁工作对于植物园后来的发展，是个重要的"里程碑"，植物园现有的两个主要大门、月季园、管理处办公用房，均在这块土地上；植物园门脸儿区、核心区被搬迁干净了，展览温室、黄叶村得以完整呈现，边缘区直接与公路接壤，得以无障碍地对社会开放，植物园实现了完整化，便于管理。

1993年，张佐双被任命为植物园园长，接下来的16年是他人生的"高光时刻"。成为行政一把手后，他做的第一件事是移植大银杏。1994年秋天，京通高速路扩建，路两侧栽植的银杏树等待移苗，首都绿化委员会的领导，分给了植物园一批银杏苗。近40年生的大银杏对植物园来说，是难得的造景树种。那批引过来的银杏至今已经有60多岁了，黄叶村曹雪芹纪念馆外那片银杏就是那个时候种下的，每到仲秋，金灿灿的绚丽肆意洒脱。但是老园长怕谈起这件事，因为在那批银杏起树装车的时候，园里一位优秀的班长张万春因公牺牲了。

体制内有很多约束，要做成一件事并不容易，但是老园长用他的智慧，让植物园发生了翻天覆地的变化。他不放过每一次宣传植物园和争取资金的机会，为植物园筹到一笔笔建设资金，用它们建设了盆景园，扩建了芍药园、提升改造了海棠椒子园，完成了科普馆的布展，整修了樱桃沟，新建了梅园，实现了卧佛寺大修、治理了水系，植物园内现有大大小小 9 个水面涵养着植物，点缀着植物园。最亮目的是建起了亚洲最大的展览温室，实现了 30 多年前的梦想。科学的内涵、艺术的外貌，文化的展示，北京植物园被评为市民最喜欢的公园，获得最佳植物园"封怀奖"荣誉，成为首都北京皇冠上的一颗璀璨明珠。

这一切，都与老园长的努力分不开，与他的作为分不开，与他那颗热爱植物园的心分不开。他把他的心，掏给了植物园。

用世界的眼光和胸怀建设植物园

中国的现代科学知识体系，不是从中国传统文化中衍生出来的，而是西方科学在中国传播的结果。中国植物园学的探索，也是在 20 世纪初随着现代科学技术的东渐开始的。植物园的终极使命是什么？从上个世纪初，怀着建设新中国的豪情从国外归来的植物学家们，对中国植物园的方向、功能和使命进行了理论与实践的反复探讨。直到 1978 年，在改革开放国策的指引下，中国植物园才进入了迅速成长的阶段。开放的眼界和胸怀，是做好中国植物园的前提。

作为北京植物园的园长，张佐双多次出席国际植物园会议，到访过世界上所有著名的植物园，英国皇家植物园邱园和皇家爱丁堡植物园自不必说，意大利的帕多瓦植物园；法国的国家植物园、美国的密苏里植物园和纽约植物园、长木植物园等；加拿大的蒙特利尔植物园；澳大利亚的悉尼皇家植物园和墨尔本皇家植物园，堪培拉的国家植物园；日本的东京的小石川植物园、巴西的里约热内卢植物园……在德国洪堡大学的植物园给他的震撼是巨大的，一个大学植物园，竟然收集了保存了 26000 多种带着丰富信息标签的活植物，那是他们一代代人努力的结果。在新西兰奥克兰植物园，看到一座被开满鲜花的藤本月季覆盖的卫生间，边上两位老人安静地坐在那里写生，他惊异于花卉带给人间事物的美好。

考察和参观这些世界著名的植物园，与他们建立了友好的合作关系，开阔了老园长的视野，促进了植物园间植物引种和交换、开展了科学技术的交流，以及专业科技人员的互访。位于首都的植物园，自然担当起一个必然的使命——对标世界先进植物园，把北京植物园做好，做成世界一流的。从他职掌植物园那一刻起，张佐双一直在向这个标准努力。老园长退休后，还担任着中国植物学会植物园分会领导，并继续担负起让国内植物园对标世界先进植物园的使命。

建好一座植物园要做的工作千头万绪，老园长提纲挈领归纳为两条，一个是"建人"，一个是"建物"。植物园除了要有丰富的植物，还要有人才，让一座植物园良性运转起来的各类人才。因此他出国考察学习的目的很明确：引进新植物，建立联系，派人出国学习。

生物多样性是植物园的灵魂，活植物收集是植物园的特色和根本。1998 年老园长去日本，当他看到树形像扫帚的"帚型桃"时，他知道植物园没有这个品种，在爱国旅日华侨刘介宙先生的帮助下，成功得到了这种桃的小苗。大家在植物园里看到桃树上开的一朵朵灿烂的小"菊花"，也是那次引种回来的，就叫"菊花桃"。也是这次，他还一下子从日本引种了 40 个有香味的真梅系抗寒梅花品种，回国时他腾空了行李箱，把这些宝贝小心翼翼放在行李箱里带了回来。国际梅花品种登录权威陈俊愉院士拍着张佐双的肩膀赞叹说，植物园重要的工作之一就是引种驯化，你看我辛辛苦苦做了一辈子，才培育出 12 个抗寒梅花。你去了一趟日本，一下子就带回来 40 个品种！

后来北京植物园派到国内外学习的同志，都有这样一个自觉行动，那就是利用一切机会为植物园引进新品种。国际海棠登录专家郭翎同志引进了温室三大旗舰植物之一的巨魔芋和大量的海棠品种；成雅京同志从南非植物园引进了 1000 多种多肉植物；胡东燕引进的桃花等等，举不胜举。在张佐双的模范带动下，植物园的月季、碧桃、海棠等专类园的品种收集，与世界上先进植物园堪可比肩。

北京植物园的引种驯化工作既有经验丰富的老师傅，也有大学毕业的青年才俊。上世纪八九十年代，大学毕业生很少，分配到北京市园林局的一年也没有几个。丘荣、黄亦工，是新一代大学生里较早分配到植物园的。"文革"前的老大学生，只有崔继如、袁再富等人，他们与张佐双一样，是从艰苦的建园初期走过来的。老园长在北京市园林系统的领导里边，是最早意识到人才作用的，最早在公园系统积极为植物园争取大学生分配名额。从 20 世纪 80 年代中期，北京植物园每年都有大学生引进，开始一二名，后来人数越来越多，植物园的专业技术队伍逐渐壮大了起来。

黄亦工 1987 年大学毕业分配到北京植物园，经过一段时间锻炼后，他在引种驯化室做副主任。那个时候植物园的引种驯化工作，不仅是为植物园增加了优良植物品种，还为社会推荐新优品种，为亚运会备苗。园内苗圃面积有限，他们先在附近租用 25 亩土地育苗，之后又在后沙涧租用 1000 亩土地用于育苗。令他们骄傲的是，随着北京植物园引种驯化室变为"种苗中心"，北京的街头公园那些靓丽的城市风景，为人们遮荫纳凉的伟岸的行道树和绚丽的花丛，很多是他们研究推广的结果。这个时候植物园的引种驯化工作已经走出了植物园的大门，把自己的科学内涵和艺术外貌，呈现在更广阔的社会。

在人才队伍建设上，老园长千方百计搭梯子，建舞台，把园里年轻的专业骨干送到国际的大舞台上去学习锻炼。因为工作原因，他结识了很多世界著名的植物专家，他有计划地派植物园有潜力的同志去跟国内外世界一流的著名学者读研、读博，为植物园培养了一批不同专类植物的世界领先水平的专家，包括国际月季协会的副主席、中国植物学会植物园分会会长、曾任北京植物园园长的赵世伟，桃花专家胡东燕，国际海棠学会主席、国际海棠登录专家郭翎，丁香专家陈进勇，植物科普专家王康，等等。植物园京华设计所原所长刘红滨说，老园长善于铺路架桥，之后让各种合适的人选各得其所，发展起来。他为植物园搭建了一个国际的大平台，推动植物园的各类专业和业务发展，给每一个专业人员放手发展的机会。

老园长在职掌植物园当天就和当时的党委书记达成了共识：为植物园今后的发展培养人才。经过领导班子讨论决定，凡是到植物园工作的年轻人，只要工作表现好，所在的部门同意，都有一次提高学历的机会。取得学历后，单位给予报销学费。这样的政策是有知识、有抱负的年轻知识分子们愿意在植物园扎根和努力工作的原动力。但是张佐双的心胸并没有被北京植物园的大门拦住，他会把自己培养锻炼出的年轻人，推上更高、更大的舞台，让他们为首都的园林事业乃至世界的园林事业去做贡献。植物园前副园长李炜民曾任中国园林博物馆的馆长、公园管理中心总工；前副园长黄亦工后来任园林博物馆的副馆长，前副园长程炜后来任紫竹院公园的园长，前副园长李文海现任公园管理中心文物保护处处长，副园长王树标任颐和园副园长。已经成为世界著名桃花专家的胡东燕在加拿大发展，接替张佐双继任北京植物园园长的赵世伟博士，早已经在国际植物园协会、国际月季协会担任领导职务多年。

在派送年轻人出国学习深造上，老园长顶着巨大的压力。派出去学习，不回国了怎么办？回国后跳槽了怎么办？他说送出去的年轻人只要三分之一肯留在北京植物园，就值了！正是老园长这样的胸襟，让年轻学子们不仅在国外勤奋好学，也让他们毫不动摇地回到了北京植物园，成为植物园建设的骨干。

陈进勇在老园长的帮助下，有幸进入世界植物园界年轻人向往邱园学习，英国皇家植物园邱园有四年制的园艺学校，学习期间可以带夫人和孩子。他是因公护照出去的，夫人在那里找到工作，孩子在那里上了幼儿园。从这个园艺学校毕业的人，在世界上任何一个植物园，都不难找到好的工作。老园长在出国访问时，顺道看望了正在邱园学习的陈进勇。陈进勇说，园长您放心，我拿到毕业证，第二天就回国。果然，在学校举行毕业典礼的第二天，陈进勇举家回到祖国。当时他的儿子3岁多，孩子在语言学习能力最强的年龄，生活在英语的环境，英语已经比较流畅。他们知道让儿子要重新学习和适应语言环境，这很容易对一个3岁的孩子产生心理障碍，但是他们没有犹豫，毅然选择了回到祖国，回到北京植物园。

中国植物园界的团结合作，得力于张佐双园长的推动；中国植物界与国际植物界的交流，老园长牵线搭桥，例子不胜枚举。他用世界的眼光和胸怀建设北京植物园的同时，也让北京植物园乃至中国植物园走向了世界。

人才是培养锻炼出来的

"佐双园长是我的第一位伯乐，他让我的人生走到正确的轨道上。"曾任北京市公园管理中心党委书记的郑西平回忆起一件小事，刚刚从英国留学回来，他第一次跟佐双园长去谈一个业务，园长故意把自己的工作包落在桌上，他看我拿不拿。后来他说我就是有意识的，你要不拿这说明你工作太糙了！他就是从这些细节小事上带这帮年轻人，让他们上道，胆大心细地放开手工作。我从老园长身上学到了很多经验和好的做法。

说到底，园林无非是"同样绚丽多彩，但更集中展现其带有人类烙印的大自然"，而中国园林说到底就是中国的特色文化。黄亦工做了副园长后，分工负责植物园的管理、历史文化、安全等项工作。对于园林专业出身的他是个大"跳轴"，更是一个再学习再提高的考验。有过 8 年管理曹雪芹纪念馆和卧佛寺的经验后，他被调到中国园林博物馆，担任负责展览的业务副馆长。他不仅完成了这个国字号主题馆的基础布展工作，第一年就做了将近 60 个临时展览，3 年内做了 200 个主题展览。

眼界开了，黄亦工对老园长的理解也深刻了：作为一个北京植物园的园长，老园长的眼界和格局不是仅仅站在北京，他想的是要实现国家植物园这个梦想，从国家层面发展植物园的事业；他不仅仅是想把北京植物园做强，而是要做得更完整，做得标准更高。他不仅把年轻的大学生招进来，还把他们送出国学习、锻炼、提高，我觉得没有一点眼界和心胸的领导很难做到。从北京植物园的发展，他对人才的引进，培养、锻炼、使用、提拔，有着一系列的规划，培养了一批人。老园长把植物园的事业当作自己的事业，一心就扑事业上。他这种精神，给我们树立一个很正的形象，他对我的人生影响最大的是眼界！文化工作的管理经历，让我的视野更宽了，能力也更强了。

程炜副园长原则性很强，从 1991 年一直到 2013 年 3 月他调离，一直负责植物园的规划和绿化工作。他在植物园的 22 年，正是植物园高速发展、变化最大的阶段，园子里几乎所有的大项目，程炜都参与其中。"佐双园长一直反复强调植物园要有'科学的内涵，艺术的外貌，要让植物的科普科融在休闲娱乐之中'。我是做规划设计的，他反复强调的这个概念，可以说是影响我一辈子的工作思路。"

老园长在很多问题上给副手以绝对支持，程炜负责海棠栒子园的二期工程。当时郭翎博士从美国引种了一批海棠，苗特别小。工程做完后，怕管理不到位，海棠的小苗受损失，程炜采用封园管理的办法。海棠园封闭了两年没开门，苗子保住了，里里外外的意见

逐梦——植物园六十年

比较大。佐双园长曾经就这事跟程炜商量，他建议程炜在坚持原则的基础上，能不能把西环路开通。程炜回忆说，我当时不理解，也很难理解他当时的压力，后来在我主管紫竹院的时候，我才理解他当时支持我的难度。他顶着园内外、社会上很大的压力，真是不容易。

李文海是 1990 年北京建工学院毕业来到植物园，跟佐双园长一起工作了 21 年。"他特有激情，一讲到植物园他就滔滔不绝，他是真心喜欢植物园。""不管什么身份的人，你只要对植物园的建设有高见，他就特别用心地去听去学。只要有渠道能去争取植物园建设发展资金和条件的，他就不遗余力地去做工作。"

李文海副园长分工负责基本建设和后勤工作，考虑工作全面，善于沟通。他说我干的是植物园的"副业"，园长把我放到这个位置上，我把我这副业干好，只要他们专业提出来需求，我就会冲上去为他们服务。

李文海还说，我们这几个副园长都有独立处理自己权限内工作的权力，只要方向是与植物园的建设发展一致的。如果遇到困难，佐双园长会出面帮你扫平障碍，给你解决问题。你要是工作上有纰漏，他马上给你兜着。从未遇见过一次他打退堂鼓的时候。他的担当，是对我们无声的激励。

曾任北京植物园副园长的李炜民，在大温室设备的谈判会议中，接到电话，得知老父亲在国外考察遇车祸去世的消息，他不动声色地继续把会开完。第二天一早他向张佐双请假去处理父亲的后事，同时递给园长一个纸条，上面写着他手头上正在进行着的工作。张佐双掉泪了，他带的队伍，能战斗，重情感，个个都是好样的。

智慧的工作方法

程炜以逻辑性很强的思维方式，总结了张佐双在工作上的 3 个特点：

第一个特点是用大局的意识布局规划植物园工作。他的目标性很明确，确定目标后，善于通盘考虑问题，用超前的意识，有步骤地进行。

他用科学的思维把事谋在前头。当确立要做水系这个工程的时候，老园长很明确地提出，水系工程要从植物园的基本功能来思考，水对于植物园的引种、加强种质资源移地保护是一个基础条件。很多植物用井水直接浇，就相当于跑热的一个人用冷水一激就会受病。如果先通过湖水的晾晒，把水温提上来，让植物适应这个环境，减少它们的水土不服，就会成活率高且长得好。他从植物学的角度，用一个很朴素的道理，解析了水系工程在植物园的必要性。

然后老园长告诉我们怎么按步骤干这个活。他让我们从生态学的角度来考虑植物栽植，在景观上要跟植物园融和，处理好与周边及全园的关系，"他给我提的要求是如何解读水系治理的合理性"，这是很前瞻的。有些事做不成，就是后续的事情没跟上，而老园长做事风格就像是在下棋，通盘考虑问题。在走第一步的时候，已经把后三步的事情同时进行了。

植物园水系湖区选在两个自然汇洪区里，湖面的面积是用北京市的平均蒸发量和我们计算的山区汇水量达到平衡，也就是说，在正常年份的汇水量，基本上要小于自然蒸发量，这样才能保证我们抽地下水晒水这项工作的合理性。接着他就马上提出要与水务局做水利设计，首先要满足水利部门的要求，同时我们搞园林设计的人，要把水利的断面用园林的方式去处理。这个逻辑体现了他过人的智慧。不下雨时，由溪流走水，大水的时候有大的断面排洪，这样就把水利工程和园林工程很好地结合起来，形成了园林化的水利工程的设计。植物园的水系改造可以说是科学的内涵，艺术的外貌，人文的呈现三个因素完美组合的成功范例。

第二个特点就是培养人才。老园长研究人，植物园需要哪方面的人才，他就在哪个方向上培养人。不仅把人放到合适的岗位上去锻炼，他还给予引导、放权和实际支撑。他经常会举着一个杯子让我们学会换位思考。他说从我这个角度看，这个杯子是有把儿的；从你那里看是没把儿的，我们都没有错。但是你若能360度地看这个杯子，你我都错了。所以，不要随便否定别人，一旦否定了对方，本来能形成合力的方式也变成矛盾了。所以这个就是教给我们思考问题的维度。

佐双园长还教给我一个工作方法——"切割"。思考问题的时候，要有普遍联系，解决问题的时候要切割，先把旁枝侧叶去掉，抓主要问题。这个思维方法，在我做紫竹院园长时，当我自己也做了一把手的时候，理解得更深了。

第三个特点是借力自强。客观地说，他主持工作时，植物园大项目的建设，很多都是他积极主动争取来的建设资金。当他听说上海提出的与国际接轨的4个标志之一是要有一座现代化大温室的时候，他借力宣传，借力建设，于是北京植物园不仅仅是一座植物园，更是首部北京成为国际化大都市的标志之一。借力会产生共赢的局面，也正是借力了，他才能够在做事的时候看人家主流，永远在人家弱的时候扶上一把，实际上这既是他的人品，也是一种充满智慧的工作方式。

北京植物园当初与中科院分离的时候，专业技术人员很少。人家植物园界不把我们当成真正意义上的植物园，说我们就是个植物造景的公园。但是佐双园长不认可，他派出大量的人去学习植物园学。当胡东燕、赵世伟、郭翎、陈进勇、王康这一批人成长起来的时候，北京植物园才有了真正的底气。他反复强调的植物园要讲求"科学的内涵，艺术的外貌，人文的呈现"，体现的就是自强的精神。

老园长还有一个在北京市园林系统公认的美誉，就是他善于处理党政关系，跟他搭班子的党委书记都很愉悦。他作为行政主官，从不擅自专权，所有大事，都跟书记商量，上班子会讨论。跟他搭过班子的彭尚友、王宪寅、张元成，都是部队转业的领导干部，张佐双尊重他们，每天早晨上班的第一件事，就是到书记的办公室商量一天的工作。书记们也尊重他，早上也会主动到他办公室商量工作，经常有党政领导在走向对方办公室的时候在楼道里碰面，然后大家笑着到离得近的办公室。每次张佐双出差前，都会跟书记打招呼，让书记代劳他不在时的行政工作。每个周五下午，他都会主动跟书记商量周一上午办公会的内容。植物园的接待任务多，每次他都是把书记推到前边介绍，说这是我们的"班长"。

对园子里的职工，张佐双有情有义。在班子会上他明确立了一个规矩，他说咱们做人做事要有人情味，职工直系亲属或者家里有大事，科队长必须要到位；如果是副科长、副队长或者是骨干，要是家里有点什么事儿，主管园长必须到位；科队长有什么事，我和书记不管多忙，都要到家里去慰问去关心，帮他解决困难。对在园子里干活的民工，张佐双在干部会上说，人家是来帮咱们建设植物园的，不是光来挣你钱的。植物园的干部职工，决不允许欺负人家，要尊重人家。李文海说，佐双园长对我做人的影响很大，特别是对人的尊重。

多年来，做好事、做善事已成为老园长自然而然的行动。1998 年我国长江地区发生特大洪涝灾害，他将自己获得的国务院政府特殊津贴的一次性补贴全部捐献赈灾；2008 年四川汶川发生大地震，他又将自己全国绿化劳动模范的奖金全部捐献给了灾区。这样的事，不胜枚举。

追求卓越　百折不挠

做事情要千方百计，百折不挠，老园长从陈俊愉先生那里学来的话成了他工作上的动力，并且化为一批成长起来的年轻干部的行动，这也许就是北京植物园有精神传承吧！

陈进勇 1996 年跟随董保华先生到太白山采集植物,从底下 1000 多米爬到 3600 多米的主峰拔仙台,需要这样连续爬几天山。董先生也身体力行地跟着他们爬到一定高度。他说冬天我去俄罗斯采丁香的枝条,穿着只到脚踝的棉鞋直接踏进没过膝盖的雪地里,一直坚持到完成采条工作。就是老园长的百折不挠的精神鼓舞了我。老一代植物园人身上,都有这种精神。咱们的大温室,咱们的专类园、咱们的水系工程也是在这种精神下建起来的。

一座植物园不是靠一代人就能建好的,而是需要几代人不懈的努力,因而植物园要有一种精神传承。作为北京植物园的开创者、老一代植物园人的代表,佐双园长身上有一种气质,工作上追求卓越,百折不挠;格局上有担当,胸襟宏阔;做人上谦和低调,能帮人处且帮人。他对植物园事业掏心掏肺无条件地热爱着,即便是在退休后,他依然用自己积累的经验和人脉,继续为植物园事业做奉献。老园长在担任着中国植物学会植物园分会理事长、中国花卉协会月季分会理事长、中国建筑节能协会屋顶绿化专业委员会主任等社会职务时,"他依然释放着他的情怀,他对园林事业的忠诚,和对植物园事业倾尽心血的执着"。"佐双园长在北京植物园 60 年建设中,让我们看到了一个人对一座园林的影响,让我们见证了不屈从于命运的抗争,自强不息,追求卓越"。郑西平如是说。

2021 年底国务院的官网登出了国务院关于在北京建设国家植物园的重大决定,2022 年 4 月 18 日,"国家植物园"的揭牌仪式隆重举行。老园长和他那一代人追逐了一生的梦想得偿所愿。

为了这个梦想,他奋斗了 60 年。如今他当年的副手们也一个个到了退休的年龄。老园长的期冀是植物园的事业薪火相传,他相信,新的一代植物园人,也会把心掏给植物园!

2022 年 4 月 15 日

李明新,曹雪芹纪念馆原馆长。

附表一　张佐双获得的证书

获奖内容及时间		授予单位
1984 年北京市科学技术成果三等奖	元宝枫细蛾发生规律及其防治的研究	北京市人民政府
1987 年北京市科学技术进步奖三等奖	塑封生物标本新技术的研究	北京市人民政府
1994 年北京市科学技术进步奖二等奖	北京樱桃沟自然保护试验工程	北京市人民政府
1995 年北京市科学技术进步奖三等奖	桃花引种及花期控制	北京市人民政府
1995 年北京市科学技术进步奖三等奖	北京地区国槐叶螨预报与综合治理	北京市人民政府
1996 年北京市先进科普工作者	证书	北京市人民政府
1997 年促进北京市市政管理系统科技进步工作二等奖	北京地区彩叶园林植物的引种与繁殖的研究	北京市政管理委员会
1997 年国务院特殊津	证书	中华人民共和国国务院
2001 年教授级高工	证书	北京市高级专业技术职务评审委员会
2001 年北京市科学技术进步奖二等奖	大型展览温室植物移栽、布展技术与设计的研究	北京市人民政府
2002 年全国第十届优秀工程设计项目评选金质奖	北京市植物园展览温室工程设计	全国优秀工程勘察设计评选委员会
2003 年创建园林城市先进个人称号	证书	中华人民共和国建设部

获奖内容及时间		授予单位
2003 年北京市科学技术进步奖三等奖	花卉立体装饰技术开发及其应用研究	北京市人民政府
2010 年促进科学技术进步工作奖二等奖	牡丹育种与产业化技术开发	中华人民共和国教育部
2011 年北京市科学技术进步奖三等奖	牡丹新品种选育与产业化开发	北京市人民政府
2018 年中国植物园终身成就奖	证书	中国植物园学会植物园分会
2021 年第十届中国花卉博览会突出贡献个人称号	证书	第十届中国花卉博览会组织委员会

附表二　张佐双获得的各种荣誉

获得荣誉内容及时间		授予单位
1992 国际昆虫学大会贡献奖	证书	International Congress of Entomology, Beijing China（国际昆虫大会 北京 中国 1992）
1995 年全国绿化奖章	证书	全国绿化委员会
1997 年全国绿化奖章	证书	全国绿化委员会
2001 年全国绿化先进工作者	证书	全国绿化委员会、中华人民共和国人事部，国家林业局
2006 年全国绿化劳动模范	证书	全国绿化委员会、中华人民共和国人事部，国家林业局
2007 国际生命之树大会授予贡献奖	证书	The International Symposium on the Tree of Life（国际树木生命论坛 2007）
2010 世界月季联合会颁发杰出贡献奖	证书	World Federation of Rose Society（世界月季联合会）
2017 中国屋顶绿化与节能优秀人物	证书	中国立体绿化大会组委会、《中国花卉报》社